现代建筑
平面构成形式解读

Flat Form Illustration of
Modern Architecture

王镛　王薇　东利　编著

中国建筑工业出版社

图书在版编目（CIP）数据

现代建筑平面构成形式解读 / 王镛等编著 . — 北京：
中国建筑工业出版社，2019.6（2022. 6 重印）
ISBN 978-7-112-23521-6

Ⅰ. ①现… Ⅱ. ①王… Ⅲ. ①建筑制图 — 平面图 —
研究 Ⅳ. ① TU204

中国版本图书馆 CIP 数据核字（2019）第 054457 号

本书是对现代建筑平面构成形式的解读。全书内容包括构成元素、结构形态、点线动态、演变组合、簇群平面、局部细节、坐标系统、总平面形等。

全书可供广大建筑师、高等建筑院校建筑学专业师生学习参考。

责任编辑：吴宇江 刘颖超
责任校对：党 蕾

现代建筑平面构成形式解读
王镛 王薇 东利 编著
*
中国建筑工业出版社出版、发行（北京海淀三里河路9号）
各地新华书店、建筑书店经销
北京点击世代文化传媒有限公司制版
北京建筑工业印刷厂印刷
*
开本：880×1230毫米 1/32 印张：9¾ 字数：216千字
2019年9月第一版 2022年6月第四次印刷
定价：40.00元
ISBN 978-7-112-23521-6
（33798）

目录
CONTENTS

作者简介

王镛

青岛理工大学建筑学院教授，国家一级注册建筑师，研究生导师，青岛市建筑、规划设计评审专家组成员。1944 年出生于四川省威远县。1970 年毕业于哈尔滨建筑工程学院建筑系（现哈尔滨工业大学建筑学院）。毕业后从事设计院建筑设计工作。1981 年研究生毕业，获工学硕士学位。毕业后留校任教。任教期间，主要时间用于设计理论、教学研究和创作实践；参与完成了国家有关住宅、老年建筑设施、建筑环境心理等专项科研、规范编制工作。

2004 年青岛理工大学退休后，曾先后被返聘为青岛理工大学琴岛学院建筑与艺术系主任；海创建筑规划设计院、华烨建筑规划设计院总建筑师。在职期间部分教学、科研概况，由“世界华人出版网”“世界人物出版社”录入《世界名人录》。

从平面说起

平面图就是建筑的形和结构部分的二维传统表达语言。它是建立在几何学基础上的一种阐述建筑空间关系的分布秩序。

平面图形不仅是形态构成的抽象图解，也是开拓建筑形体创作思维、激发创作灵感的基本框架。建筑空间形态是完美的，表现在平面上也是完美的。

提起建筑平面，人们在技术层面上，首先想到的是功能分区明确、流线组织合理两个最基本的评价标准。然而，功能和流线并不是一个孤立的、单纯的概念，它是一个包含政策、市场、理念、信仰、材料、技术、生态环境以及地域文化等多方面内容的综合概念。建筑所包含的这些内容，很大程度是由“特有元素”进行科学、巧妙的空间组织加以体现。建筑平面抛开上述内容，就没有思想、没有生机和灵魂。文艺复兴时期的建筑理论家阿尔伯蒂（Leon Battista Alberti）在《论建筑》一书中对这一空间组织有这样的描述：“建筑物都是由轮廓线和结构部分组成”。确定了轮廓线就等于确定了形。平面图就是形和结构部分的二维传统表达语言。从有记载开始，这种语言一直为人们所应用。建筑创作的理念和空间形态塑造、发展的信息，总是最先由建筑师借助几何图形记录在建筑平面的草图阶段。可以说，草图图形是建筑方案平面图的初始形式（图）。建筑的轮廓线和内部结构的描绘，说到底就是内外空间形态和建筑外观形象的表现。这种表现不是杂乱无章的表现，而是秩序井然的表现。正如勒·柯布西耶所概括的那样：“建筑就是赋予秩序”，“人类创造的秩序，就是几何学”。平

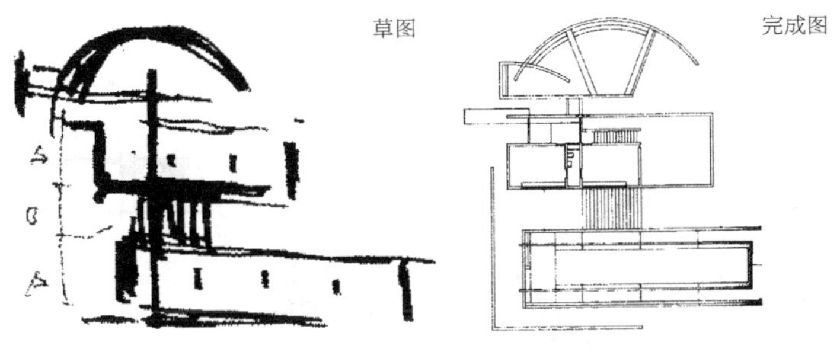

建筑师借助几何图形，以草图形式记录建筑创作过程中的空间形态雏形。

平面图和草图构思图形——安藤忠雄《小悠邸》二层平面

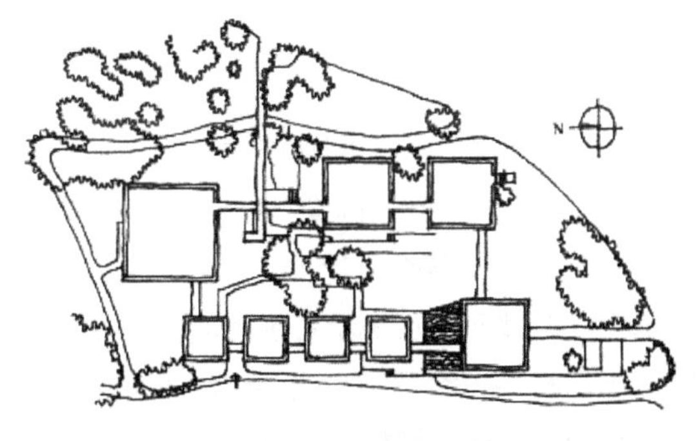

表现空间秩序的平面图形
——布鲁塞尔国际博览会德国馆

面就是建立在几何学基础上的一种秩序。它是以不同的几何元素，不同形式的构成，表达建筑平面的最终结果（图）。几何元素的选择、演变、组合，表现了几何学与形态语汇的不断互动。它是建筑学形体构思，平面向形态的转化过程，是平面类型向技术手段的转化过程，也是不断深化、成熟的设计决策过程。这种过程不断往复交替，达到理想境界。

平面反映了哪些直观几何要素？我们不妨用一水平截面，在建筑物一定高度上截去顶部，俯瞰内部，图中

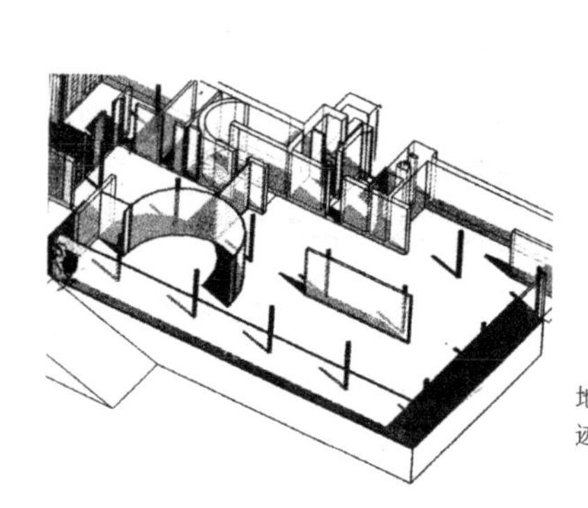

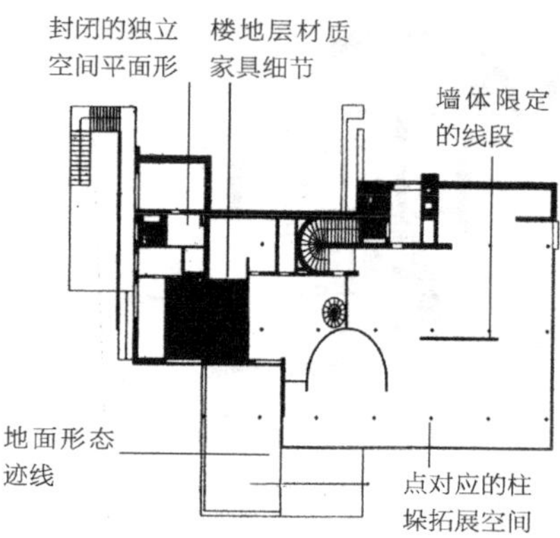

平面构成元素及其空间关系

除了可以概略地体验到不同功能空间的大小形态和位置关系之外，还可以看到竖向支承结构构件的形态和截面，看到水平层面上的各类可视内容。对照其俯视投影：竖向支承构件的截面分别表现着承重墙体、柱或其他形式的竖直支承杆件（涂黑部分）；隔墙、门窗洞口、井道、台阶、踏步、楼梯、栏杆、家具、设备和楼地面的各种其他构造信息等。这些种类繁多的内容在平面图中表现为各样的点、间断或连续的线段以及各种线段围合的几何图形。点、线、平面形就是建筑平面构成不可缺少的基本元素（图）。本书所研究的构成形式，就是针对平面中出现的各种点、线和图形自身以及相互依存关系，透视出建筑内外空间的某些特点。这些基本元素，对不同功能属性的空间，空间形态的变化，提供了基本的导向性诠释：空间支承系统和分隔、围合系统的形式、种类、相互位置关系，表达了建筑空间组织的基本结构、建筑空间的扩展方向、内外环境空间的形态构成，以及建筑外观形象的预想结果。例如：平面中诸多集中的点表现

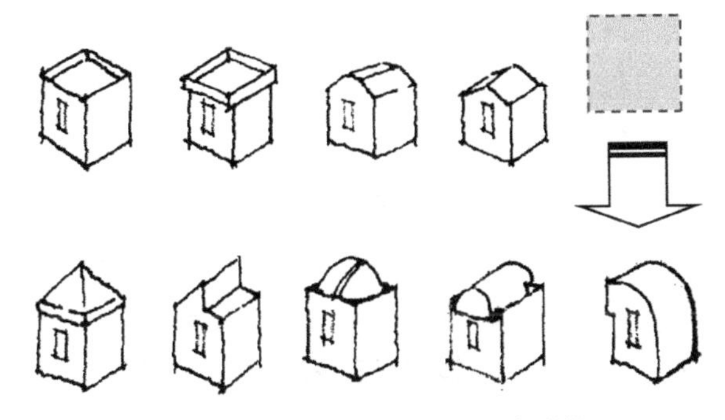

同一建筑平面引起的不同屋顶形象联想

出开放性可延续空间的形成；细实线展现出空间模糊分隔和空间的可变性、灵活性、延续性等（轻质、可移动、可通视等）；不同形式的粗实线表现了空间的限定和围合，同时表现出承重系统与空间限定的合一性；各种形式的几何图形，则更加明确地强调出空间及形体的特性（其中包括整体外轮廓和外轮廓内部的微小空间）。对于年轻建筑师来说，平面几何图形不仅是形态在二维平面中的抽象图解，也是开拓建筑形体创作思维，激发创作灵感的基本框架。相同的平面形式隐含着不同的结构语言和形态语言。以简单的正方形为例，可在三维空间发展为同样的立方体，而立方体顶面就有多种形式可做比对（图）。如果立方体表面是可变的，外观形象差别就会大幅度增加。由此可见，平面不但蕴含着建筑实体造型艺术的多种可能性，同时也涵盖着内外空间形态的文化性、艺术性以及对自然的亲和性。建筑空间形态是完美的，表现在平面上，它的几何构成图形也是完美的。换句话说，没有建筑平面构成艺术就没有建筑艺术，没有构成手段的优化就难以厘清规则和思维。所谓构成就是将各部分集中、融合、结合成一个整体，是完成建筑设计意图不可离弃的手段。我们在研究建筑平面，为实现确定的目标，探索各种构成的同时，实际上也是在不断提升建筑整体的品质和精神。

任何一个建筑，它的平面构成所包含的规律、结合特点，都不可能是一种孤立的表现形式，而是多种形式的并存。表现形式大多也不存在先后之分。本书只是为了研究方便，将它们按主要的表现形式进行归类分析。对某一类构成特点的实例分析中，并不排除同时存在其他的构成特点。书中对某些比较突出的构成手法概括分析在先，代表性的实例续后。这些实例不仅包含它们所在章节所涉及的某些构成理论、法则和方法，同时也会包含着其他章节的内容。理论、法则和方法常常是相互融合与交叉，难舍、难分。构成的分类也仅仅是出于厘清研究的条理，也不是绝对的，一成不变的。可能会有更多的读者和专家从不同角度去进行分类，以某些新的理论框架去发掘新的认识。建筑平面空间创作的艺术性，不管从哪个角度去认识，终归是要把已经表现出的规律系统化，理论化，只有这样才能不断激发对建筑创作理论的新探索和新的突破。平面构成不仅是孤立的形式问题。分析构成形式的规律，是为了将建筑创作的理念、技术与建筑的使用功能更好地结合起来，使它们成为珠联璧合的有机整体。

构成元素

点、线段、形是建筑平面构成的重要元素。数字、符号、文字是对平面构成意图的再叙述。平面构成元素不同的性格语言，记录着平面空间的形态和良好的结合关系。

点

· 独立点
· 群点

几何学中点的定义，没有确定的物质内容，没有形状、尺度与大小。它标示着空间的一个位置，一个垂直的线状要素的水平投影。相对于建筑整体而言，点在工程上的真实意义在于：它表达了一个线状竖向支承构件的截面投影。这个构件的断面尺度远小于竖向尺度，如直立的杆件、柱、墩、垛、拱、桅杆等构件。因此，建筑平面中的点具有确定的物质内容、形状和尺度。

独立点

一个柱状或线状竖向支承构件，在平面上的反映是一个点。平面中的点除了起结构支承作用之外，它还对平面范围具有占据、标示、限定和凝聚作用（图）。在平面中以一个点反映出的石柱，是显示人类最早从事建筑营造的基本形式。

历史记载：最早认识到独立的柱状构筑物具有相对稳定、特征突出，对某一空间范围具有占据、标示、纪念作用的是古埃及人、日耳曼人，印第安人等。他们开创了竖立独立石碑、石柱作为神圣标记的先河（图）。柱状物有标示和限定作用，多用于空旷地段和广场。

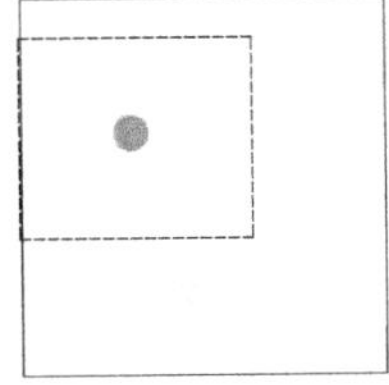
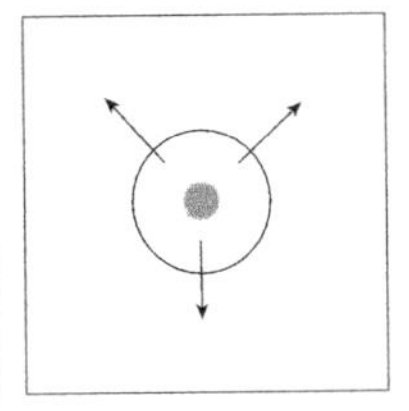
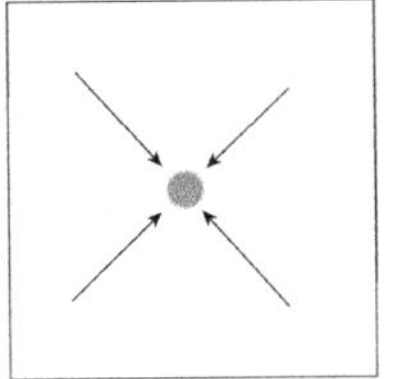
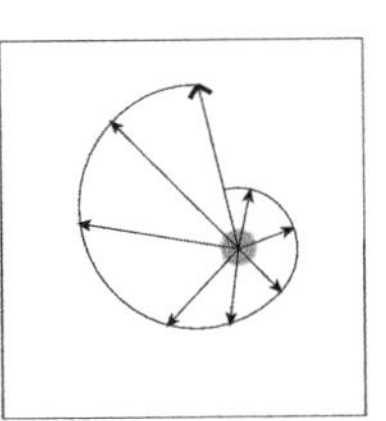

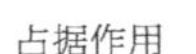
占据作用　对称作用　向心聚合作用　放射扩展作用

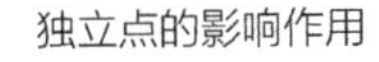
独立点的影响作用

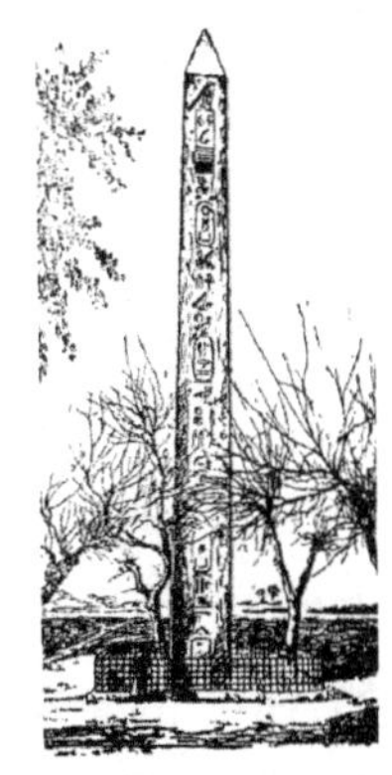

公元前 1850 年古埃及崇拜太阳神的柱状独立尖碑

赫利奥波利斯方尖碑

实验观察，点对其周围空间的聚合作用有一定范围，这个范围大约是以点为中心的圆扩展面。最大扩展面为柱实体直径或短边长度的 1 ~ 3 倍。这种现象表现出柱对周围一定范围的人具有亲和力（图）。圆点及各向边长相同的点，具有各向等效影响作用。影响效应的大小，与柱上顶板作用有很大关系：无顶板时小，有顶板时大。人们通常习惯将柱与水平覆盖的顶板、地面板、台基、铺地结合，使其处于水平构件的中心或黄金点位置上，从而扩大平面中点对周围的影响。如墨西哥人类学博物馆，独立柱结合顶板和铺地，突出了庭院在平面组合中的中心地位（详见本书“构成元素”实例图）。

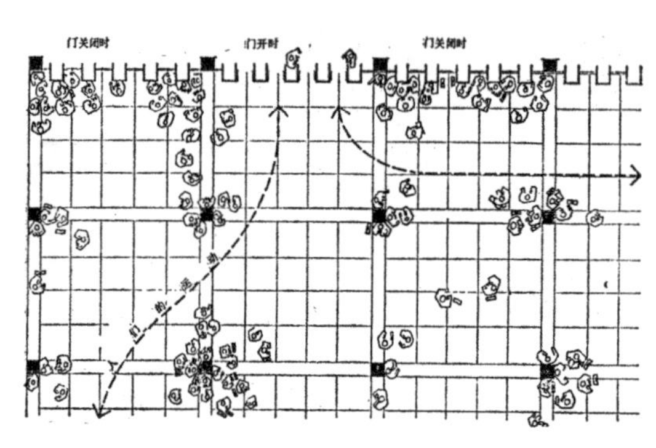

大空间中柱对人具有亲和作用，点在平面中存在的引力场引起人们的滞留。

柱与人的滞留行为

群点

平面中诸多点的同时存在，建立了群的关系。无序分散的点，散乱自由，具有扩张趋势，缺乏凝聚。集聚紧密的点，具有相互吸引成线、成面的趋势。有序排列的点则具有节奏、韵律、理性和逻辑（图）。由于每个点对其周围一定范围内的空间具有引力作用，当点具有某种特殊共性时（材质、色彩、形状、大小等相近或相同），相互吸引形成一体化的趋势就更为明显。点与点越靠近，各自影响的空间相互融合的凝聚力也越强。一旦点与点建立起某种结构组织关系，就不会被组织系统之外的点所吸引，哪怕它们靠得很近。因此，利用群点可以隐喻某种图形的存在（详见本书“构成元素——平面形——隐喻形”）。点的单纯平面视觉艺术，具有广阔的自由发展空间。建筑平面中，点的分布却要受到建筑功能、结构技术等多方面的制约。因此，点与点的分布，多为有序排列，不宜多变。特殊情况才表现出无序或多变分布。

点常见的有序排列状态有：单向、双向或多向直线

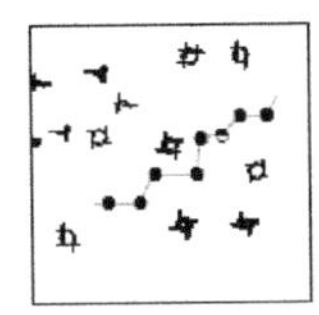

不同特性点的集聚

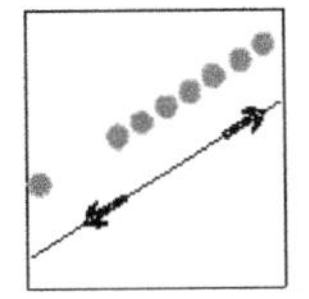

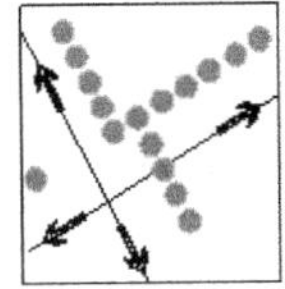

点、曲线放射排列

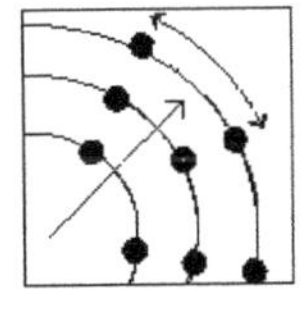

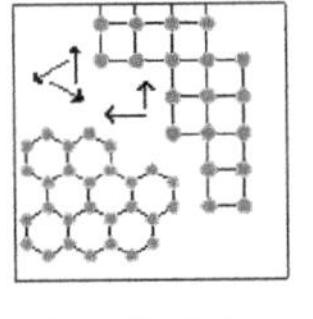

点的单向、多向排列
点的网状分布

点的有序排列与分布

塔体与列柱——平面独立点与群点空间
哈尔滨防洪胜利纪念塔

排列，放射排列，曲线排列，围合以及网状排列等。点与点之间又有等距或不等距之分。其中等距居多，又不乏不等距在等距中的穿插，犹如中国传统建筑柱网中的明间、次间和稍间。

群点占据的平面范围，空间开畅，平面功能分区划分无任何阻隔，衍生多变的微小空间领域自由。群点与独立点通过质量、尺度、形态差别和相关位置的配合，更容易表现出明显的主从关系。群点烘托独立点，扩大了独立点的影响领域和它的视觉形象力度。如哈尔滨防洪纪念塔，成功地表现了这种协同关系（图）。

线段

· 线型与形式
· 隐形控制线

根据几何学定义，直线没有长短和尺度概念。他们既不能绝对平行，也不能绝对垂直。线被看作极其细微的点的运行轨迹或平面、曲面相交的产物。建筑平面中的线，严格地说是指线段以及线段所包含的工程含义，即建筑物非封闭墙体的水平截面投影和楼面、地面表皮肌理、构造关系的迹线投影。线对建筑平面构成形式的影响，主要取决于线段的选择和组织。最基本的建筑平面设计意图的表达，是用不同线段的表达。线段与设计的关系正如文艺复兴时期美术家瓦萨里（Giorgio Vasari）所说：所谓设计就是用线表示物体的轮廓。线是一种限定，封闭的限定（首尾闭合的实线）或开放的限定（虚线、轴线或首尾分离的实线）。线段是建筑平面空间形态组成、划分最基本也是最重要的元素之一。线型与形式表达着建筑空间功能与建筑空间的结构和构造技术。不同形式线段在平面中的出现，还会对平面组成要素起到某种特殊的关联。

线型与形式

线的长短、线宽包含自身的主要品质概念。以粗实线、中空粗实线或材料符号线，表示组成空间的承重结构构

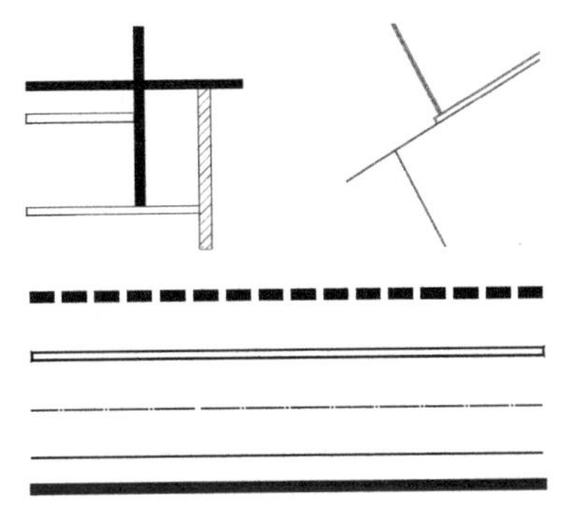

不同线型与形式用于表达不同的设计意图和建造方法。线的长短、粗细包含自身的质地和尺度概念。不同材质的承重墙、自承重墙等，以粗实线、中空粗实线或材料符号线表示。

不同表现形式的封闭或非封闭状态的直线、斜线、折线和曲线。

平面线型与形式

件，双细线表现分隔空间的非承重结构构件，虚线暗示非直观实物的存在方式（被遮掩或悬浮于空中），点划线标示着某一空间领域或建筑形体、构件的轴心地位特性等（图）。建筑各组成部分更为详尽的细节关系，会出现多种线型和多种形式的复杂线段。较为常用的线段特点及作用有以下几种表现方式：

直线线段——自始至终保持方向一致，包括水平线、垂直线、斜线。

折线线段——起始段至结束段之间由若干不同方向线段首尾相接而成。它们可能是封闭状态也可能是首尾分离的开放状态。

曲线线段——类似质点沿某种曲率不断改变运动方向或布朗运动的轨迹线。其中包括：规则曲线（可以通过数学函数描绘的曲线），如圆、椭圆、抛物线、双曲线、渐近线等；非规则曲线，即凭借建筑师的艺术修养和感觉自由描绘的曲线，通常没有确定的规则性，形态多变。这类曲线表现了某一性质空间界面浓厚的感情色彩。无论是哪种曲线，它们都是处于首尾相接的封闭状态或首尾分离的开放状态（图）。各类型平面中，线段的特殊语义和作用，突出表现在连接、植入、限定、分隔、围合、引导等方面。

目标连接——相隔一定距离的若干整体与部分，部分与部分之间以及元素相邻区间的转折过渡和衔接。

植入激活——在封闭几何图形中由外向内引入一条或几条具有明显方向性和相当长度的线段。对平面图形内部结构布局产生较为强烈的冲击和激活作用。线段使整体建筑平面的时空感、方向感、运动感更为突出，使建筑外表形象别具一格。线的植入又分为全植入、半植入和隐形、半隐形植入。采用直线线段植入，具有更强的冲击作用。两条成锐角线段的植入，对平面具有劈裂和强行取代的趋势。植入的线同时具有一定的引导作用（图）。

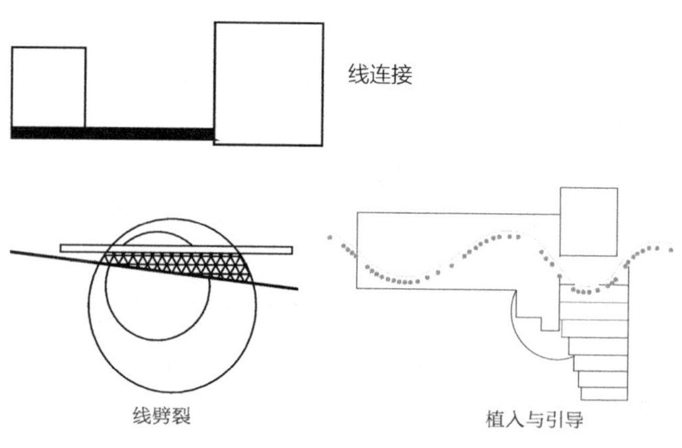

线的简单语义和作用

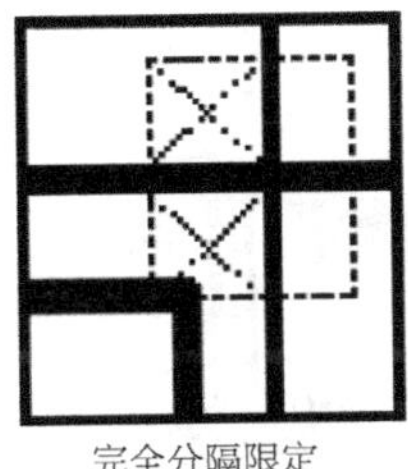
完全分隔限定

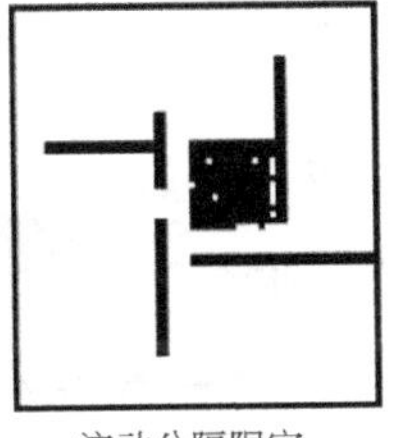
流动分隔限定

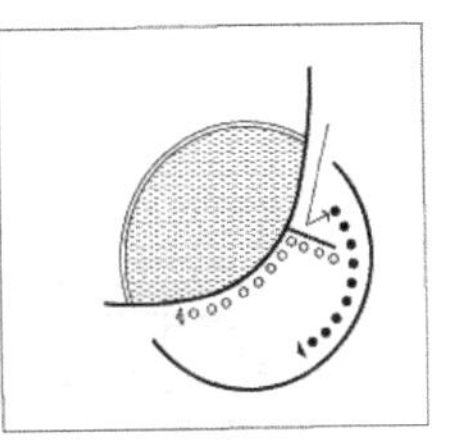
领域围合限定

线的简单语义和作用

限定与分隔——以确定的平面边界或柱网为基本平面所涵盖的领域，利用上述各类线段进行平面限定和再划分。被划分出的平面之间、完全隔离或保持某种信息联系的空间转换。例如：两条相互垂直长短不等的线段，纳入一个确定的正方形平面内，使其成为若干形状大小不等的衍生流动空间，或者成为相邻空间。

领域围合——将某一空间领域更加明确地进行分离，边界更加清晰，形态更加明确。围合线是建筑物一个平面形的外轮廓线或多个组合平面形接续的外边界线。不同形式的外边界线，表现了建筑空间界面的衔接过渡、柔性和硬性结合方式，表现了界面材料的肌理关系，反映着建筑物的表皮与外部空间的临界关系（图）。

动向引导——相当长度的直线，特别是曲线长度延伸、缠绕扩张或卷缩，具有引导、舒展和收敛等心理影响作用。

主从陪衬——以点作为起始和终结的线段，线段被肯定。线段可以被点间断分隔或作为点的衬托。点和线，线和线在不同空间层上的平行结合，作为建筑内外造型的复合元素，使建筑表皮和空间层次更加丰富。两条线段夹角小于 90 度交叉结合，具有合并、靠拢趋势。夹角越小表现越明显（图）。

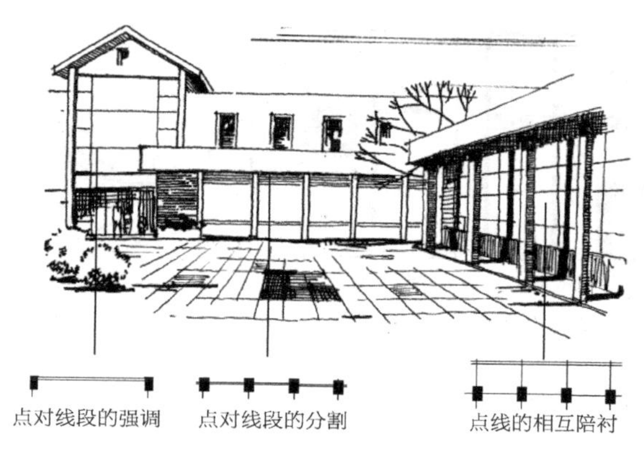

平面点对线的作用及其空间关系

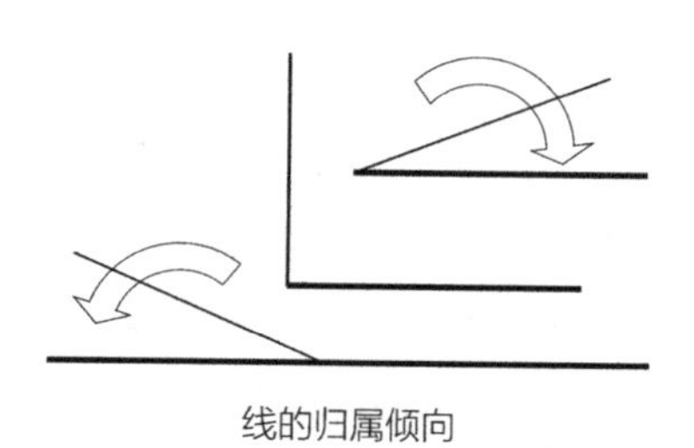
线的归属倾向

隐形控制线

除了上述平面中有形的线段外，值得一提的是某些无形的控制线。在某些类型平面组织过程中，这些线段并没有作为一种元素表现出来，但对平面的形成和发展起到十分重要的作用。

基地范围决定着建筑物的外边线走向、基本形式和局部可扩展限度。通常称为建筑控制红线。控制线多采用直线、折线线段。某些场合建筑红线内建筑平面的布置，是以尊重周边地域文化、人文、自然环境为重点。建筑物的总体平面和外边界范围，要受到这类区域边界

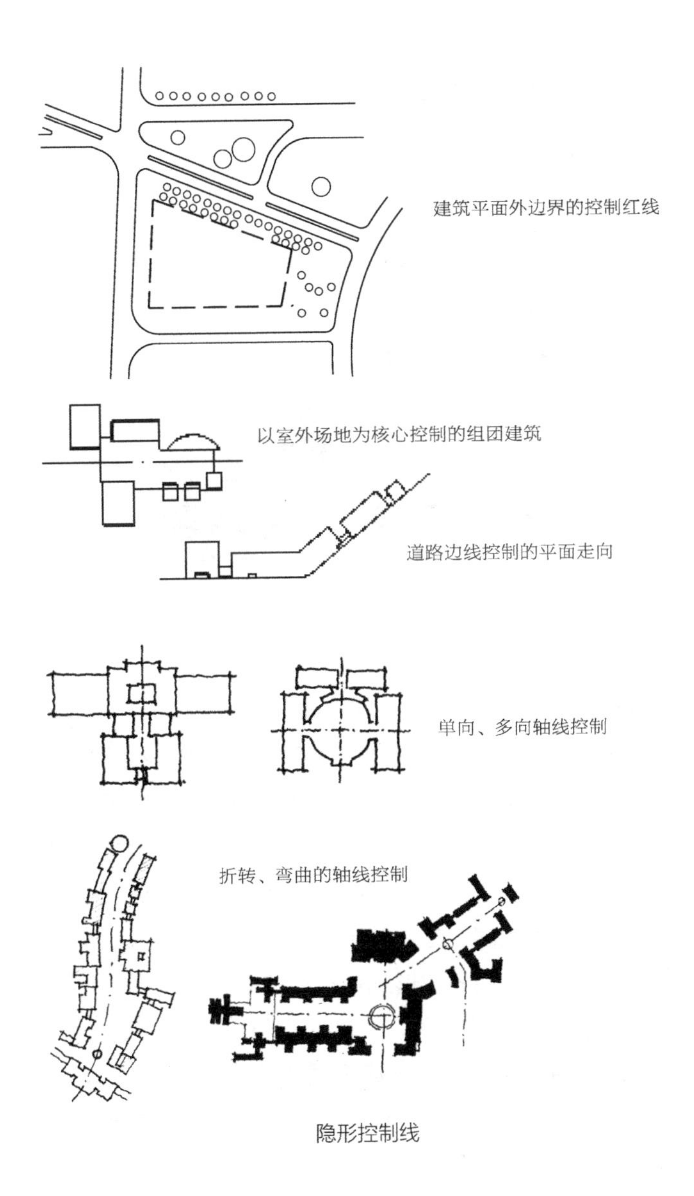

隐形控制线

的影响。这条边界无疑也将成为建筑物的一条无形的控制线。这种控制线大多数是曲折、多变而无规则的。上述控制线往往成为建筑平面发展走向的基准线，整体建

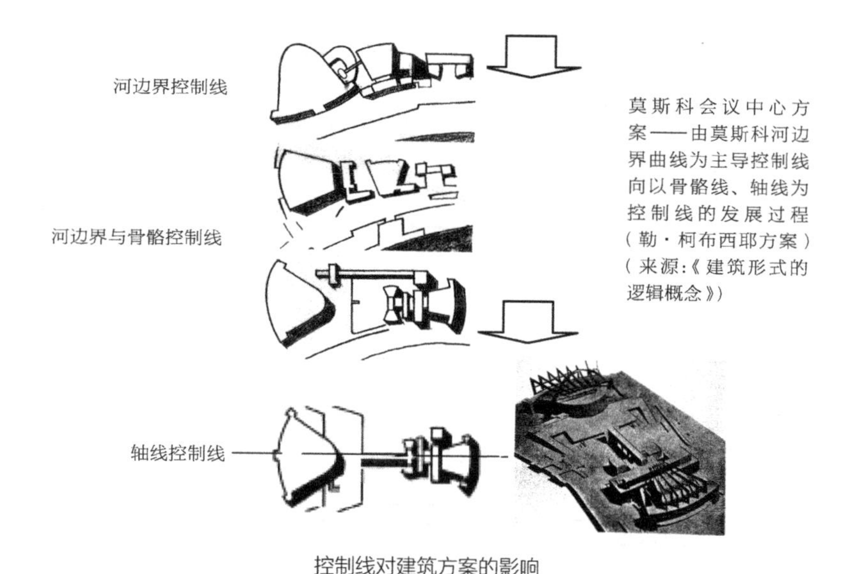

莫斯科会议中心方案——由莫斯科河边界曲线为主导控制线向以骨骼线、轴线为控制线的发展过程（勒·柯布西耶方案）（来源:《建筑形式的逻辑概念》）

控制线对建筑方案的影响

筑平面的骨骼线,如切入点的连线,保护区域边界线（包括水陆分界线,山体、植被线,重点历史文物边界线等）,重要广场、景区、建筑及其场所警示线等；轴线是另一种无形的控制线，是人文思想的反映，是对建筑物或建筑物与建筑物核心位置的控制。建筑单体内部平面空间以及建筑群体空间、主从关系的序列控制，都离不开轴线。较简单的轴线表现形式是一条单向点划线。空间限定较多时,出现主次轴线。多轴线表现出多向、多条,直、曲、转折相互结合的点划线形式（图）。莫斯科会议中心总体布置的方案优化过程，就是借助于不同控制线而展开的提炼过程（图）。

平面形

· 概括形和再分形
· 单一形
· 复合形
· 隐喻形

线和形有着密切的连带关系。一条线段沿着不同于自身延伸方向运动，即形成面。平面上相互交织的线段，隐含着平面形的存在。平面中不同走向的线段，首尾相接地围合，能够明确表现出图形和它所包含的范围。同样，平面上不在同一条直线线段上的若干点，也会映射出形的存在。点越密集，图形越明显。建筑师通常有这样一种直觉："优美的几何图形，是形成建筑与环境特色的基础。"因为建筑平面图形，首先是对人类具有实际意义的图形。其中包括它的实用性、时间性和空间环境艺术性。建筑平面艺术与视觉平面艺术，具有本质的区别。所以，建筑师要从大量的视觉艺术展示的"优美的几何图形"中，筛选符合功能、传统、艺术、文化需要，能够与经济和技术实力相适应的实用平面形。

概括形和再分形

从建筑功能平面形成的总体上看，一般都包含功能关系表达明确、覆盖面积较大，能起主导作用的一个或几个平面形。建筑设计初始阶段，这些图形作为构思、分析、比对的图形。它们概括地具备着功能的适应性，结构的合理性，环境的协调性，空间形态的艺术性以及

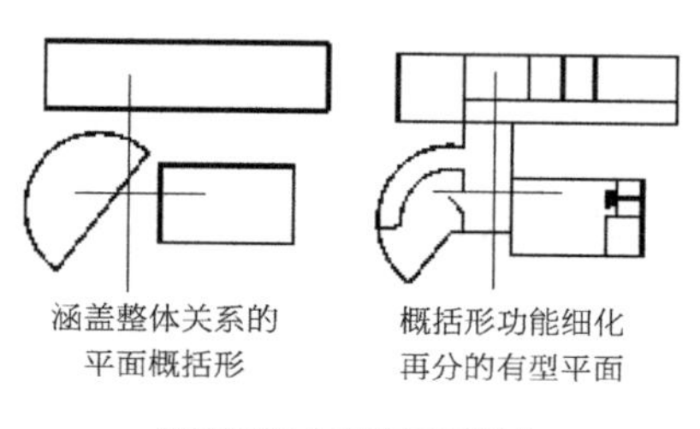

概括形与内部空间再划分

经济性等。我们可以将其称之为概括平面形或基础平面形。随着平面设计的深化与发展，其中某些图形或图形局部被更换、修改并在概括形（基础平面形）内继续划分出众多小尺度的微小平面形，成为概括形（基础平面形）的再分形。如图所示，两个矩形和一个半圆形是涵盖着建筑功能需要的概括形。图形中矩形和扇形房间划分，使概括形内部功能得到了进一步细化和分离。此时的概括形，成为具有明确的空间再分配特征的有型平面。多数情况下，再分形具有更加明确的功能属性、合理的结构关系以及不同程度的私密性（图）（详见本书“再分形”部分）。根据组成建筑平面图形的数量和结合方式，概括形可分为单一形和复合形。

单一形

单一平面形是最基本的图形元素，包括规则单一形和非规则单一形。

规则单一形。规则单一形源于柏拉图几何图形，也是建筑平面最基本的图形。它是由直线、折线、几何曲线线段或条纹线段，按一定结合规律所围合的平面几何形。图形相对于一条或几条轴线对称或相对于某一点为

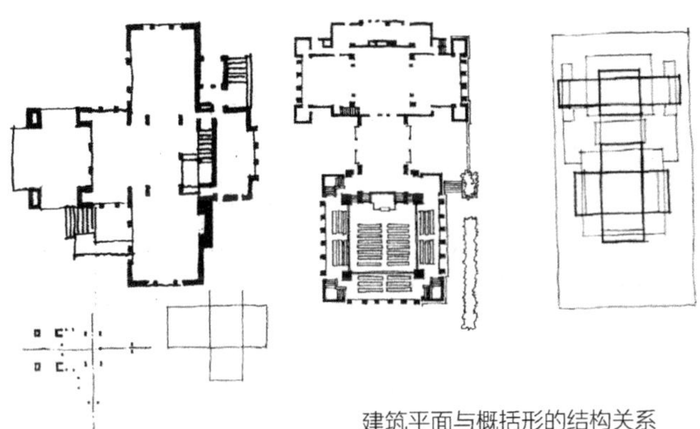

建筑平面与概括形的结构关系
巴顿住宅联合教堂（来源：吴宇江、刘晓明译《建筑师与设计师视觉笔记》）

对称中心：它们通常具有完整的边界线。其中包括更多的“完形”，如正多边形、圆形。“完形”表现了几何图形的完美无缺、规整划一。而矩形、梯形、扇形、鼓形、菱形、马蹄形，以及圆形变异新生的各种椭圆、卵圆图形等，则是柏拉图几何图形不断发展的衍生形式（图）。在规则单一形中，正多边形、圆形代表纯正和理性，静态中立，稳重和端庄，没有任何指向性。当多边形（特别是三角形、正方形），边线处于水平状态时，它们是稳定的，否则是不稳定的。所有的矩形可以被视为正方形高度或宽度的增加或减少。圆形具有更大的随遇性，无论怎样放置都是稳定的。与其他任何平面形都具有较好的亲和能力和转接能力。某些规则单一形的形式，很大程度上是由特殊的使用功能所规定，如大型观演、视听为主的平面形，体育竞技为主的平面形，某些生产、科研、贮藏为主的平面形、高层塔楼等平面形。

非规则单一形。“完形”以及他们的衍生图形，经过某些转换，可以出现多种“非完形”形式。随着现代科

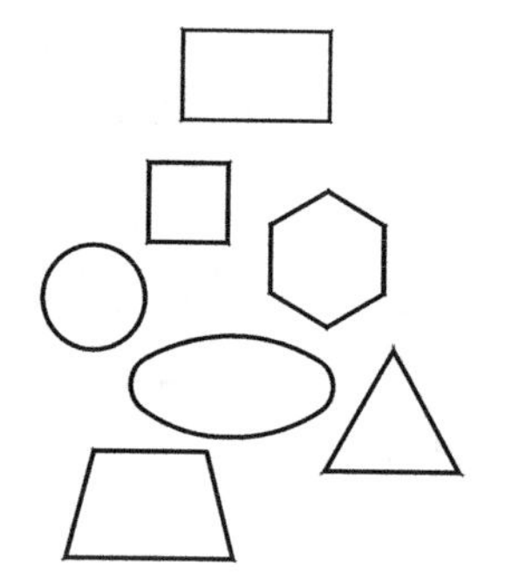

规则单一形：圆形、正方形、正三角形以及它们衍生出的各种其他形。

规则单一形

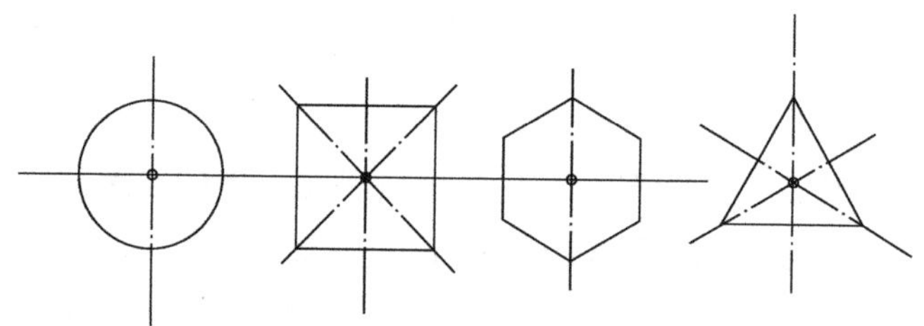

完形是稳定的图形。它可沿一条或多条轴线保持对称。对称中心或柏拉图几何中心区域，常常是图形的重要部位。中心有隐形点的暗示。

完形—规整稳定的单一形

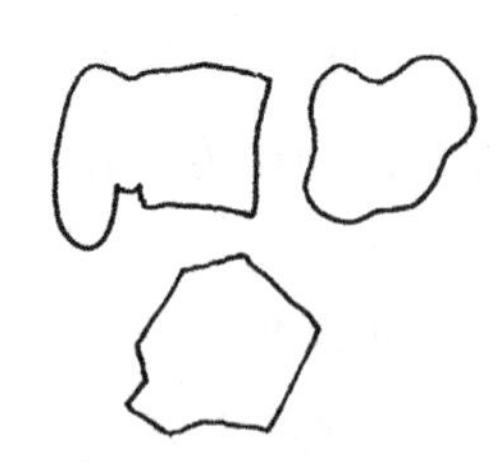

正多边形各边长、夹角均发生改变，弧线曲率无限制

自由曲线和折线围合。

非规则单一形

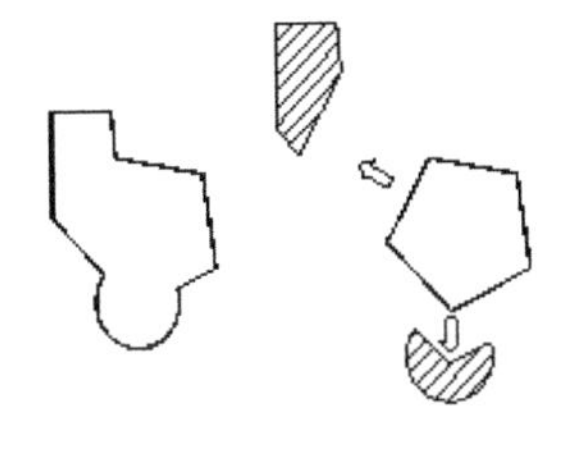

某些非规则形，去除或添加非规则部分成为规则形。

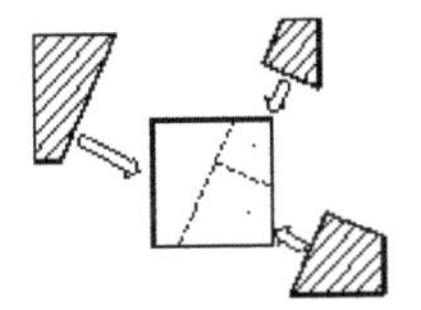

某些非规则形结合成规则形，同样规则形也可以通过添加或去除某些部分成为非规则形。

规则形与非规则形相互转换

学技术的发展以及空间视觉艺术理论的攀升，现代建筑平面空间设计中也越来越多地出现“非完形”几何图形（图）。这类图形通常是不对称的，各边性质不同，相互间不连贯，远不如规则形稳定，但它们在建筑平面构成中应用颇为广泛。有些不规则形将某些部分去掉，可以成为规则形。同样，若干不规则形也可以组成规则平面形（图）。这种特性有助于建筑平面竖向有规则地变换。从功能出发，对单一形形式选择，往往可以有多种可能。例如，适用于单纯的观演、餐饮、竞技、阅览、休闲、娱乐等功能的平面形，无论是矩形、圆形还是其他多边形，规则的还是不规则的，它们所形成的内部空间，都能够保证良好的功能服务质量。建筑师根据自己的设计理念，选择任何一个单一平面形，都有办法使其担负起确定的功能内容。在这里，平面形以适应主要功能为主，辅助功能穿插其中，服从于平面形的规定。由单一形平面表现的建筑，大多体量较大，主要功能突出。附属功能穿插灵活。单一形由于位置不同，能够表现出针对某

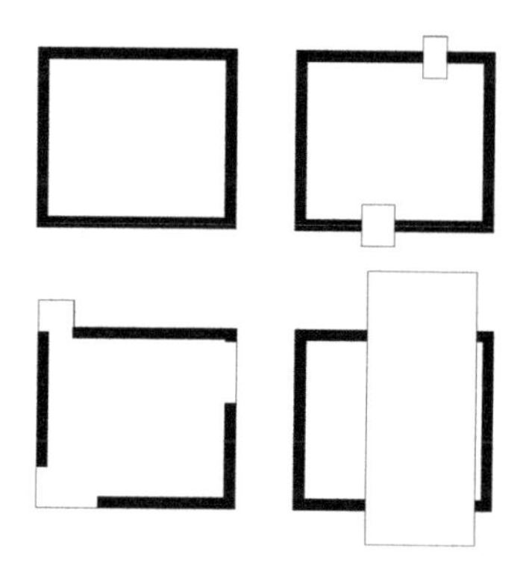

形可以被洞口或通道缺口分离成线段。缺口越大，或越靠向角部，形变成线的特征越明显。

平面形的弱化

一方向的稳定性、均衡感和服从倾向。与规则单一形相比，非规则单一形往往是非对称的。它们更具有突出的动态平衡个性和适应主要功能的灵活性、多变性。

平面形在转角部位由洞口打断，可以形成线的组合效果（图）。部分实体墙线由轻质材料或透明材料代替，将进一步加强平面形内部线组合的影响力，而几何图形则退居次要地位。

复合形

若干单一平面形的不同形式结合，可衍生出新的复合形平面。原来不同特性的、孤立分散的平面可较为紧密地被连接在一起。这种平面形产生的空间结构将会更加紧密，更加完整，更加丰富。它是建筑平面设计方案中，一种集中式布局整合发展的结果。建筑设计的这种平面形式，成为建筑平面整体组合艺术的一个具有相对独立性的元素。该独立元素不仅可以自成系统，成为特定建筑功能所必需的空间的载体，也可以作为较为复杂的建

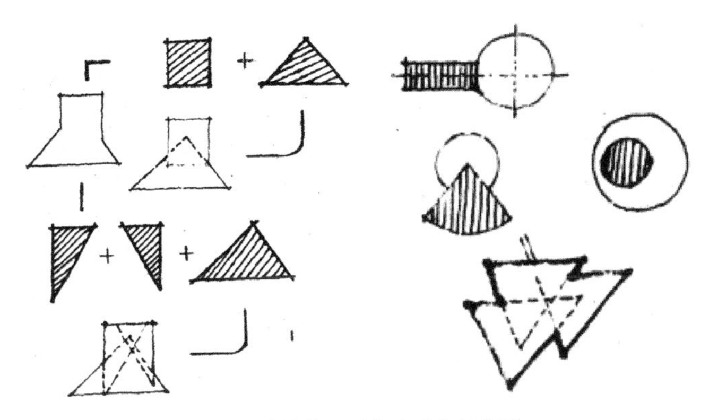

不同形式的单一形结合成的复合形

筑空间整体的一部分，参与更为丰富多彩的平面空间形式的演变与塑造。图中分别例举的是：一个斧头的侧面图。图形可看成一个三角形和一个正方形或三个三角形组成的复合形；矩形与圆形，扇形与圆，大圆与小圆以及相同三角形组成的复合形。复合形一般是以单一形的对接、搭接、叠合和包容等形式结合而成。

对接：根据各自图形的轴线、边线关系，组成图形的中心对位、边线对位、完全对位、交错对位和成角对位的结合。对接的图形，结合部位的边线相互重合或相切（图）。

搭接与叠合：主次平面形相互罗列，重心不在同一平面内的结合，视为搭接。图形搭接后，一般仍保持原有形的可识别性，它们保持咬合或连接关系。搭接图形搭接的共有部分从属于主要平面图形，次要平面形边线被淡化，形也变得模糊。当搭接区域被若干搭接平面形重新分配后，参与搭接的各平面形在搭接结合处的边界线将会发生新的改变。若干图形相互罗列在一起，重心

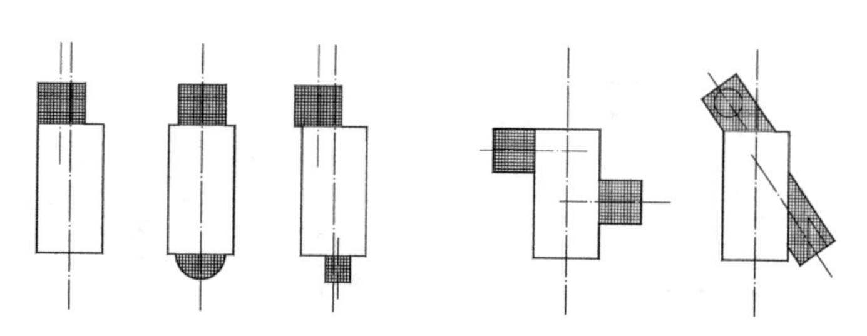

对位对接（轴线、边线）错位对接（轴线、边线）成角对接（轴线、边线）

单一形对接的复合形

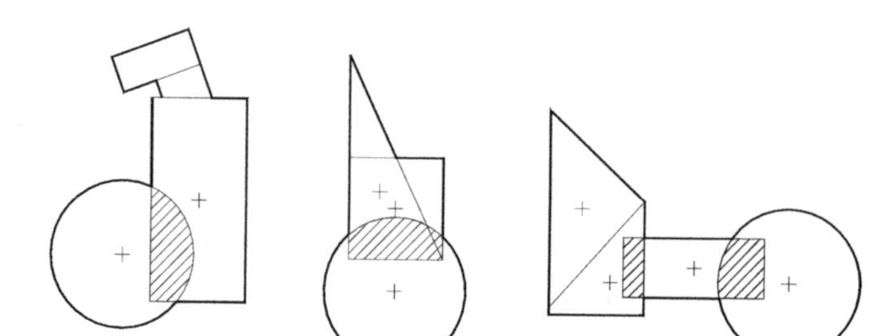

重心不在平面结合部分的图形搭接：斜向搭接、同向搭接、连接搭接。

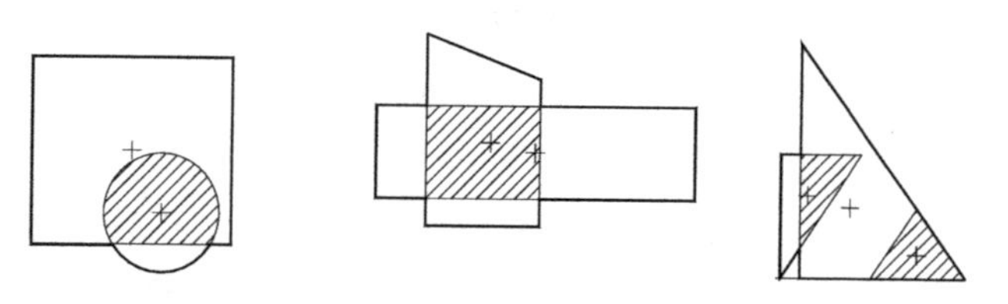

重心在平面结合部分的图形叠合：一个重心在叠合图形内；多个重心在同一叠合图形内；多个重心分别在不同叠合图形内。

图形搭接与叠合

处于平面内共同占有部位的结合，视为叠合。根据其相互位置的不同，出现完全叠合和部分叠合状态。图形搭接、部分叠合后，重叠部分表现出以下几种特征：①保持独立；②为其中一个图形所占有；③两图形各占有一部分；④作为两个图形共享部分。有些图形叠合，

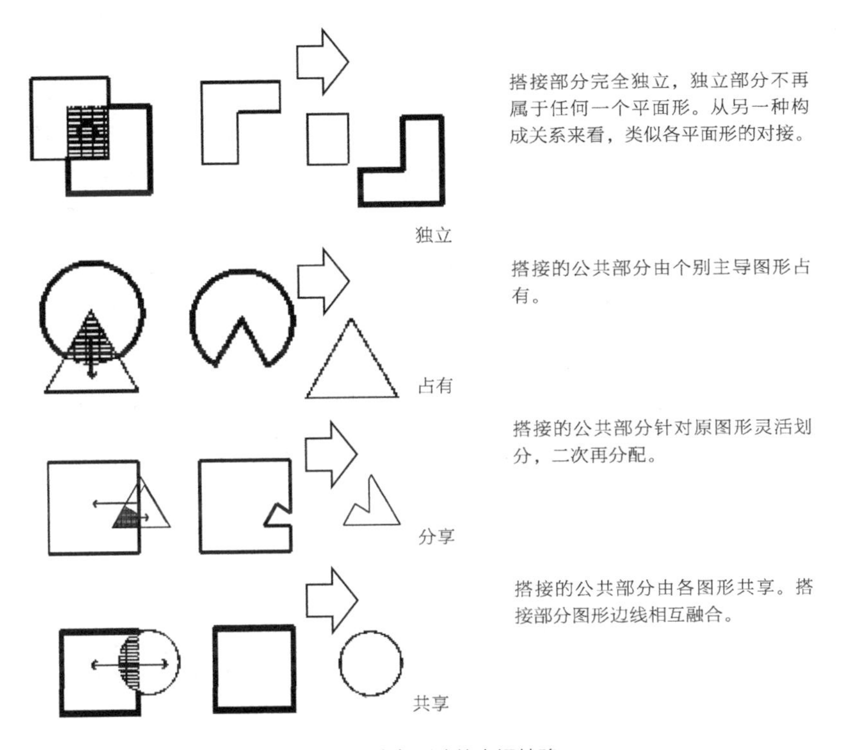

搭接（叠合）形成的空间转移

规则形与规则形的搭接（叠合）

规则形与非规则形的搭接（叠合）

非规则形与非规则形的搭接（叠合）

平面形的搭接（叠合）

伴有各自不同的坐标系统的同时存在，表现了图形较为复杂的叠合关系。图形的完全叠合发展成一种图形之间的包容关系。采取规则形与非规则图形不同组合的搭接叠合，将会产生不同的空间效果（图）。

包容：一个或几个图形在另一个图形内部的结合。各平面形均呈显形，次要平面形被主要平面形所包裹。各自独立时，各图形本身仍保持原有的单一形的边线和形的完好性。包容与被包容形，成为互融关系时，被包容形的界面局部或全部呈现隐形。包容是一种特殊的叠合。包容关系中，主体与客体应有明显差别。后者小于前者时，前者会有明确的形态。当后者逐步扩大时，前者逐渐失去包容能力，包容空间被突破，被挤压。因此，包容与被包容形之间，将会形成过多琐碎的平面形或表皮。

隐喻形

封闭的线段围合成图形，图形一目了然。如前所述，点沿单一方向的有序排列，可以隐喻着线（垂直界面）的存在。点排列越密集，线的感觉越明显。点、线在一个有限范围内的象形排列，同样可以隐喻图形的存在。这类隐喻的图形，适应点线分布状的视觉规律，需要人们通过心理反应、联想、经验去构建。有些隐喻形，可能具有部分不确定性。这种图形表现了边界的模糊和形的不稳定。在水平面的作用下，这种模糊和不稳定性可以得到改善。当平面形的围合边线交接处出现大尺度分离时，完整的平面形将变为局部隐形。局部的平面隐形，体现出同一体积的空间内特性的差别。实线围合部分空间固化、封闭。隐形部分，空间含糊、通透（图）。

点围合的内凹部分以及沿点单边或双边有效区域隐喻，暗示不同形式的平面形。

点暗示的三角形与正方形。三条线段暗示的非完整三角形和由点、线段共同暗示的三角形。

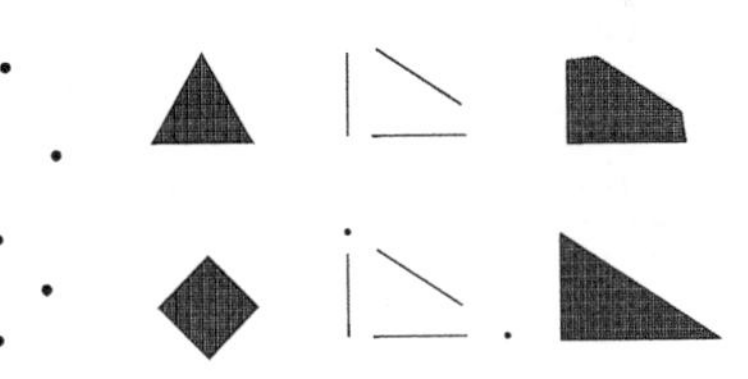

由两条圆弧线引起的联想所构建的平面图形。由于某些不确定性的存在，图形之间会产生想象微差。

点线隐喻的平面形联想

奥斯卡·尼迈耶国际文化中心（观光塔）（西班牙）

建设地点：阿维莱斯
建设年代：2011 年
设计师：奥斯卡·尼迈耶

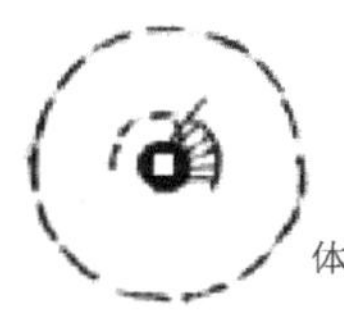

平面中独立点表示的柱状体对建筑功能空间的支承。

支承体截面示意

墨西哥人类学博物馆（墨西哥）

建设地点：查普尔特佩克公园
建设年代：1964 年
设计师：佩德罗·拉米雷斯·巴斯克斯

场地内独立点（柱）所占据的位置，对有限的空间范围具有重点强调作用；对周边建筑功能的整体关系具有凝聚力。

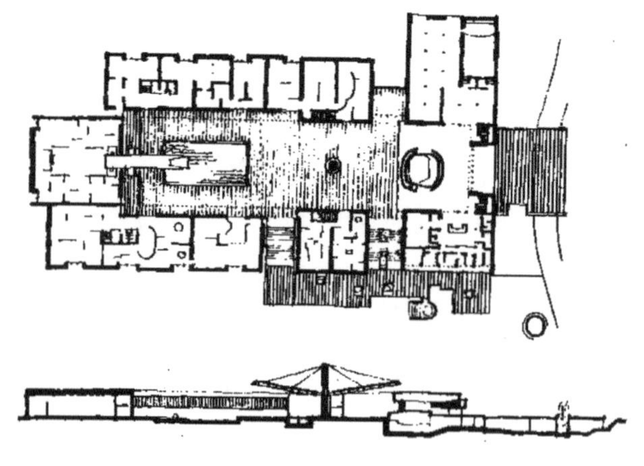

平面与剖面

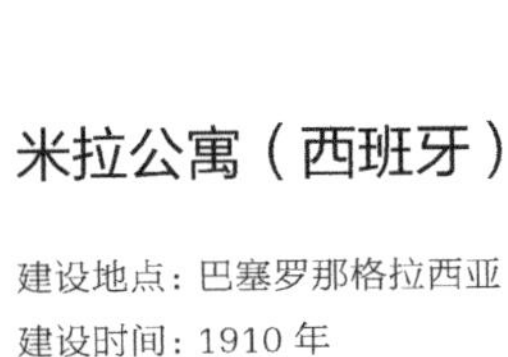

米拉公寓（西班牙）

建设地点：巴塞罗那格拉西亚

建设时间：1910 年

设计师：高迪

多种形式排列的柱，平面中表现出不同疏密关系的群点。关系密切的点，具有排列成线段的迹象。点根据平面功能自成系统。

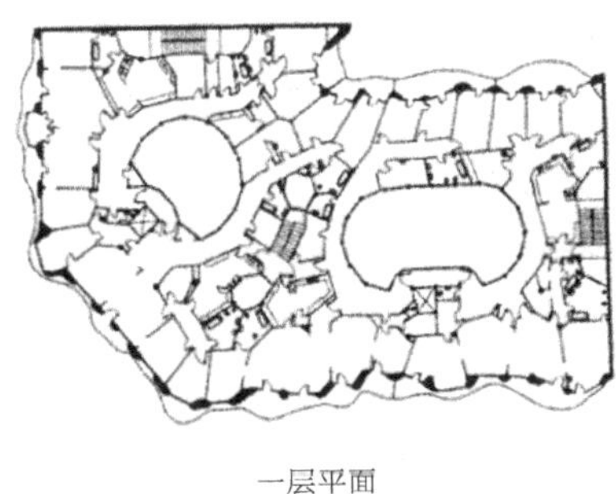

一层平面

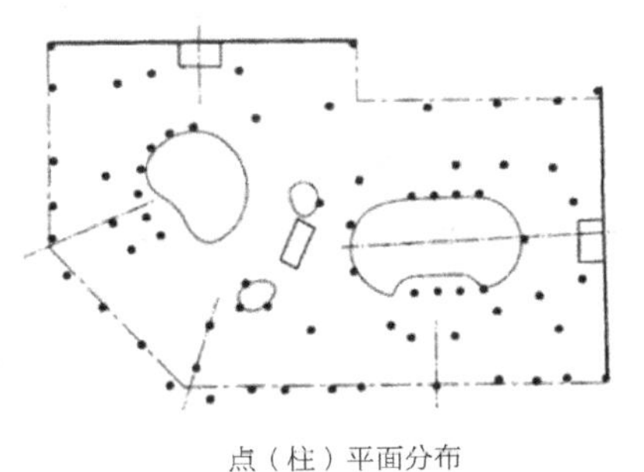

点（柱）平面分布

世界博览会德国馆（西班牙）

建设地点：巴塞罗那

建设时间：1928—1929 年，1986 年重建

设计师：密斯 · 凡 · 德 · 罗

等距离排列的点（8 根钢柱）支承着主厅顶板。线段体现了直线墙体的Π形围合和空间分层。围合限定了边界，平行墙线分隔、连接展厅的多个功能区域并保持相互连通、相互渗透。墙面形式适应展示功能的需要。

展馆平面

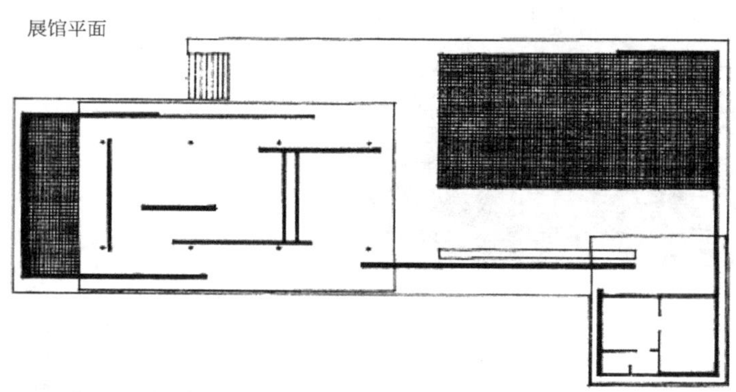

乡村砖房（方案）

建设时间：1923 年
设计师：密斯·凡·德·罗

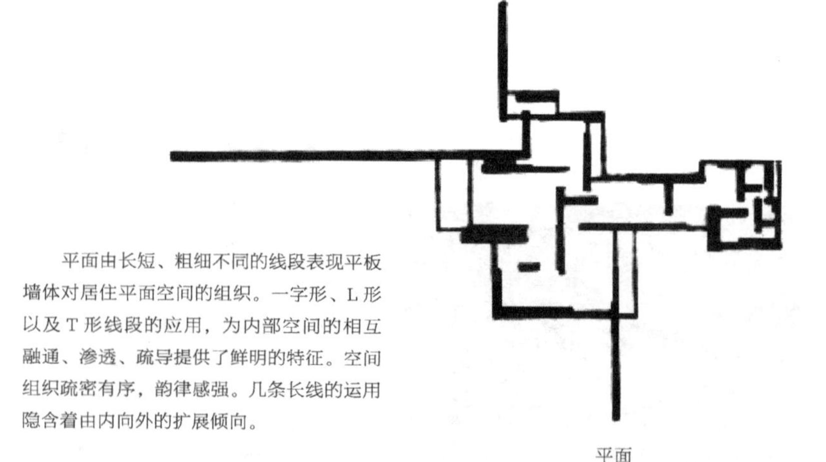

平面由长短、粗细不同的线段表现平板墙体对居住平面空间的组织。一字形、L 形以及 T 形线段的应用，为内部空间的相互融通、渗透、疏导提供了鲜明的特征。空间组织疏密有序，韵律感强。几条长线的运用隐含着由内向外的扩展倾向。

平面

考夫曼沙漠别墅（美国）

建设地点：加利福尼亚州 棕榈泉市
建设时间：1946 年
设计师：理查德·诺伊特拉

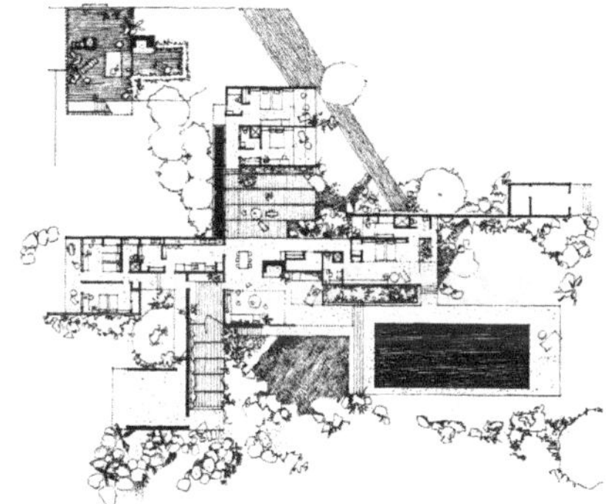

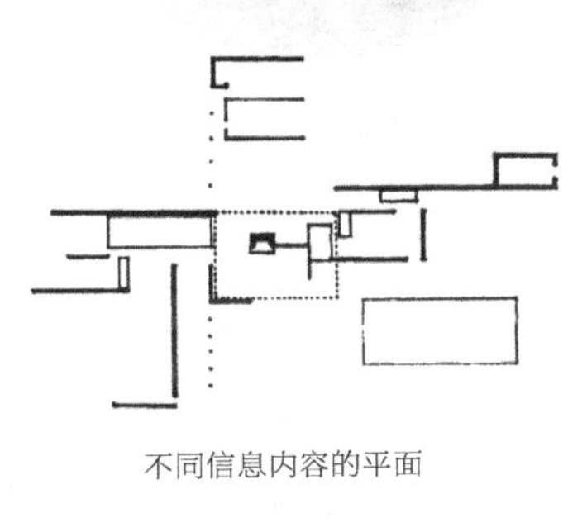

不同信息内容的平面

建筑平面的各种线型表达诸多空间形态、构造、陈设以及装饰细节信息。简单的点、线围合，主要表现建筑平面空间及工程结构关系。

尼迈耶住宅（巴西）

建设地点：卡诺阿斯
建设时间：1953 年
设计师：奥斯卡·尼迈耶

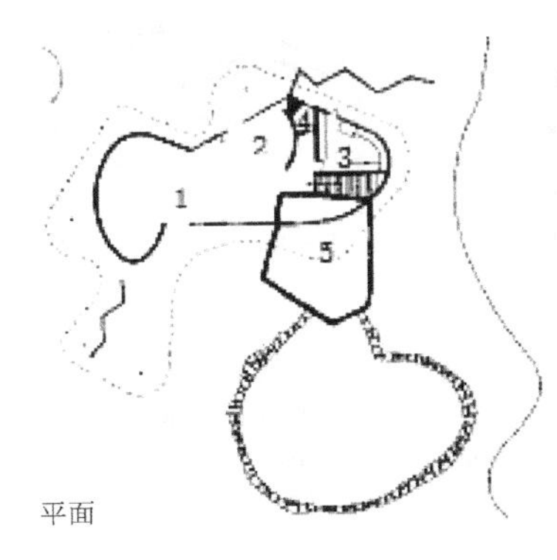

平面

1- 起居室；2- 餐厅；3- 厨房；4- 卫生间；
5- 天然岩石

建筑外围护界面以曲线、折线线段围合，界面自然流畅。墙体对空间的限定方式，与自然形态的天然岩石、泳池融为一体。

阿伦海姆展馆模型

建设时间：1966 年

设计师：瓦恩 · 阿伊克

展厅内景

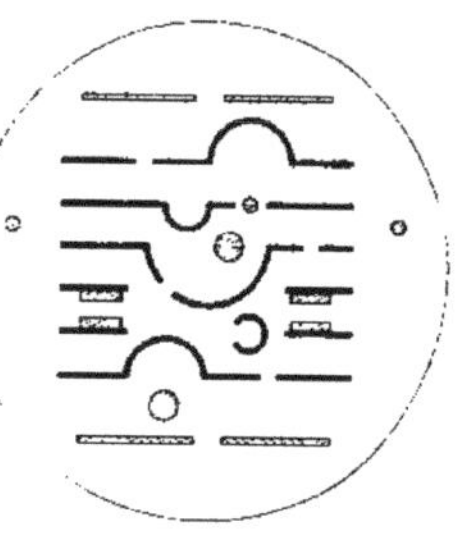

线段表现的分隔墙

不同墙线线段分隔展厅内空间，构成有序的空间并列分层。

联合国教科文总部（会议厅）（法国）

建筑地点：巴黎

建筑时间：1958 年

设计师：勃鲁尔、奈尔维、罗杰斯、格鲁皮乌斯等

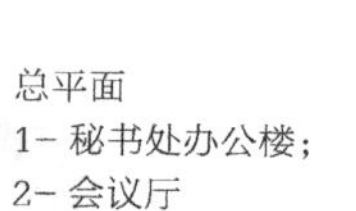

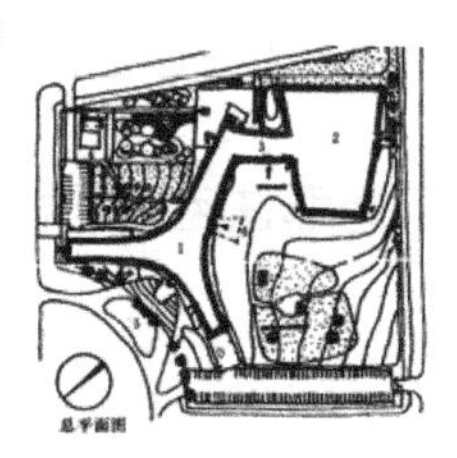

总平面

1- 秘书处办公楼；

2- 会议厅

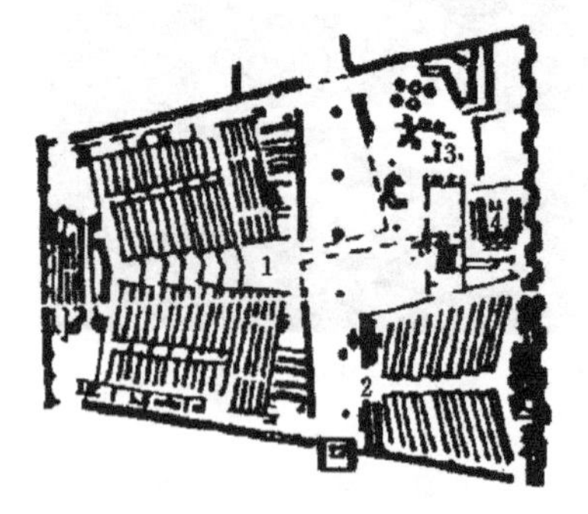

首层平面

1- 大会议厅；2- 小会议厅；3- 酒吧；4- 丹麦厅

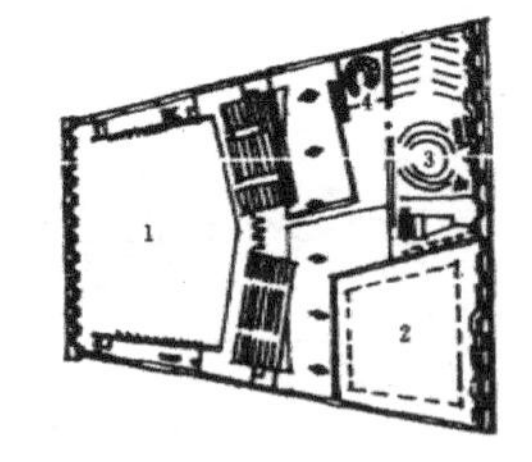

顶层平面

1- 大会议厅上空；

2- 小会议厅上空；

3- 瑞士厅；

4- 美国厅

平面中的点、线表现柱与墙体对空间的分隔。分隔出的空间适用于不同群体、不同功能。点同时表达出空间竖向尺度的差别。

奥利维蒂职业学校（英国）

建设地点：萨里郡　哈斯洛莫

建设时间：1969—1972 年

设计师：J. 斯特林、R. 尼科尔森、D. 温伯格、D. 福尔克、B. 利腾伯格

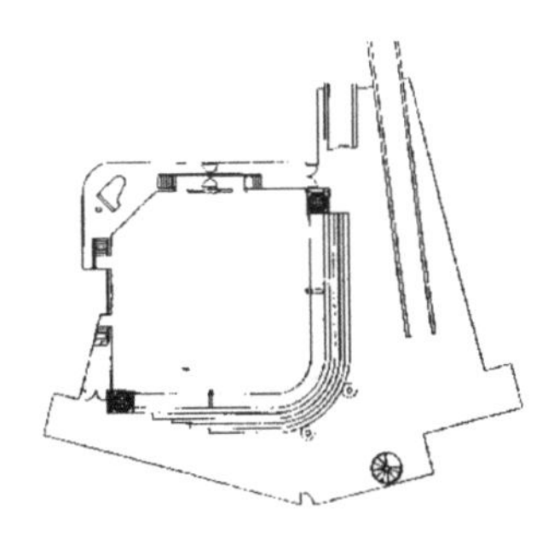

单体平面示意

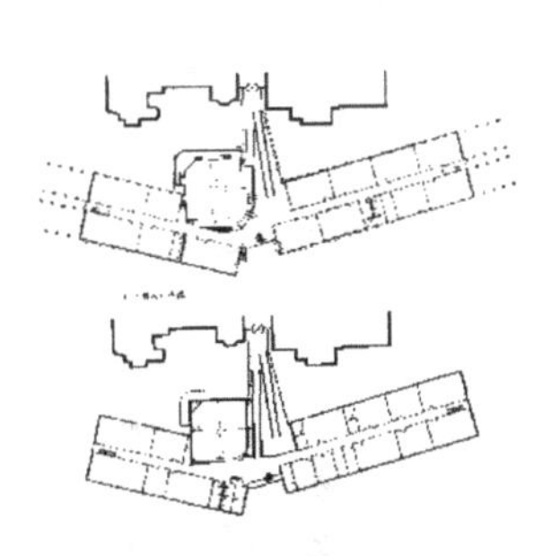

可用线段划分的平面原型

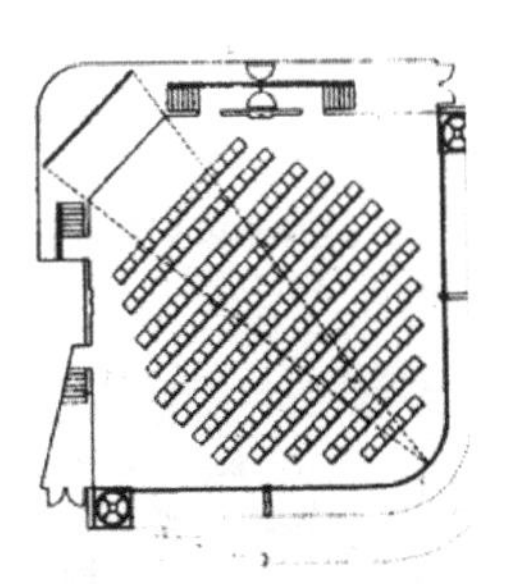

作为剧场的单一功能平面

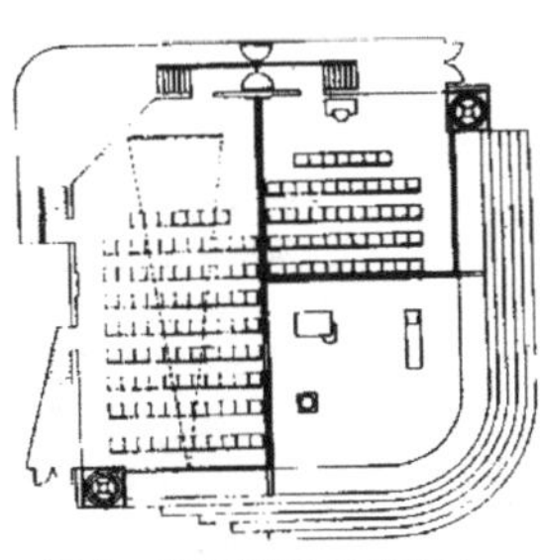

集会、休闲的多功能中小平面划分

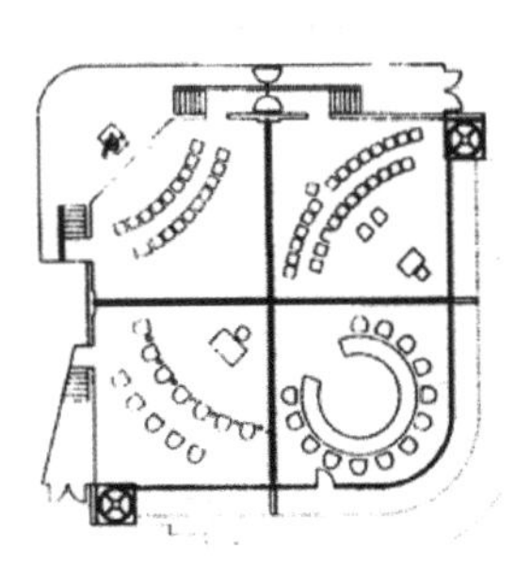

集会、休闲多功能小型平面划分

直线线段表现的平板墙对大尺度结构空间的分隔。大空间借用简单的直线线段，不受承重结构约束，可以灵活划分出适应不同功能、不同尺度的活动区域。

上海大学美术学院（中国）

建设地点：上海
建设时间：1999 年

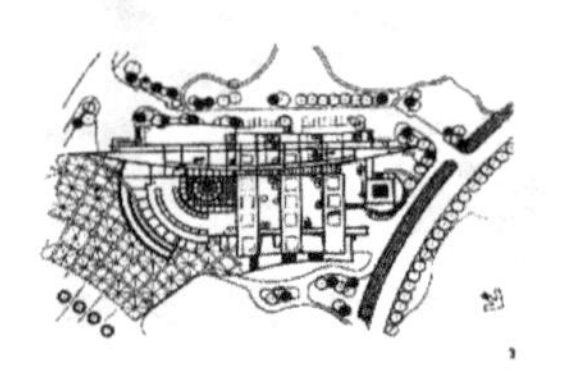

总平面

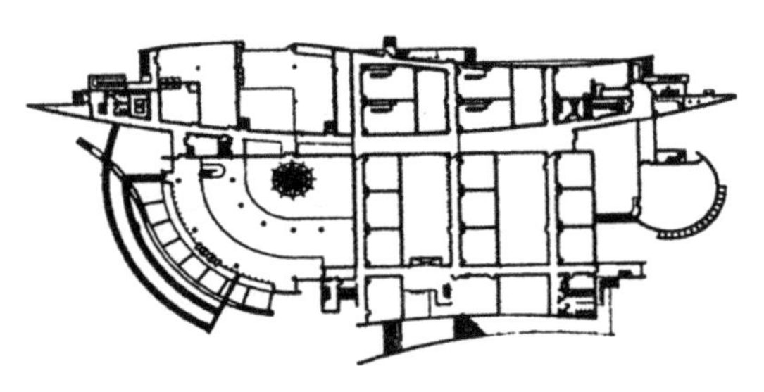

楼层平面

建筑空间设计充分利用了曲面墙体的强大表现力。曲线（墙）向平面内部植入，改变了内部空间形态；曲面墙做外界面围合以及平行衬托，使建筑外观形体增加了层次，入口得以强调。

W. A. 格拉斯纳住宅（美国）

建设地点：伊利诺伊州
建设时间：1905 年
设计师：弗兰克·劳埃德·赖特

单一轴线控制的各平面领域。轴线暗示空间导向、秩序和序列。轴线的端点以主要空间作为序列空间的起点和终点。

联合教堂（美国）

建设地点：伊利诺伊州　芝加哥　橡树园
建设时间：1905—1907 年
设计师：弗兰克·劳埃德·赖特

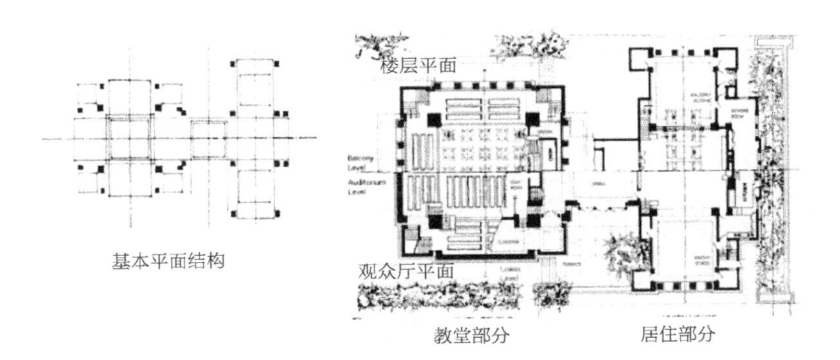

轴线相互垂直交叉。对称于轴线的两个部分平面，表现出整体平面按多轴线控制的严谨关系和秩序感。这种严谨的轴线控制关系，与教堂神圣气氛取得一致。

蓬皮杜艺术文化中心（法国）

建设地点：巴黎
建设时间：1977 年
设计师：理查德·罗杰斯、伦佐·皮亚诺

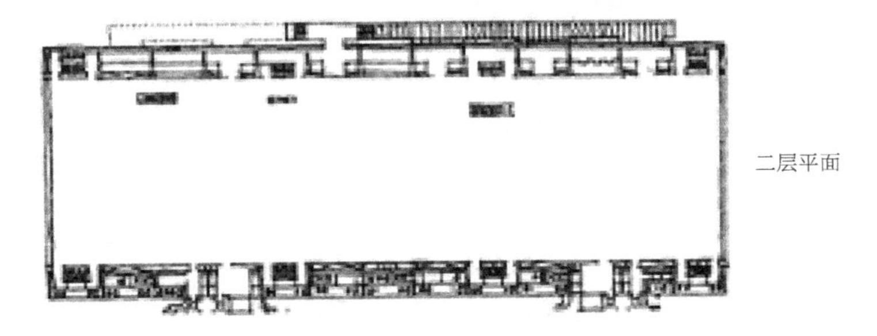

二层平面

单一形建筑平面。诸多辅助功能的微小平面空间，在矩形内沿两个长边排列。平面展示了高技派艺术表现手法与平面繁简分离的良好结合。

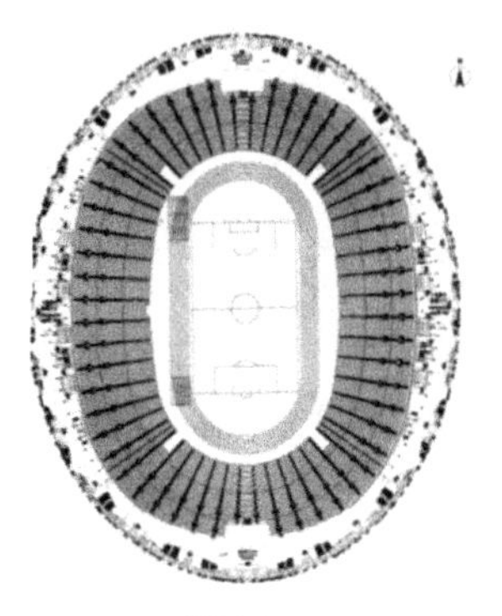

楼层平面

国家体育场（中国）

建设地点：北京

建设时间：2008 年

设计：赫尔佐格和德梅隆建筑事务所

首层平面

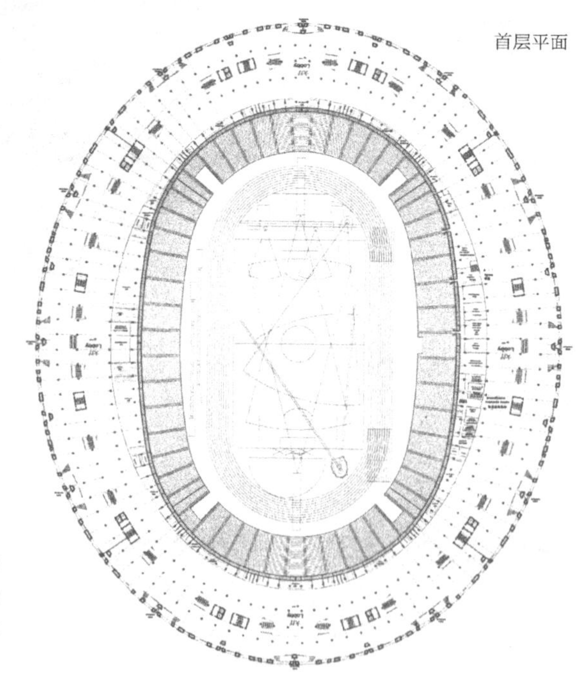

以竞技场地为主的椭圆单一形平面。辅助空间、观众座席等沿竞技场周边布置。

高地圣母教堂（朗香教堂）（法国）

建设地点：孚日 朗香

建设时间：1950—1953 年

设计师：勒·柯布西耶

自由曲线围合的非规则单一形。内外平面空间自由、流畅、多变，界面柔和，基调深邃，富有神秘感。

平面

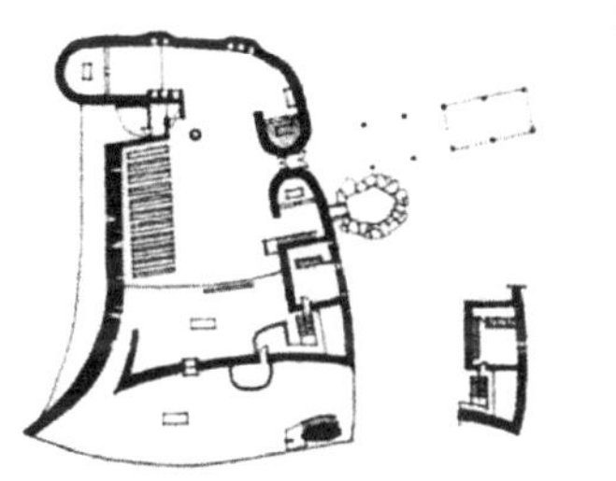

斯科茨代尔市政厅（美国）

建设地点：斯科茨代尔市

建设时间：1968 年

设计师：本尼·冈萨雷斯

平 面

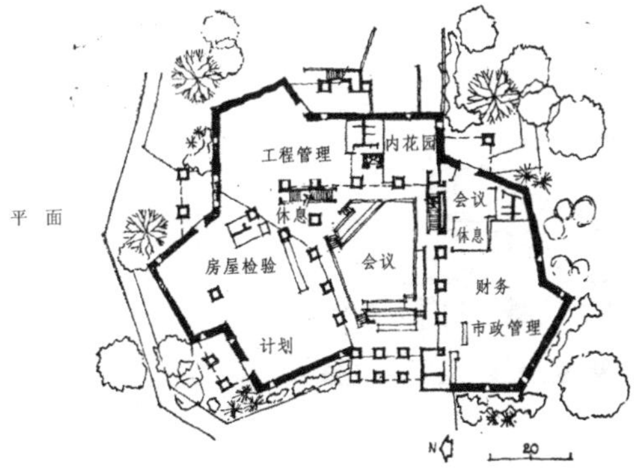

折线线段围合的非规则单一形。各功能平面之间主要以点（空心柱）的形式做隐形界定，空间与空间之间相互渗透。形态活泼，自由流畅。

圆与扁铲形合一的复合形建筑平面。搭接部分在各楼层中呈现不同空间形态特征：一部分被另一部分完全占有或部分占有。

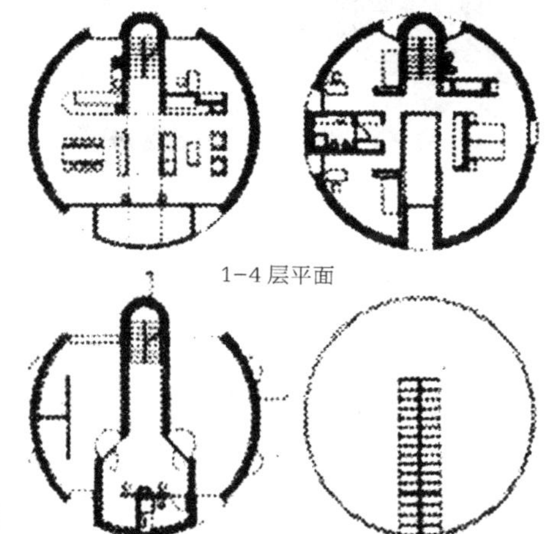

1-4 层平面

斯塔比奥圆房子（瑞士）

建设地点：斯塔比奥
建设时间：1980 年
设计师：马里奥·博塔

突尼斯青年之家（突尼斯）

建设地点：突尼斯市
建设时间：1990 年
设计：北京市建筑设计研究院

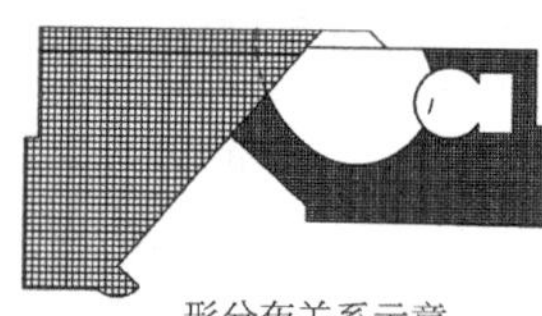

形分布关系示意

1- 门厅；2- 阿拉伯内庭；3- 展厅；4- 观众厅；
5- 体操房；6- 柔道、摔跤；7- 乒乓、击剑；8- 办公

一层平面

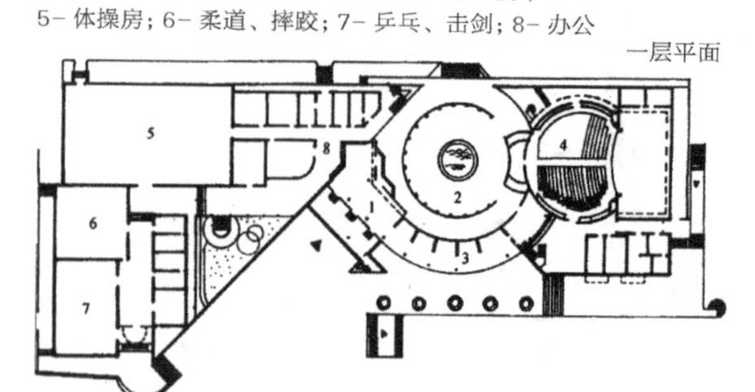

四个单一平面形以搭接包容方式，构成的复合形建筑平面。

奥尔良多媒体图书馆（法国）

建设地点：奥尔良

建设时间：1994 年

设计师：皮埃尔·杜·贝塞和多米尼克·里昂

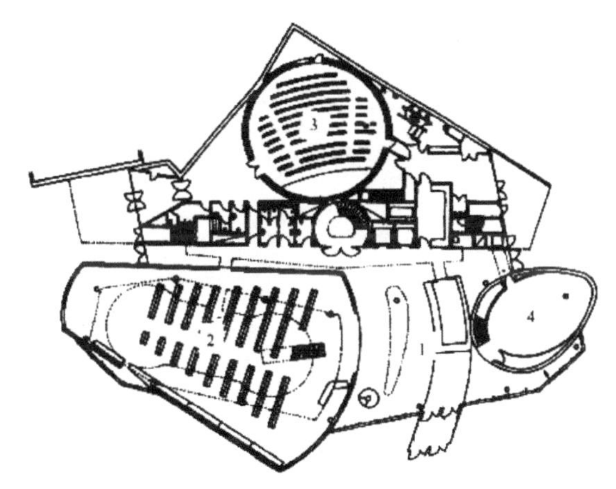

一层平面
1- 入口；2- 图书借阅；
3- 讲堂；4- 展厅

圆形、扇形、橄榄形、非规则多边形，以叠合、搭接、包容方法构成的复合形。每一个图形都是对特定功能的适应。

结构形态

平面元素结构是指建筑单体的楼层平面或不同楼层平面所包含的平面构成元素的种类和结合方式。它们其中的大部分通常与建筑物的主要竖向承重系统合一。与承重系统分离的平面元素结构，具有分隔空间的独立性。无论是同层，还是不同层，都会有不同元素结构形式同时存在，以适应不同特性的平面功能内容。

· 群点网络结构
· 平行线线网结构
· 平面形结构
· 混合结构

平面元素结构，是指建筑单体的平面中，所包含的平面主要构成元素的种类和结合方式。它们通常与建筑物的主要竖向承重系统，成为协调统一的整体。建筑平面元素的结构表现形式如图所示：

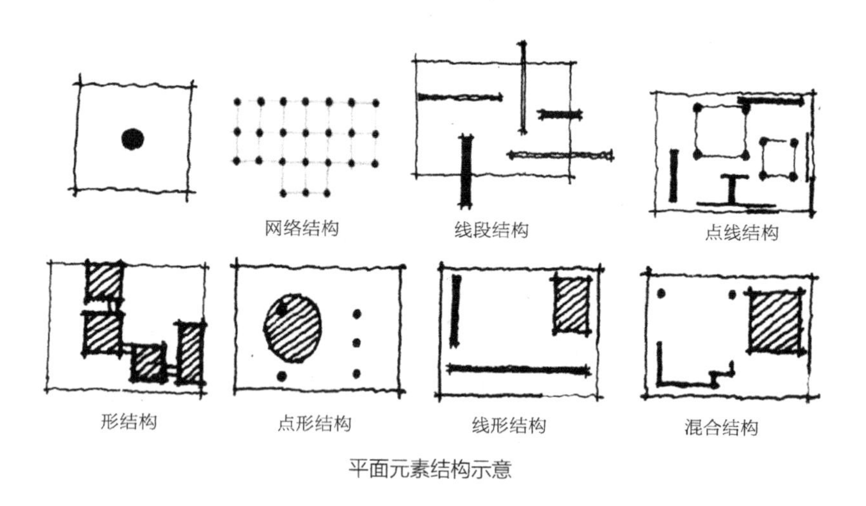

平面元素结构示意

群点
网络结构

在某一功能区域周边或沿某一确定方向有序排列的

群点，是最简单的结构形式。紊乱多变、规律似有非有的排列是较复杂的群点结构（详见构成元素案例——米拉公寓柱平面布置图）。不难想象，某一区域内点的数量越多，占据范围越大，就越需要建立它们的秩序，遵循共同的规律，以取得结构系统的简单、经济和适用。群点的网络结构，就是群点结合的秩序和规律。在网络结构平面中，即使出现线段和图形，大多是承重结构的需要。

根据跨度、柱距布置形式和平面参数的不同，点的网络结构形式也各不相同（很大程度受楼盖和屋盖结构形式影响）。网络平面空间限定性较弱，扩展性较强，如工业厂房、商场、展厅、办公场所等，多是首先由柱网扩展成一定规模的空旷空间，然后再进行功能的细化。点有规律排列，构成规则的网络。点有变化的排列，构成不规则网络，如克罗尔漫游柱网。这种网络结构为创造自由浪漫、通透灵活的空间形态，提供了便利（图）。

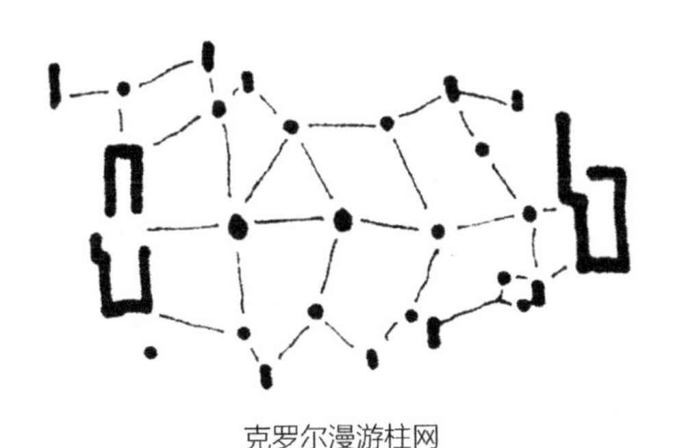

克罗尔漫游柱网

介于规整划一、自由多变之间的另一种群点网络，是一种复合网络结构。这种结构是选择几个相连正多边形顶点所对应的位置布置支承点（一个支承点涵盖若干正多边形），形成对应性的群点网络结构。在这一结构中，

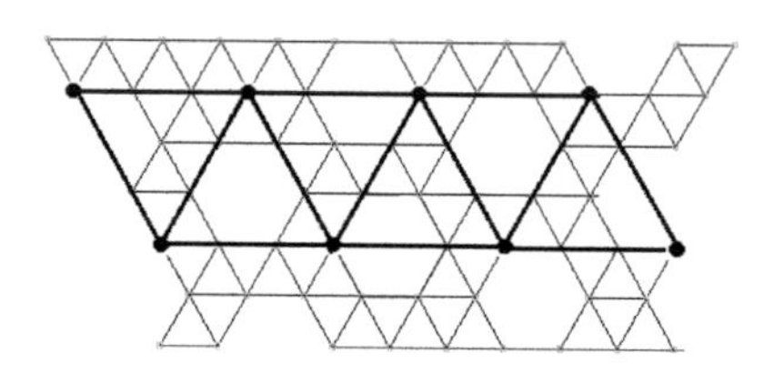

支承点和正三角形网络（局部）

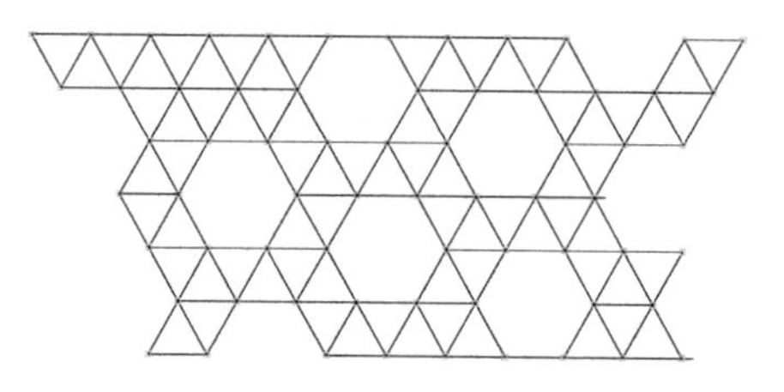

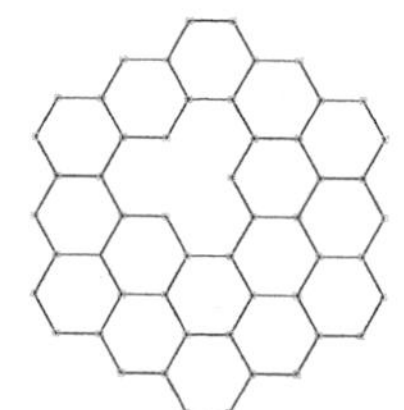

水平覆盖面网络及网络断裂

多边形元素种类可能是单一的，也可能是几种形式的结合，是竖直支承系统与水平覆盖系统（网架、构架、梁格等）两种网络默契结合的结果。这种结构系统能够衍生不同的覆盖表面和特有形式的建筑外边界（图）。

无论是哪一种网络，点的大小、点的形状、点的距离，都是可以变化的。同样，在某一层平面中的群点网络也不局限于一种，保持一成不变。网络在适应功能变化过程中，常常是多个系统并存。即使是一个系统，有时也会出现局部改变。例如，在不同楼层中出现局部断裂（个别支承点缺失造成网络断裂），网络由一种形式转变为另一种形式。

同一平面内出现几种网络，网络与网络的交接，是网络结构选择时，应考虑的问题。网络交接方式通常有以下几种：①交接网络系统完全重合柱点一一对应。网络的区分在于点群的差别，例如：柱的截面大小和形状

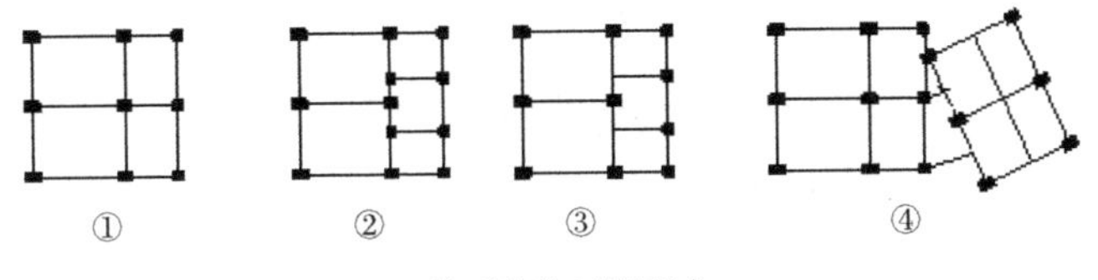

网络系统的对接形式

差别，分层差别；②网络系统交接面部分柱点错位，点融入交接面相邻网络系统，即保留被结合网络系统的边柱；③网络系统交接面部分柱点错位，其中一个网络将错位点撤离；④网络系统内、外的成角相交或分离，在适当位置添加结合点，或通过水平构件（梁、架）建立系统之间便捷的直线连接关系（图）。系统的不完全重合所采取的连接方式，受到结构技术的限制，应在结构方案的优化分析中做出选择。

平行线
线网结构

在建筑平面设计中，建筑物主要承重系统和空间分隔系统均由线段形式表现的墙体来承担。墙线的不同布置，将会带来建筑内外不同的使用质量和空间感受。处于随意状态的墙线布置，相互不存在严格的定位关系，一般比较少见。相互保持平行的关系，较为多见，如单向平行、双向平行或多向平行。墙线的平行排列，对平面形成了明确的单向领域的区分。如要表现明确的双向区分关系，应在另一方向有足够的墙线存在。当需要内部平面空间方正时，两方向墙线倾向于垂直。在平行线中，加入不具备平行关系的线段，会给平行线围合空间注入新的活力，出现多种非规则平面空间。线段能在某一方向保持一定规则的对位关系，将形成单向和双向的线网结构（图）。在线网结构中我们看到：具有一定数量的双向平行或多向平行线段，纵横交织在一起，便很容易形成比较清晰的网格。如果只有数量较多的单向平行线段，多向平行线段较少，或线段排列自由，缺少严格的对位关系，这些线段就难以形成明显的网格。平行线结构、线网结构对于建筑平面组合的秩序、节奏、韵律，都具有一定的影响。

平面中多向线段的出现或者称作线段的非理性破规组合，是线段结构的一种特殊形式。这种结构摒弃了司空见惯的循规蹈矩，以常人预想不到的罕见的形式取得空间形态的鲜明对比。当然，这种破规结构有时也与部分平行线结构、线网结构相结合，以获取对比性的冲击作用和激活效力。

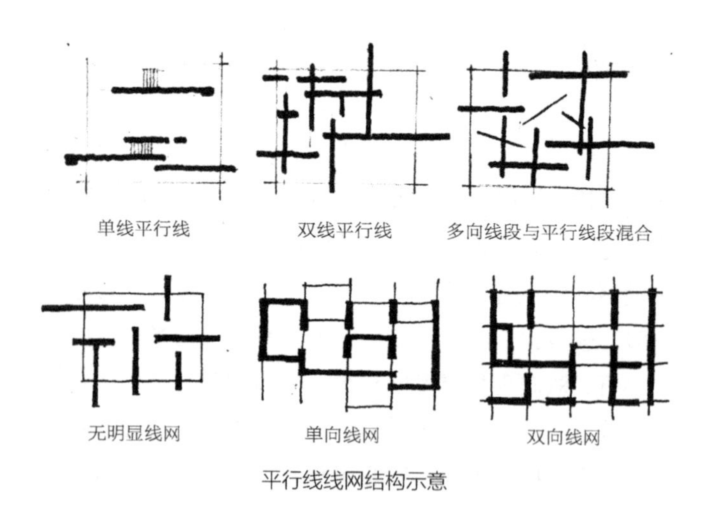

平行线线网结构示意

平面形结构

首层平面或主要楼层平面，是由线段围合的平面形构成，也就是说建筑物的主要垂直承重系统，是由墙体围合的房间支承。每一个房间就是一个竖向支承体。建筑平面组合均以这些图形为基本元素。平面形结构最简单的形式是单一功能空间独立形结构。

一个独立的单一图形，本身就是一个可供使用的平面，由若干单一图形结合成的一个复合图形，是较为复杂的独立形。独立形不仅可以自成结构体系独立存在，也可以作为多平面形组合中的独特部分，与其他图形融于一个整体。

独立形一旦连续出现，建筑平面自然表现出多平面形并存的现象。多个独立形以集中式或分散式布局，适应不同的功能特点和环境组织。集中式布置和分散布置反映了平面形不同的集聚方式，即有间隙的集聚和无间隙集聚。有间隙集聚，平面形与平面形之间由含糊的松散空间隔离。平面形最大限度贴近形以外的环境之中。无间隙集聚，形的结合紧密，秩序感强，但各自对外接触的公共环境具有局限性。

集聚成群的平面形，大多具有统一的随从性，即各图形趋于相同的形式，相同的结合方向。群体中，每一个平面形覆盖面积较小，数量多，成为平面整体构成的主要内容（图）。

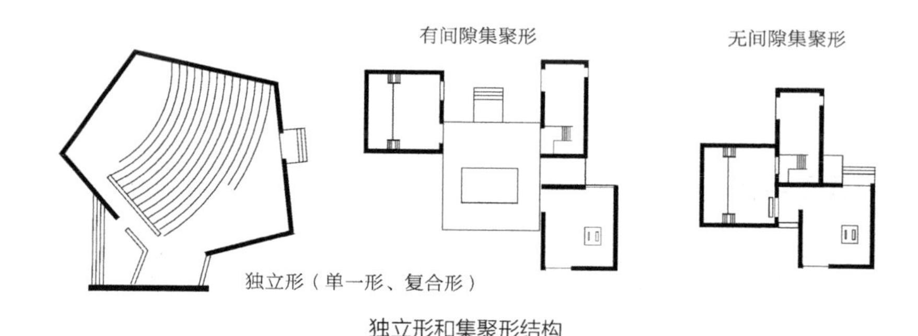

独立形和集聚形结构

混合结构

点与线段的有限组合，是指局部有限的点和若干少数线段的组合。这种组合共同起到对确定空间领域的分隔和联系作用。点与若干非封闭线段的组合，规定着较为通透、开敞、富有情感变化的空间形态。完整的结构系统是点的成组集聚、线的成组集聚、形的成组集聚或它们有机协调的结合，既遵循各自独立的构成规律，又保持着良好的相互兼容和连接特性。

如前所述，由于建筑功能的差别，不同功能对平面尺度、大小、形态必然有着不同要求。同一楼层建筑平面会出现多种元素结构形态差异和并存现象。随着楼层的改变，适应基础楼层的元素结构形态，也会发生新的改变。所以平面元素结构对于一个建筑物来说，是一个动态适应载体。例如，大量小尺度房间和大尺度空旷厅堂的相互转换，将引起点、线，点、形和群点网络结构的相互转换。不言而喻，承重结构系统也必须与元素结构的转换表现出完全的一致性。 无论是哪种元素结构形式，哪种匹配的承重结构系统，都应结合不同地区的实际情况慎重选择，使建筑技术与结构技术优势得到更好发挥。

武威电讯枢纽楼（方案）（中国）

建设时间：1999 年
设计师：尹阳

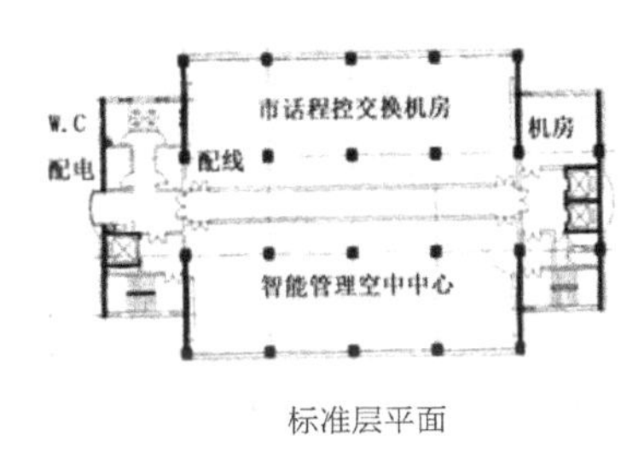

标准层平面

平面中的列柱，以等跨等距排列的群点表示，形成规则、简单的群点网络结构。可提供较大尺度的平面空间。

面粉制造同盟（印度）

建设地点：艾哈迈达巴德
建设时间：1954 年
设计师：勒·柯布西耶

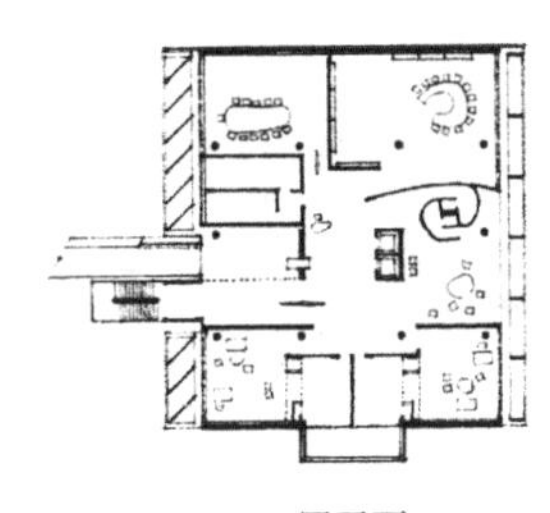

一层平面

柱平面的群点网络结构。各种形式的非承重墙线，对空间进行自由分隔。线根据房间尺度需要，与点重合或偏离。

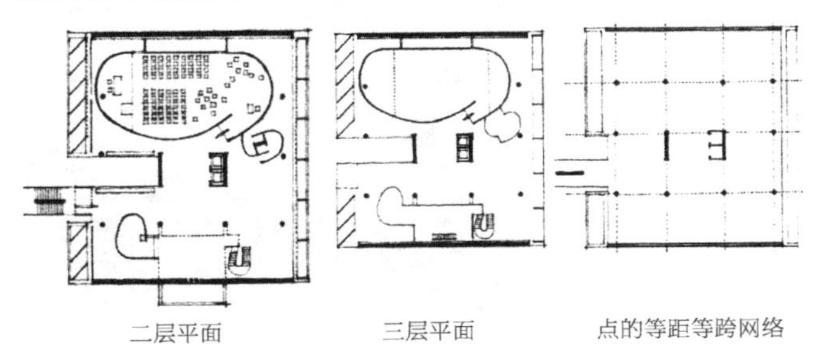

二层平面　　三层平面　　点的等距等跨网络

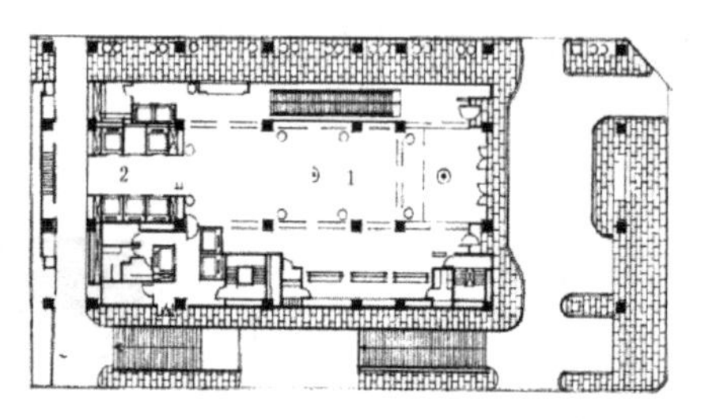

一层平面

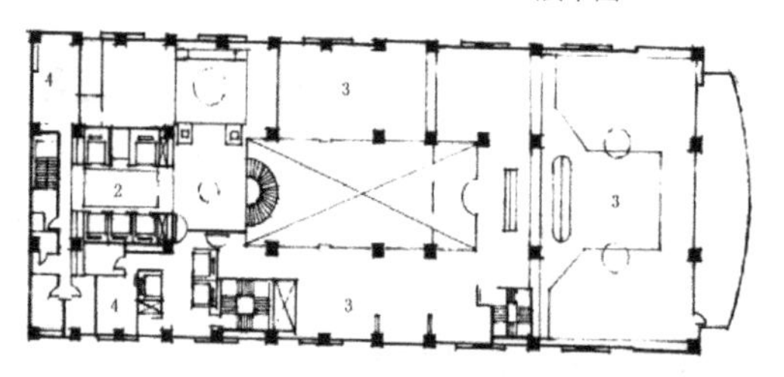

五层平面

林登旅馆（韩国）

建设时间：1994 年

沿矩形长边和中轴两侧排列的群点，形成相对独立的两个网络系统。网络与网络通过点的对应和交叉结合成整体。

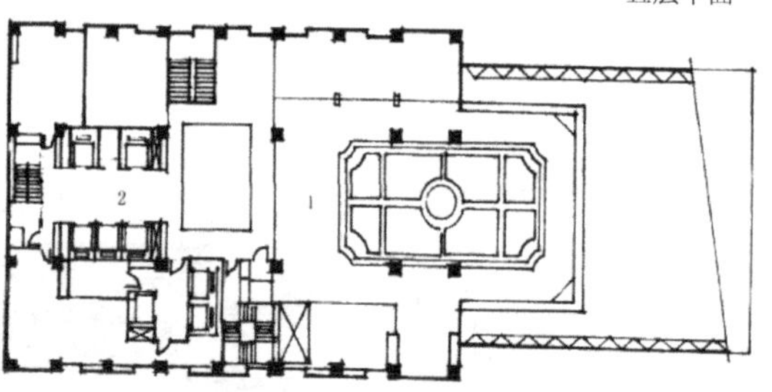

八层平面

1- 游泳池；2- 电梯厅；3- 餐饮用房；4- 服务用房

华盛顿杜勒斯国际机场（美国）

建设地点：弗吉尼亚

建设时间：1958—1964 年

设计师：埃罗 · 沙里宁及其事务所

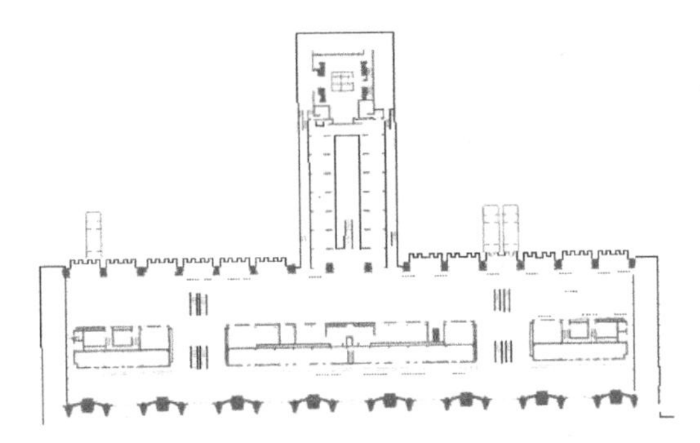

完全不同的两组群点，形成两个相互垂直的网络系统。两系统中点的截面、尺度受到建筑造型、跨度、荷载影响，主从分明。短跨网络通过点的对位和错位关系依附于长跨网络。

国会大厦（印度）

建设地点：昌迪加尔

建设时间：1951—1963 年

设计师：勒·柯布西耶

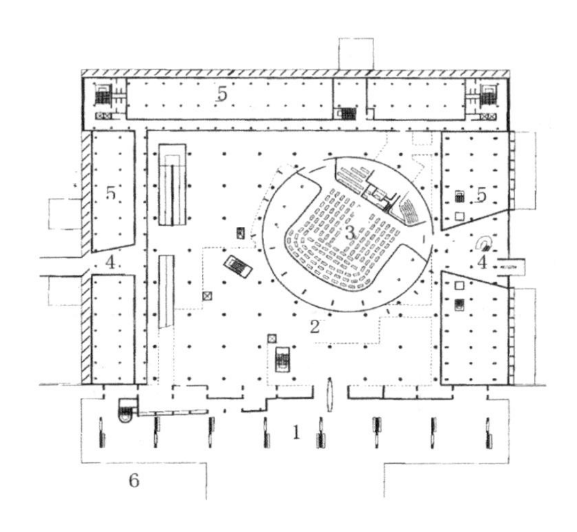

一层平面

一层房间名称

1- 主入口；2- 中央大厅；3- 众议院；4- 门廊；5- 办公用房；6- 水池

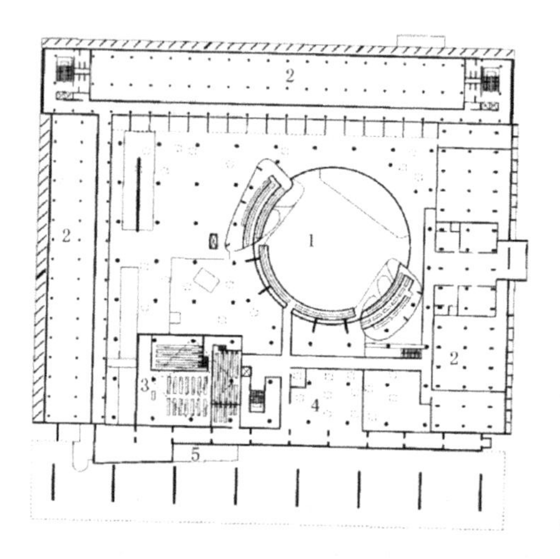

三层平面

三层房间名称

1- 众议院；2- 办公室；3- 参议院；4- 新闻人员休息用房；5- 阳台

功能更为复杂的平面，为数众多的柱，根据不同的功能分区，空间形态，以群点的多个网络系统，表现出它们的相互关系和结合特点。

法西斯党部大楼（意大利）

建设地点：科莫
建设时间：1932—1936 年
设计师：G. 特拉

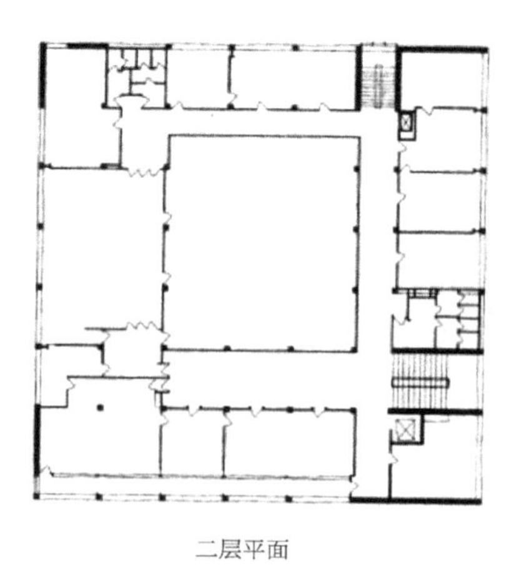

二层平面

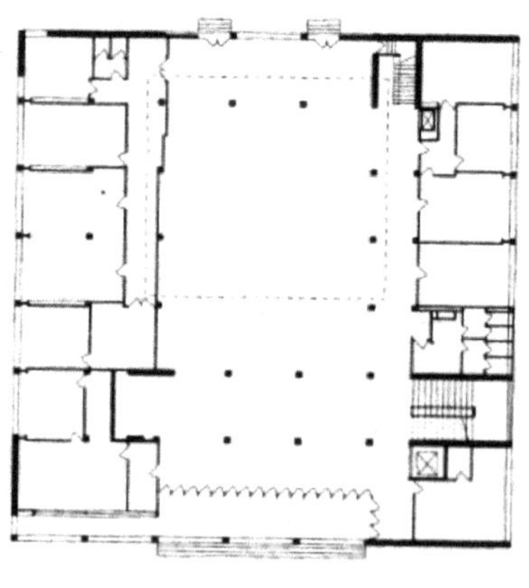

首层平面

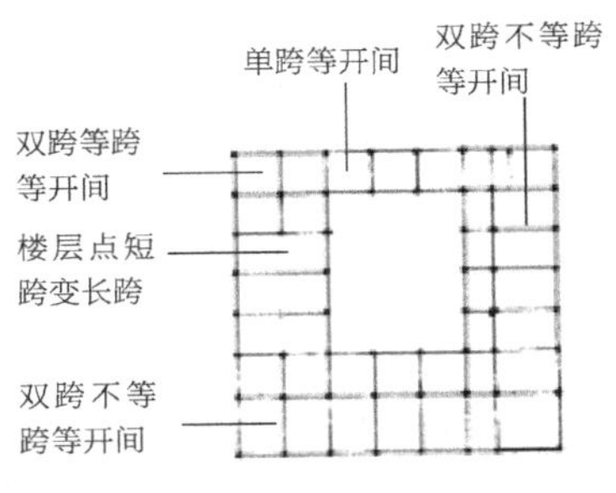

（柱）平面——群点网络

为适应不同功能空间而形成的非规则群点网络结构——多跨度多柱距。局部点在楼层之间的变动，完成了小空间向大空间的转换。

横滨市中央图书馆（日本）

建设地点：横滨
建设时间：1994 年
设计：前川建筑设计事务所

一层平面

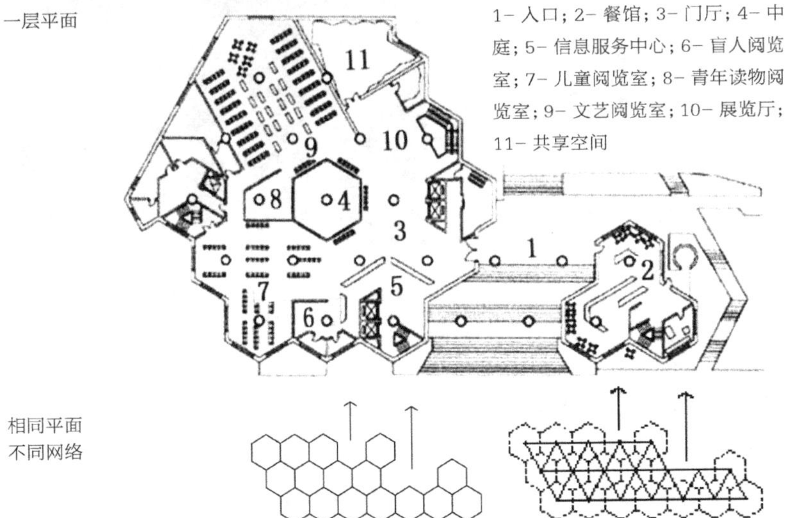

1- 入口；2- 餐馆；3- 门厅；4- 中庭；5- 信息服务中心；6- 盲人阅览室；7- 儿童阅览室；8- 青年读物阅览室；9- 文艺阅览室；10- 展览厅；11- 共享空间

相同平面
不同网络

建筑平面可以采用正六边形顶点，作为柱的支承点，组成六边形群点网络结构，也可以采用正三角形顶点作为柱的支承点，组成三角形群点网络结构。三角形网络结构会表现出较明显的错动趋势。

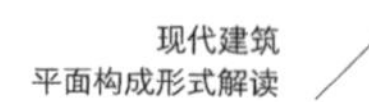

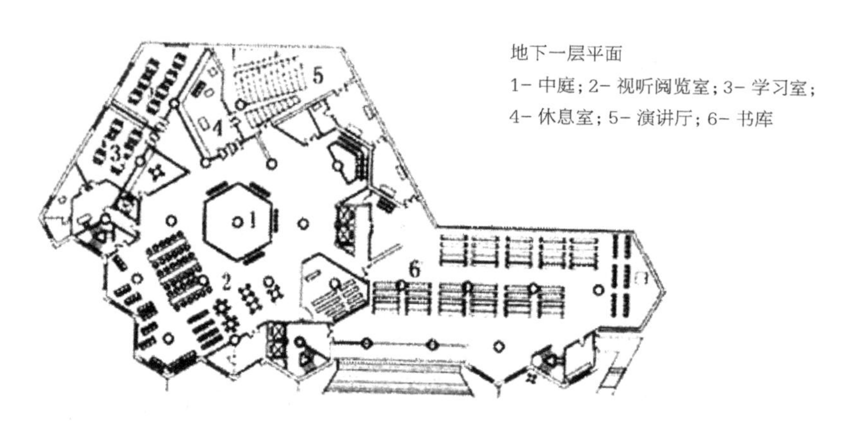

地下一层平面

1- 中庭；2- 视听阅览室；3- 学习室；
4- 休息室；5- 演讲厅；6- 书库

列治文山公共图书馆——中心图书馆（加拿大）

建设地点：安大略省多伦多

建设时间：1993 年

设计：A.J. 戴梦德 / 唐纳德 · 施米特公司

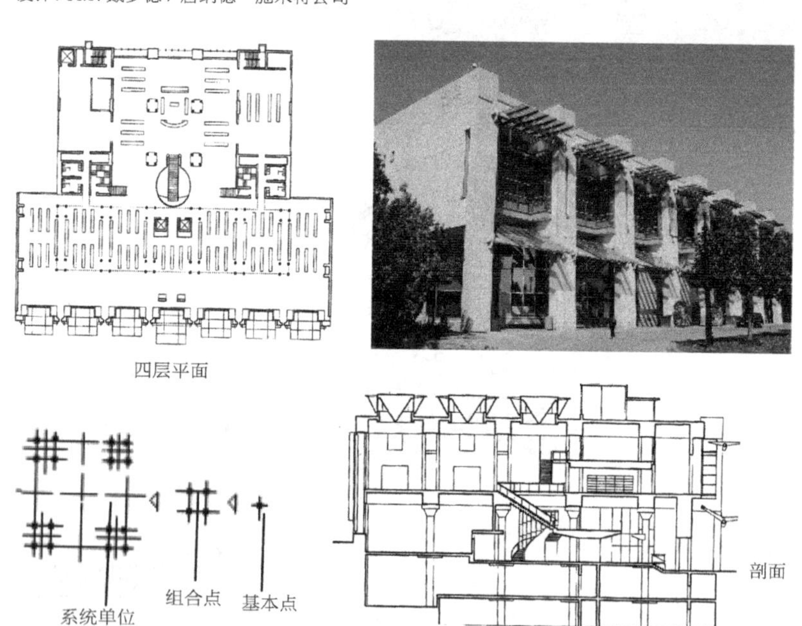

四层平面

剖面

平面中的四个点成为楼层竖向支承的组合体。由这个组合体按着等距、等跨的规律连接成组合体网络系统。四个点的组合体是由底层一个最基本的点衍生而来（参见剖面）。

比希尔中心办公楼（荷兰）

建设地点：阿普勒多恩
建设时间：1970—1982 年
设计师：赫尔曼·赫兹伯格

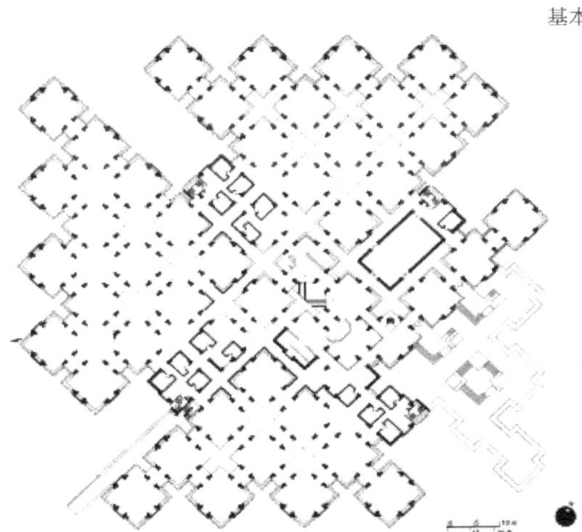

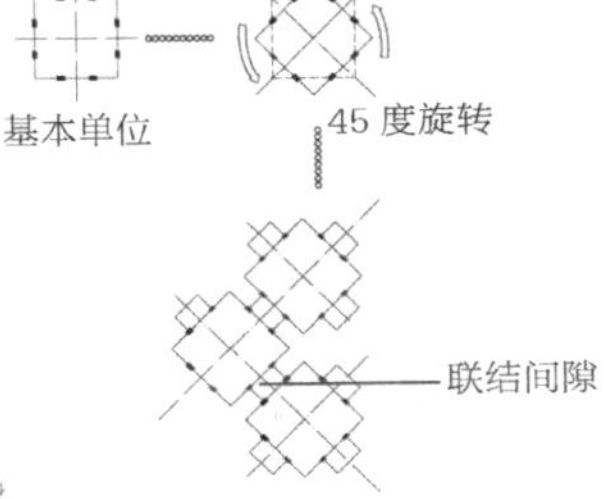

关系密切呈正方形排列的点，是建立组合网络系统的基本单位。这些基本单位以水平夹角 45 度，相互保持一定间隙的连接。间隙保持了基本单位的完整和连通。

罗马国家艺术博物馆（西班牙）

建设地点：梅里达
建设时间：1980—1986 年
设计师：拉菲尔·莫尼奥

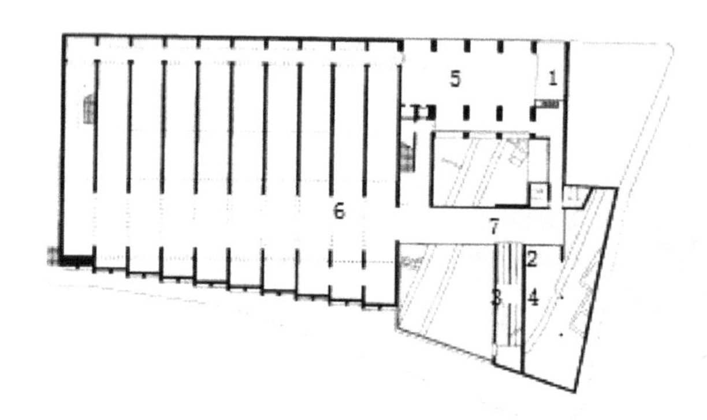

一层平面
1- 车库上空；
2- 导水管上空；
3- 入口层坡道；
4- 通向考古区坡道；
5- 工作间；
6- 展厅；
7- 博物馆入口

单向平行线段为主的大型流动平面空间。相互平行、长短对应的隔间墙，具有鲜明的导向性。它们在完成空间功能分隔的同时，兼起承重作用。

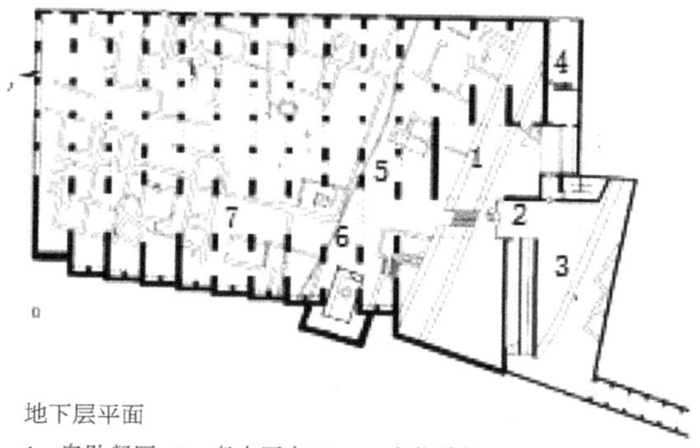

地下层平面
1- 自助餐厅；2- 考古区入口；3- 文物遗址；
4- 储藏间；5- 巴西利卡遗址；
6- 罗马住宅遗址；7 坟墓

6 号住宅（美国）

建设地点：康涅狄格州康沃尔
建设时间：1975 年
设计师：彼得·艾森曼

两向平行线段结构。线段沿相互垂直的两个方向分布。围合的空间之间相互融通，平和稳定，开合自由。点起到楼层线段演变的承接作用。

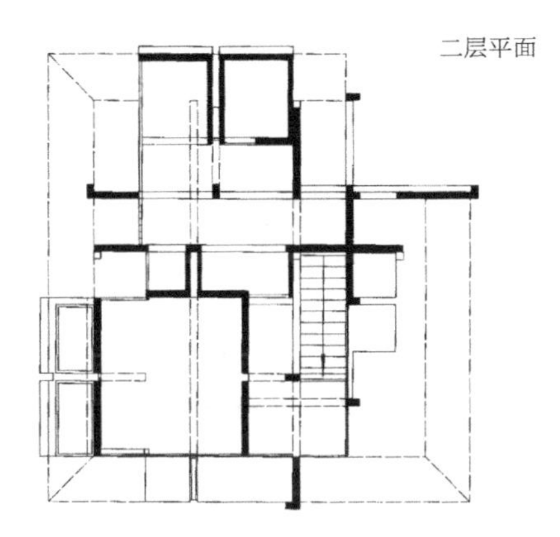

佳克莎住宅

建设地点：加利福尼亚

建设时间：1988 年

设计师：亚瑟·戴森

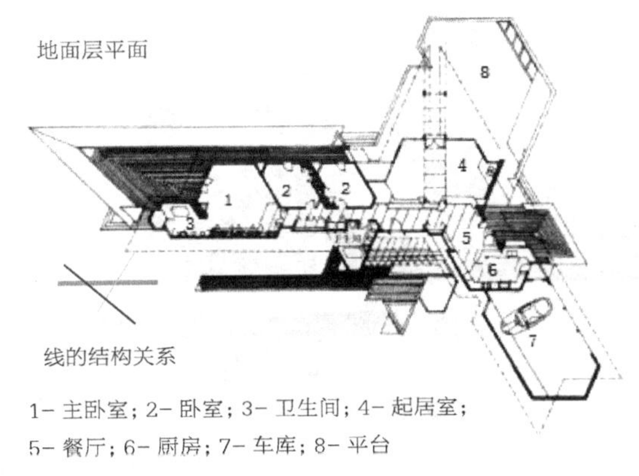

1- 主卧室；2- 卧室；3- 卫生间；4- 起居室；
5- 餐厅；6- 厨房；7- 车库；8- 平台

三向平行线段结构。空间形态新奇多变。建筑外围护界面转角部位夹角开敞，空间便于利用。

一神教会议厅（美国）

建设地点：威斯康星州麦迪逊

建设时间：1947 年

设计师：弗兰克·劳埃德·赖特

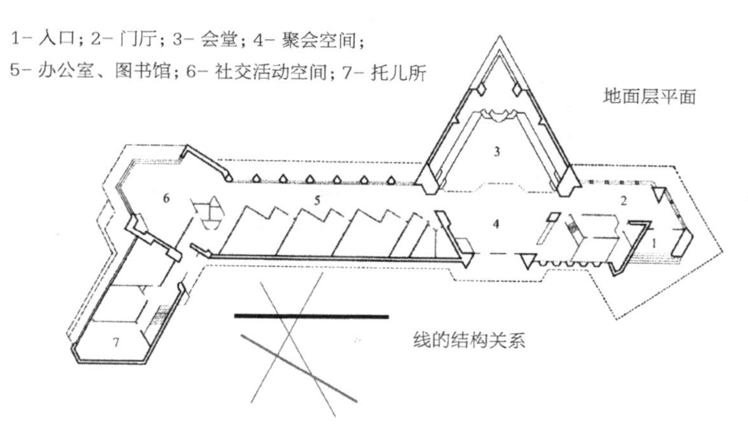

四向平行线段以不同的主次方向、不同表现程度，组成神奇虚幻、形态多变的内部空间。

瓦尔斯温泉浴场（瑞士）

建设地点：瓦尔斯

建设时间：1986—1989 年

设计师：彼得·卒姆托

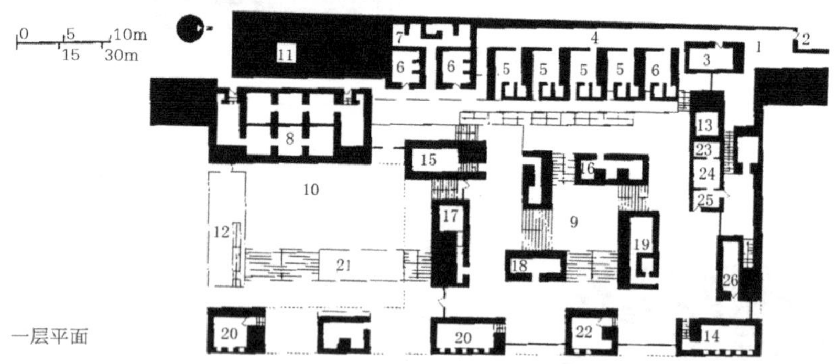

多个不同形式的矩形，以不同的组合关系构成的平面形结构。

1- 入口；2- 清洁工库房；3- 化妆间；4- 大厅；5- 更衣间；6- 冰浴；7- 卫生间；8- 土耳其浴；9- 室内浴；池；10- 室外浴池；11- 石岛；12- 岩石露台；13- 小浴池；14- 热水池；15- 冷水池；16- 淋浴区；17- 饮水区；18- 响水池；19- 花瓣浴池；20- 休息室；21- 室外淋浴；22- 按摩室；23- 残疾人卫生间；24- 存衣间；25- 残疾人通道；26- 服务员室

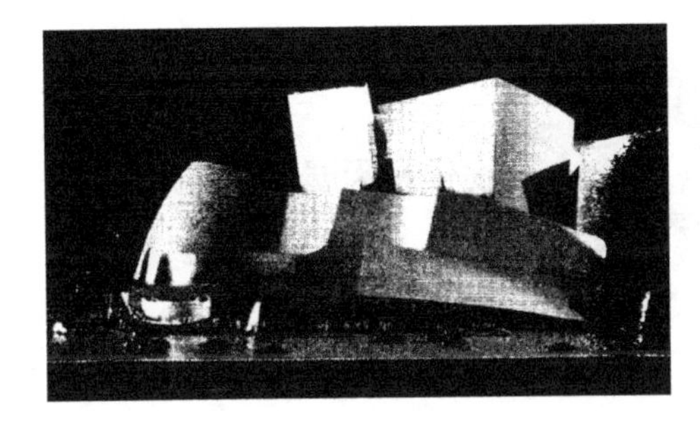

迪士尼音乐厅（美国）

建设地点：洛杉矶
建设时间：1993 年
设计师：盖里

矩形音乐厅为主，直线、曲线围合为辅的平面空间，形成多形结构平面。

总平面

一层平面

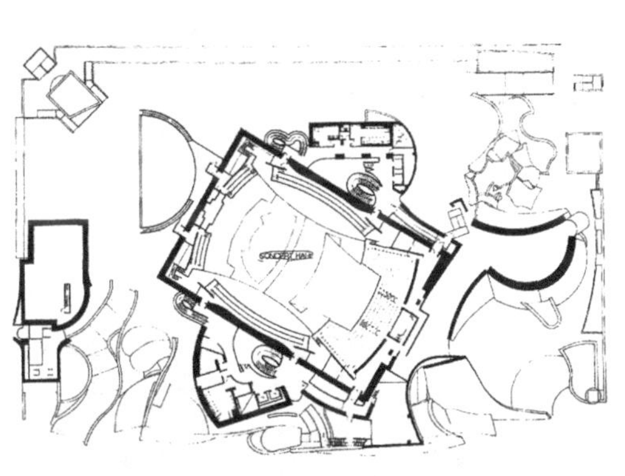

圣心国际学校（日本）

建设地点：东京
建设时间：2011 年
设计师：冈本恒之

一层平面
1 ~ 5- 教室；6- 特殊功能室；7- 大厅；
8- 储藏室；9- 卫生间

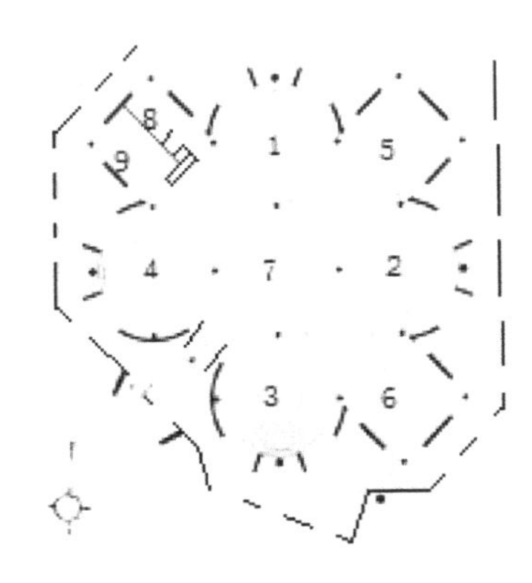

点和短线结构，表现的隐形平面。点线的相互陪衬，成为建筑造型的主角。配合大尺度的出挑屋面，整个建筑结构简练，轻快明朗。

侯赛因展览馆（印度）

建设地点：艾哈迈达巴德
建设时间：1994 年
设计师：多什

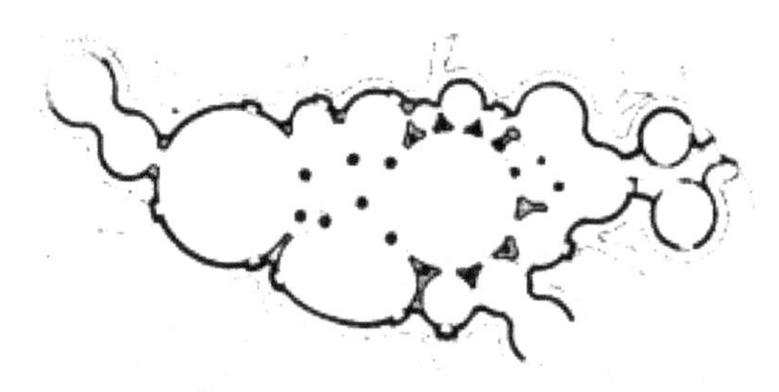

融为一体的点、圆混合结构，形成边界面丰富，开敞、自由的展览平面空间。

建筑平面的整体，类似生物的生长繁衍，表现出一种有机建筑平面的形象。

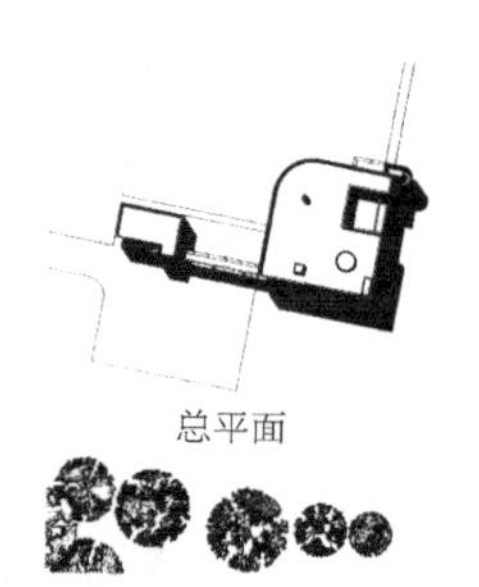

总平面

萨兹曼住宅（美国）

建设地点：纽约
建设时间：1967—1969 年
设计师：理查德・迈耶

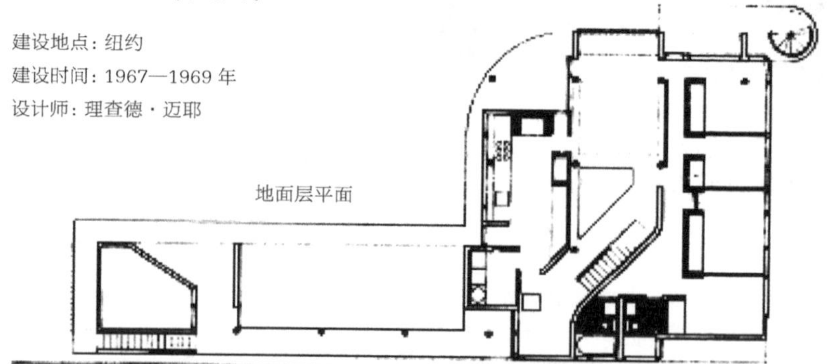

地面层平面

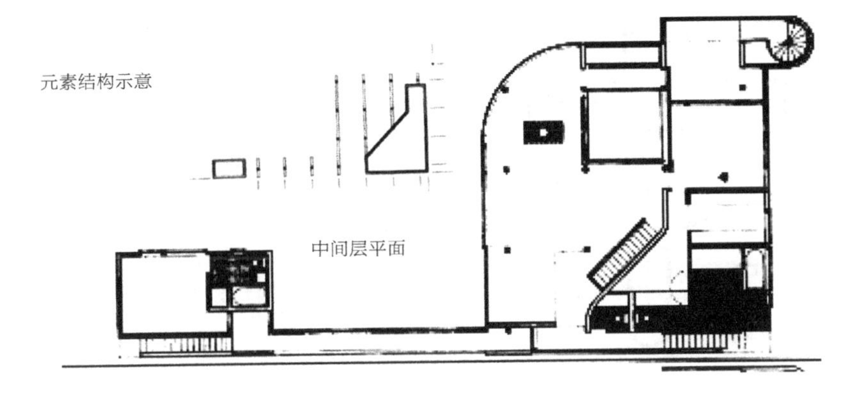

元素结构示意

中间层平面

点、形混合结构。点提供公共空间开敞的限定边界和灵活分隔的可能性。形规定由大化小的区域。

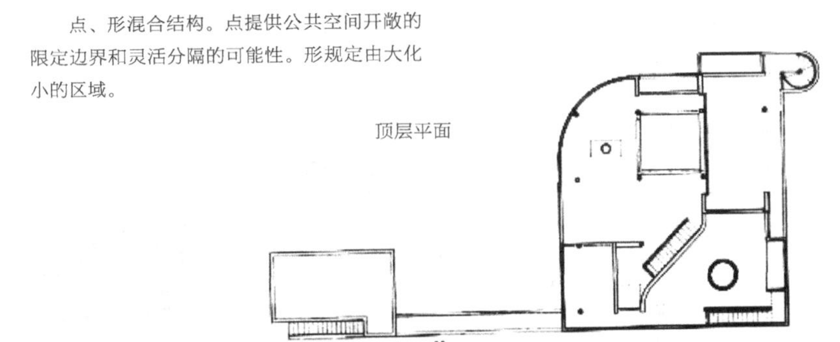

顶层平面

庞德里奇住宅（美国）

建设地点：纽约

建设时间：1969 年

设计师：庞德里奇

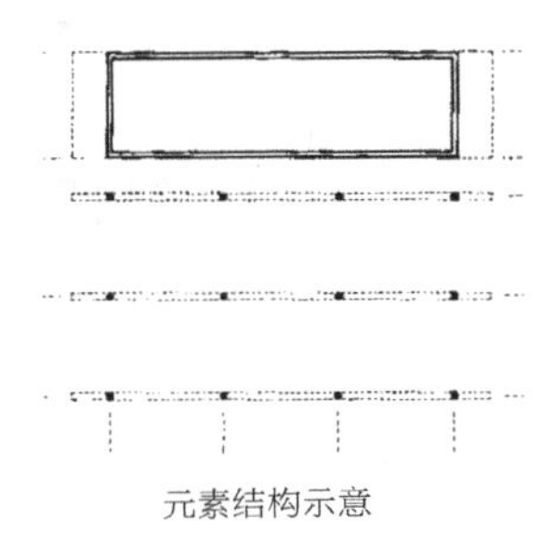

元素结构示意

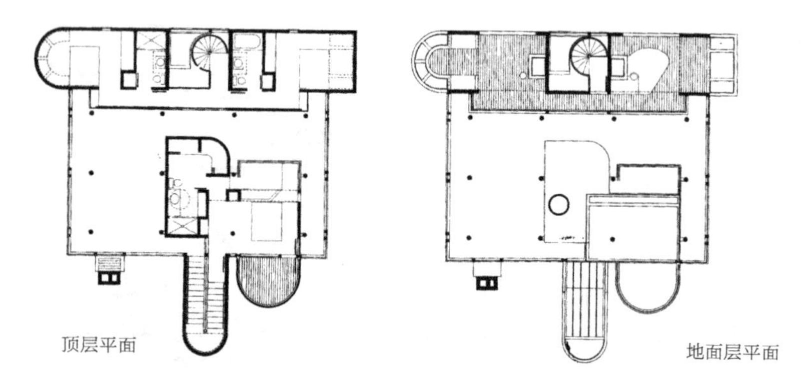

顶层平面　　地面层平面

规则的群点网络和形混合结构。网络结构创造大尺度、开敞的、可分隔的空间平面形式，适应多种公共活动。形提供具有私密性的起居活动空间。

柏林国家美术新馆（德国）

建设地点：柏林

建设时间：1968 年

设计师：密斯・凡・德・罗

首层平面

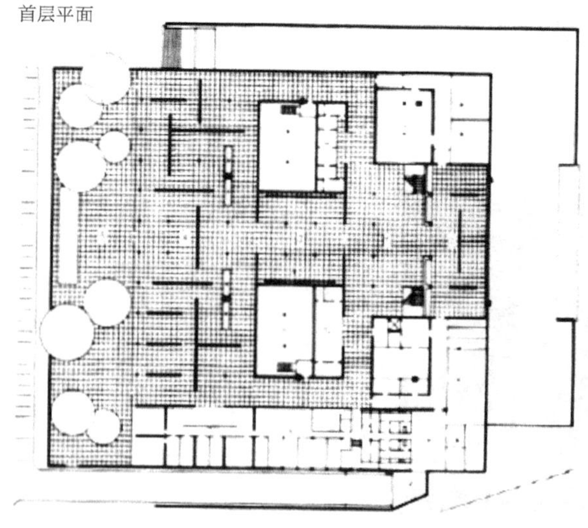

适应多种复杂功能空间组合的点、线、形混合结构，如：完全开放的共享空间，半开放、相互流动的展示空间，以及相对封闭、保持独立的私密空间等。

落水别墅（美国）

建设地点：宾夕法尼亚州贝尔河
建设时间：1939 年
设计师：弗兰克·劳埃德·赖特

平面灵活运用点、双向平行的短线以及极少的形，共同组织居住功能空间。内部空间结合自由。多种元素结构的应用使单纯形结构空间的封闭状态，得到彻底改善。

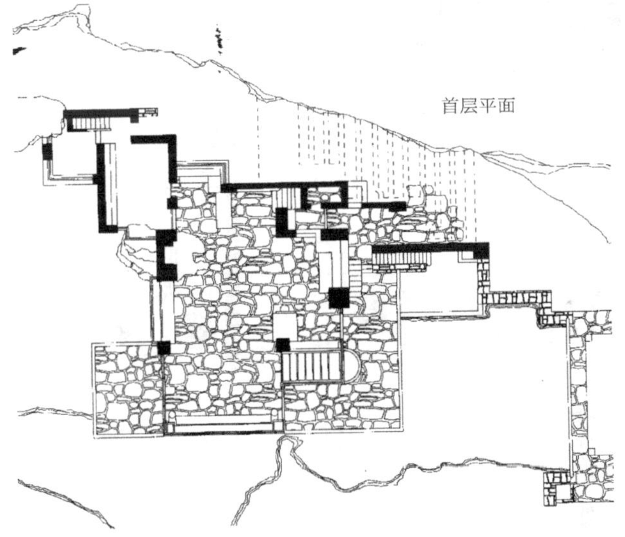

首层平面

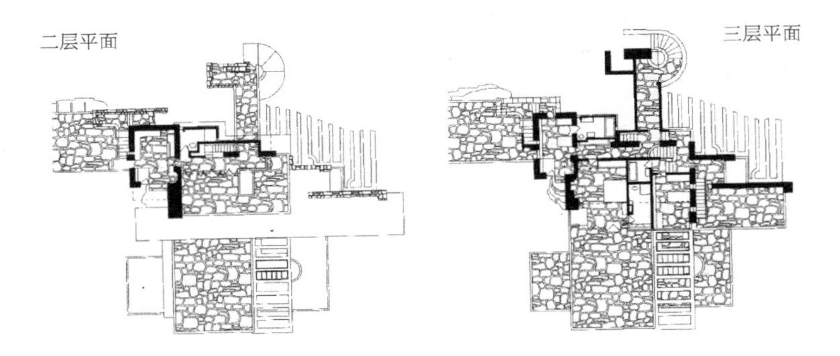

二层平面

三层平面

仙台媒质机构（日本）

建设地点：仙台市定禅寺大街
建设时间：1995 年
设计师：伊东丰雄

总平面

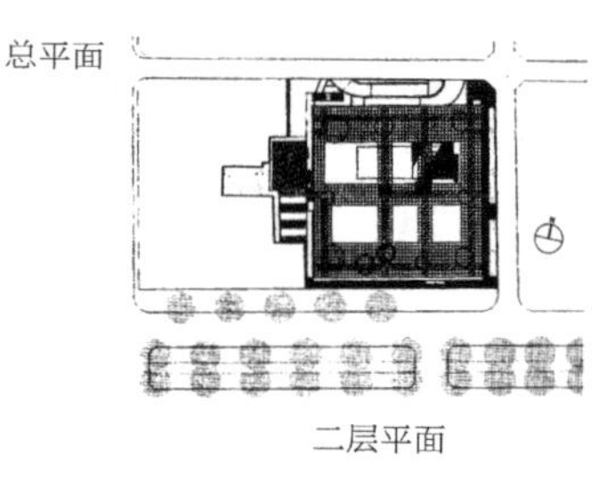

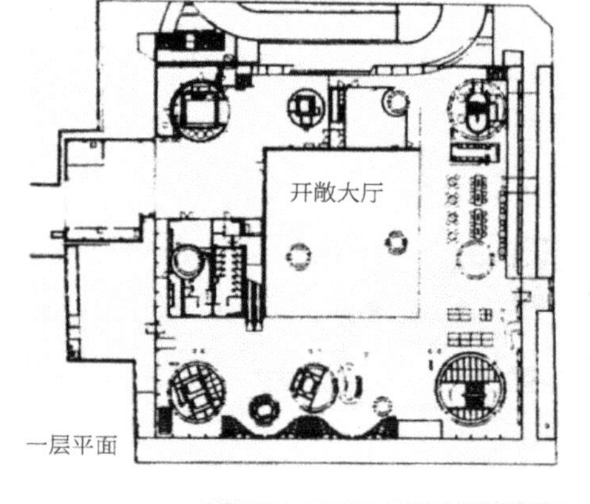

一层平面

二层平面

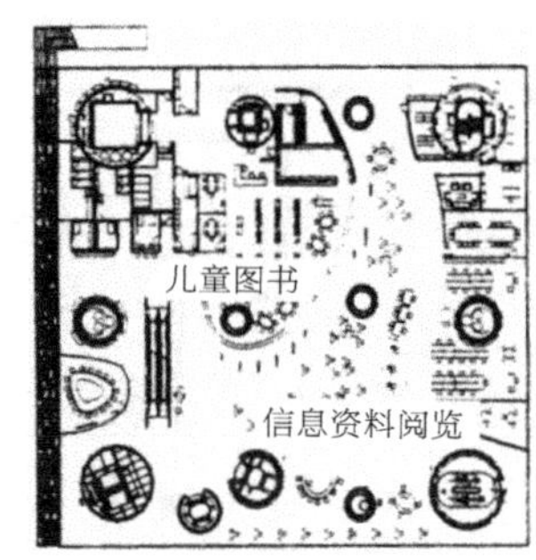

三层平面

四层平面

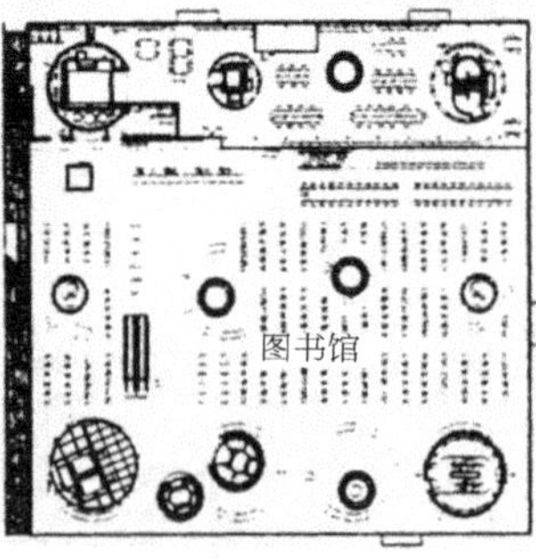

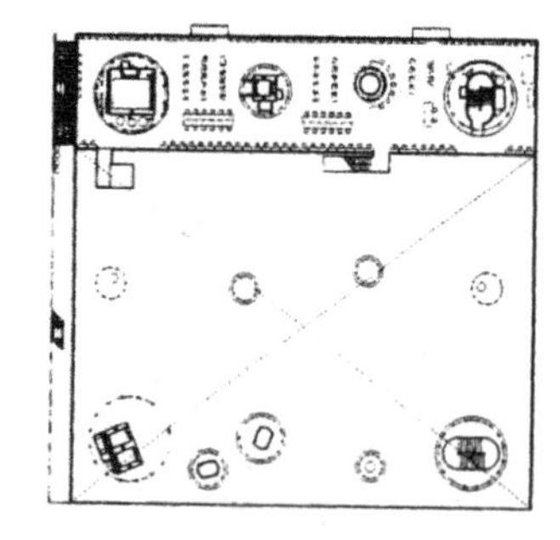

平面不再出现墙线和群点网络等传统结构形式。四角大空心圆和成组分布的 9 个小空心圆，成为新的平面形结构。这种结构是具有综合意义的圆：外轮廓为型钢编制的骨架。骨架既起到结构支撑作用，又可以透过光线。圆所围合的空间成为楼梯、电梯，风井、管道和设备间。美术馆、公共图书馆、展示中心、情报信息中心、市民信息交流、视听传媒等融入完全开放、流通的非线形平面空间之中。

点线动态

相对于各楼层而言，平面的各构成元素一般总是上下对应出现。点、线段由于特殊功能和形式需要，楼层之间表现出错位或增减。竖向连续的向位变动是一种小幅度动态现象。这种动态为建筑提供了空间、形象发展的自由。

· 局部位移
· 线段交接

局部位移

随着建筑楼层的增减，点、线垂直水平面竖向的移动，形成直立的柱和墙面；点、线与水平面倾斜的竖向移动，形成斜杆、倾斜墙面。如果点和线在各楼层的数量和位置都没有发生改变，那么它们在各楼层的状态是稳定的。点和线在各楼层的数量、位置有了改变，表明某些点、线在各楼层间是不稳定的。它们在楼层之间隐藏着一定的动态能量。对照他们所穿越的各楼层平面看，可以发现它们移动的轨迹。

表示墙体的线段，一般情况下只有垂直水平面连续的位移，形成垂直的面。连续多变的空间位移（包含变向水平位移和垂直位移）形成各种倾斜面、曲面；竖向间断位移是线段在竖向位移的某一刻，改变水平位置而表现的态势。直线线段在平面或空间的曲、折变化，表现了更加复杂而丰富的面的形态，这是越来越多的表皮设计艺术、建筑立面设计艺术所追求的形态。除了平面功能、造型设计引起平面元素楼层之间的错位之外，结构方案的改变，也会被动地引起平面中点、线、形在不同楼层之间的相对位置的改变。对于墙承重结构体系的建筑平面，从结构合理性、经济性的角度出发，点线在各楼层之间应力求对正贯通。墙线的移动宜选择平行于下层平面房间的长跨方向，避免或减少平行短跨方向的移动。

点、线的位移和增减，进一步引起不同楼层建筑平面形的改变。从整体上看，平面形的整体位移多表现为相对平移、扭转以及局部胀缩等。

外墙线相对内墙、边柱（点）的有限自由度，是取得建筑空间微量变化和建筑立面表现层次的常用手法。在框架结构的建筑平面中，同层平面中的点是静止的，墙线与点（柱）可以获取较大尺度的分离，从而取得建筑外立面墙体较为明显的凸凹变化，形成多变的灰空间（图）。外墙线与柱中心线偏离的最大距离，受到结构技术的制约。墙线位置变动较大时，宜配合柱的增减来实现。如果是线、形为主的结构平面，可以利用墙线或平面形，垂直建筑外立面方向外伸、内移、形变等多种手段，为建筑造型提供灵活性。

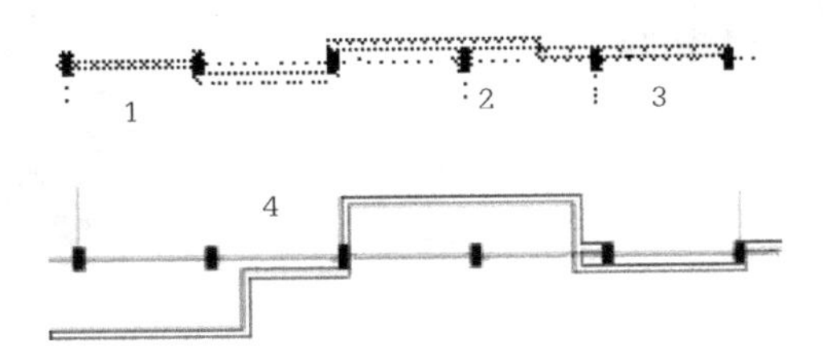

1- 线与点轴线重合，线在点之间；2- 线在点一侧内贴或外贴；
3- 一侧显露的点；4- 线远离点的位移

线段相对不动点的动态关系

我们在关注点线动态的同时，有时还会遇见平面形随着楼层的增加表现出来的某些运动迹象。下面的示意图显示着点、线、平面形小幅度的变动情况，变动幅度虽小，对建筑外观形象的影响很大。

底部（杆件支承）的两个点向上并拢为一个点

大开口引起上下楼层之间（墙、柱、垛）点数量的增减

上中下楼层（外边界）线一点一线的动态转换

上、下楼层（墙）线向（柱）点的动态转换

下、中、上（墙）线随竖向维度变化的往复移动

连续缩小曲率的曲线（墙）竖向连续延伸——曲线（墙）的向心内移

直线（墙）的逐层平移

楼层间或同楼层的直线（墙）曲线（墙）的突变、转换和交接

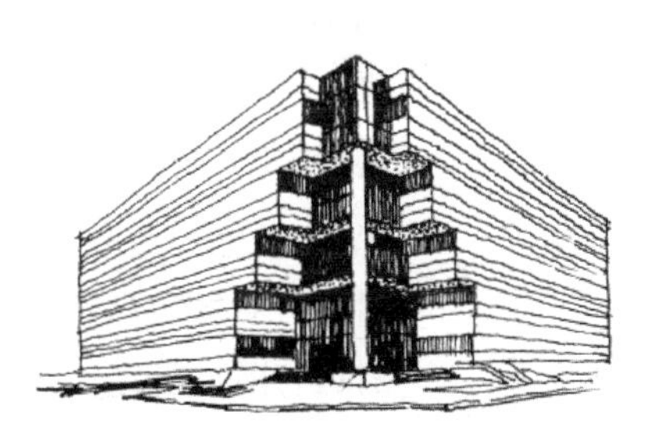

（墙）线局部自下而上，相互保持平行的层层内收

（墙）线转角接续，角部空出造型。线的长度逐层向转角点延伸

伴随层数的变化，平面形变向，竖向罗列生成的动态体块

点、线、形动态的建筑外观表现

线段交接

建筑平面的外边线，表现着建筑物的外墙面走向和同向、变向的交接关系。其中包括：同一延续方向的对接和交叉连接。跨越不同功能区域的外墙，虽然处于同一片墙，表现特征却有所区分。这种区分除了惯用的窗洞形式、大小、形状区分之外。配合色彩，材质，纹理、装饰等区分更为重要。因此存在大部分一般的墙线与少量特殊墙线的区分和交接问题。图中所表现的几种方法当中，借用凸凹界格缝（凹缝或凸缝）、突出的壁柱、线脚、墙垛是最简单的交接方法。其中微小错位交接，嵌入适当比例的形体交接和线段分离，植入内外可视的“真空”，是更为常见的交接方法。墙面的这种区分交接，突出了对墙面重点部位的强调，也缓解了墙线过长、过板引起的视觉疲劳。

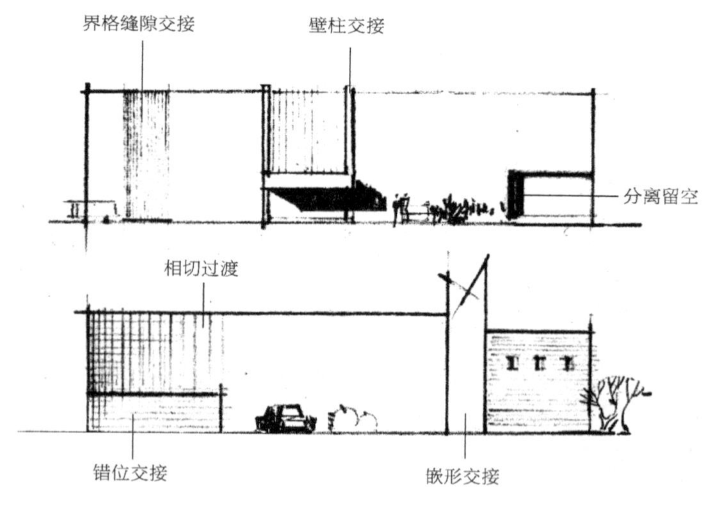

延续墙面不同材质的交接示意

墙线的错位、转向交接，除了直接对接之外，更重视将墙面进行分解，演变成构件、配件转角组装结合的形式，表现自身的和相互结合的技术与艺术。一侧墙线伸出交汇点之外或完全退离交汇点；墙线采用不同形式的曲线过渡交接；角部切削；连续的短线退步交接等都是比较温和的转向、错位交接形式。如下图所示，在两片墙线的交汇处嵌入造型别致的连接体，外凸、内凹的围合体，不但起到线段的交接作用，同时还起到了重点部位的强调作用。更重要的是通过对墙线的分解和恰当的交接，可以有效地改变建筑外形的块面比例关系。

如果交接的线段，局部形式相互转换（直线、折线、曲线延伸和衔接过程中的转换），那么交接线段对建筑立面形象影响作用就会更加明显。

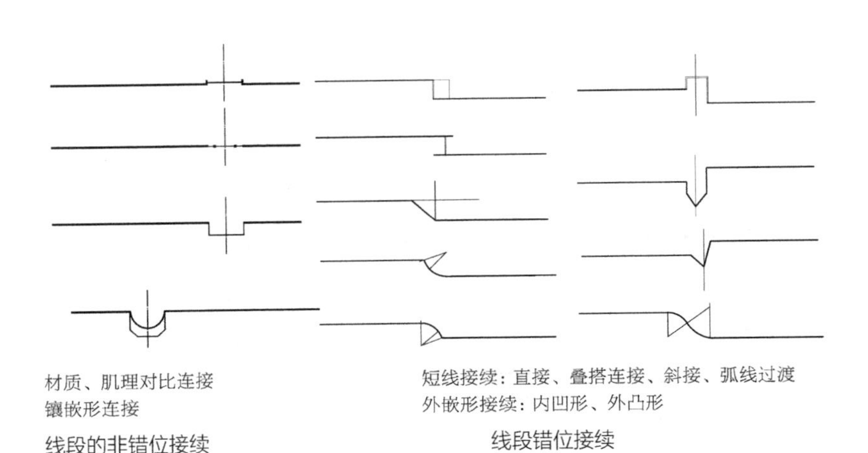

材质、肌理对比连接
镶嵌形连接

线段的非错位接续

短线接续：直接、叠搭连接、斜接、弧线过渡
外嵌形接续：内凹形、外凸形

线段错位接续

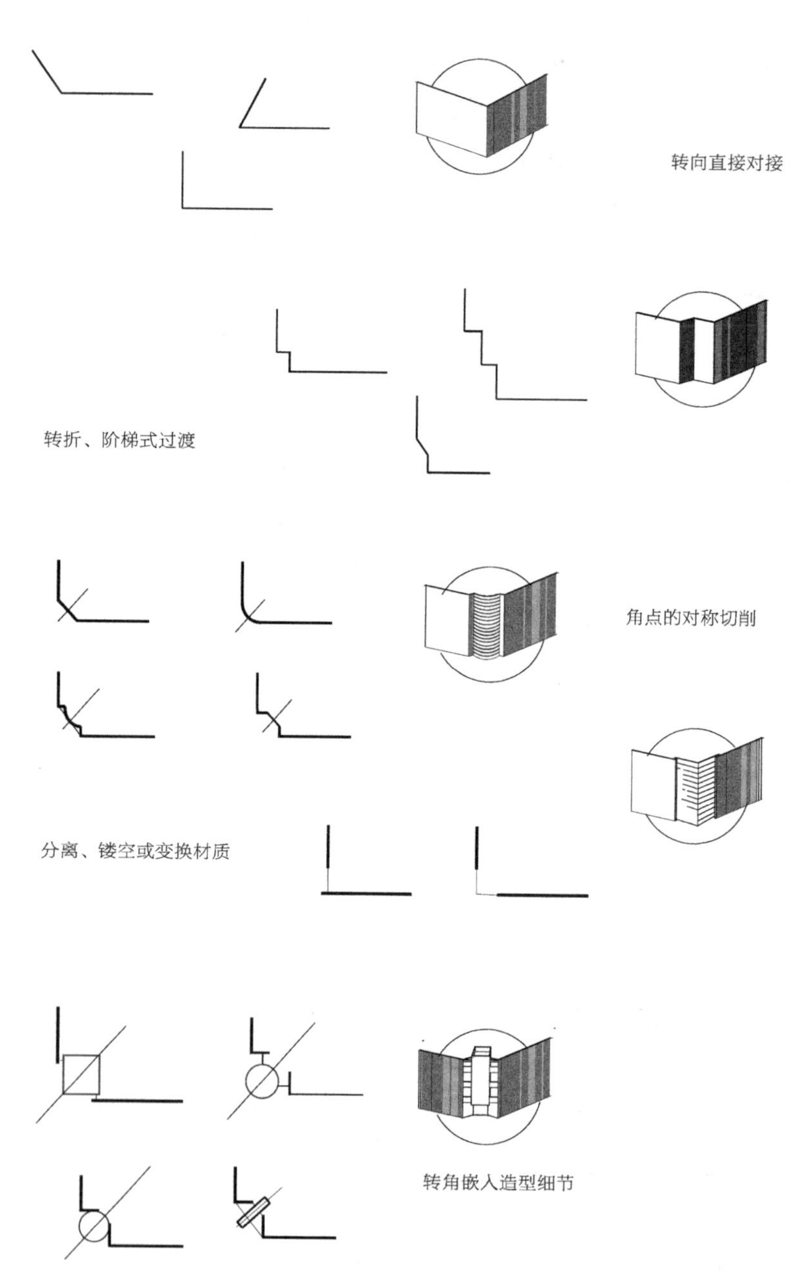

线段的转折交接

皇后学院佛罗里大厦（英国）

建设地点：牛津圣克里门茨
建设时间 1966—1971 年
设计师：J·斯特林、R·卡梅伦、G·艾思莫

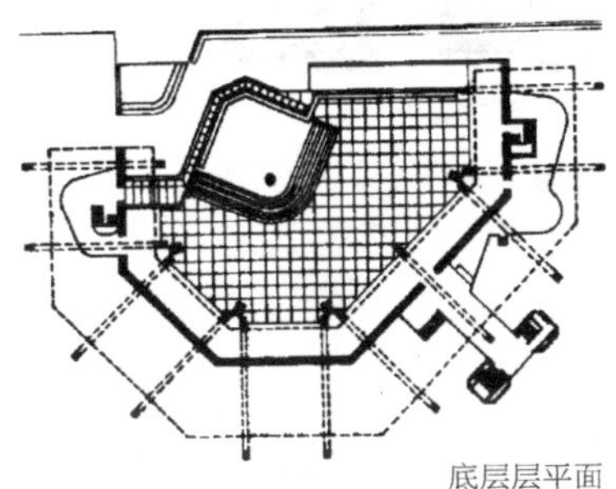

底层层平面

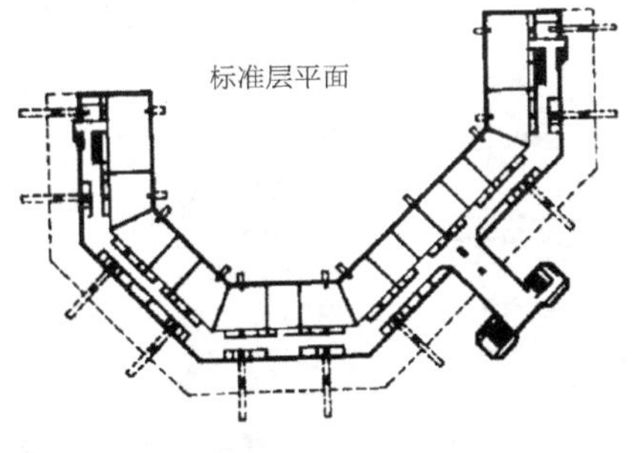

标准层平面

斜杆截面（点）能随着建筑楼层的增减、靠拢或远离建筑外边界面。虚线是点移动的轨迹线。斜杆对建筑造型的聚拢、稳定、向上趋势起到助推作用。

北京世界贸易中心（方案）（中国）

建设地点：北京望京新区
建设时间：1998 年
设计师：北京建筑设计研究院 柴裴义

随着楼层的增加，建筑物部分外边墙的列柱逐层向内飘移，端头角柱随之取消。楼层平面中表现出点的变动，以求引起塔楼向上收分，体量缩小。

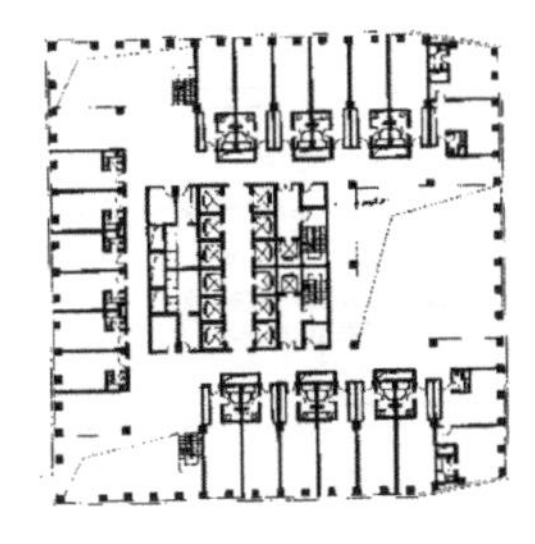

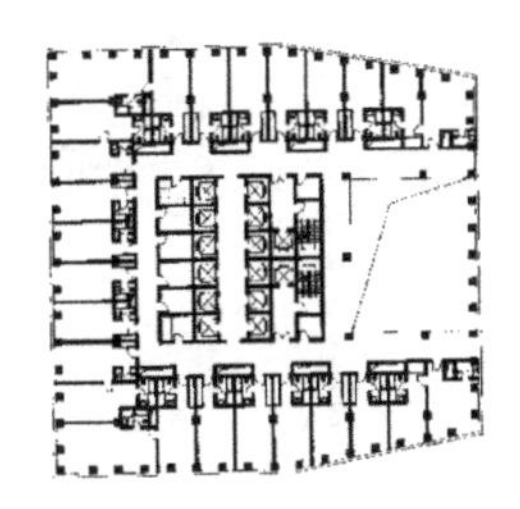

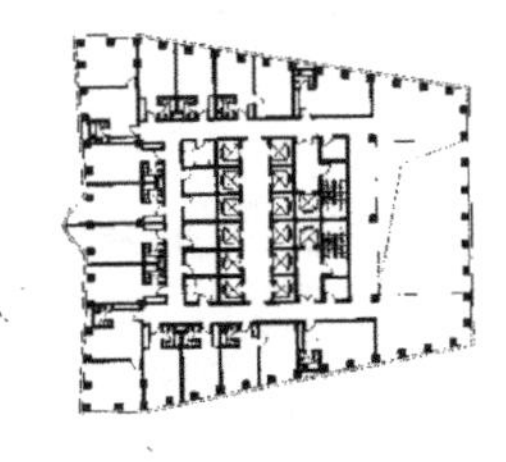

ABB 动力塔（瑞士）

建设地点：巴顿
建设时间：2002 年
设计：迪纳 & 迪纳建筑师事务所

各层平面示意

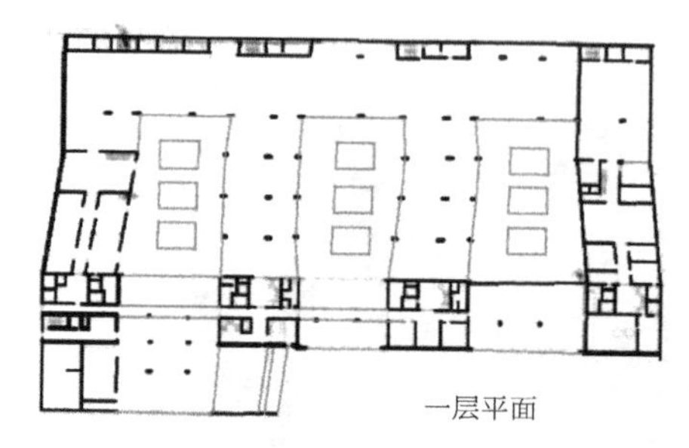

一层平面

建筑平面柱间最大跨度 23 米。与纵跨相交的 4 个垂直跨中，点、线沿折线摆动延伸。所有这些都展现着动力作用。

兼松大厦（日本）

建设地点：东京都中央区
建设时间：1993 年
设计：（株）清水建设

楼层框架柱，通过桁架梁转换到底层 4 根变截面的巨柱上，体现了楼层点的数量和大小变化。点的数量增减，将引起楼层平面空间空旷程度的变动。

结构关系示意

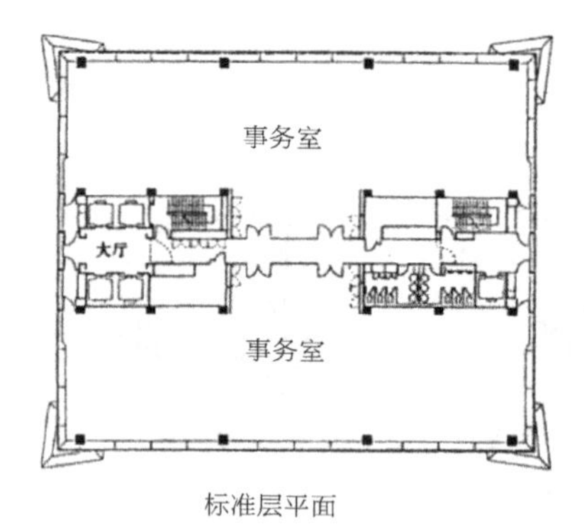

标准层平面

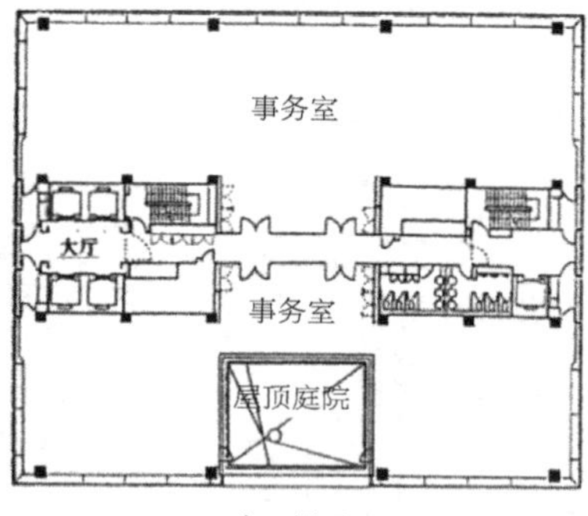

十二层平面

世界贸易园（日本）

建设地点：千叶幕张新区
设计单位：鹿岛建设株式会社、日本设计株式会社

塔楼顶层角柱（点），分别沿平面形边线后移，同时在原平面形的阴角处，衍生新的（柱位）点。点的移动为塔楼顶部造型提供必要条件。

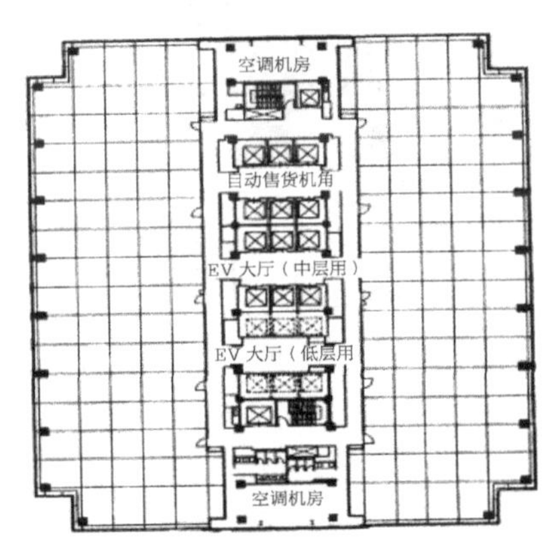

标准层

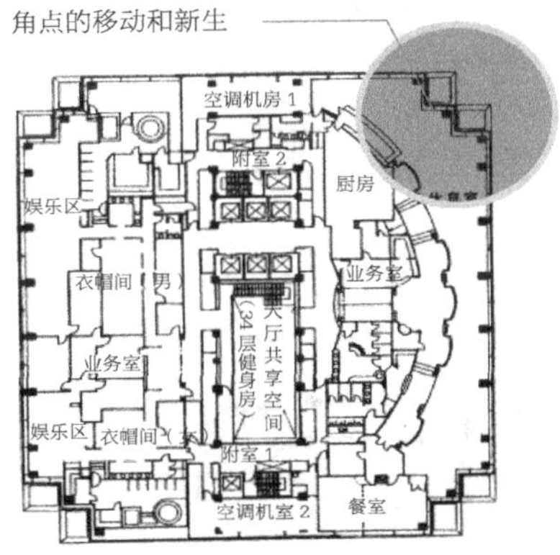

三十五层

武汉世贸大厦（中国）

建设地点：湖北武汉
建设时间：1999 年
设计师：李波、辛冰、张明拓

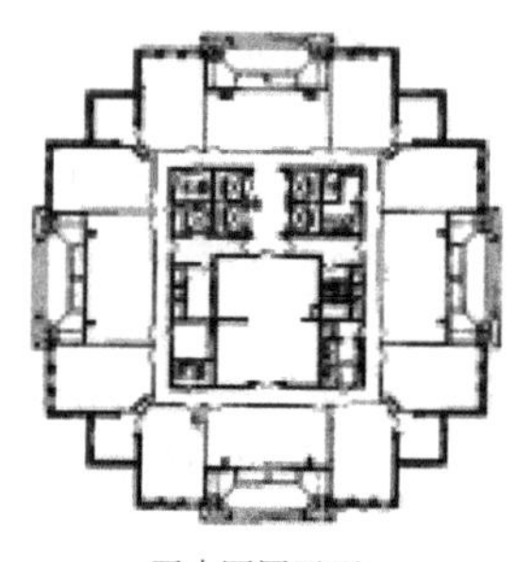
五十四层平面

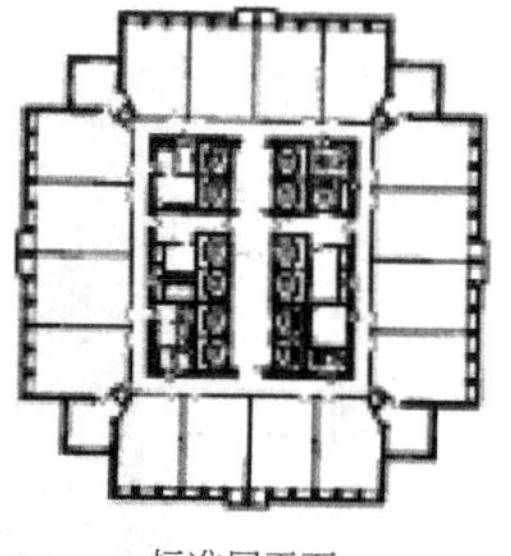
标准层平面

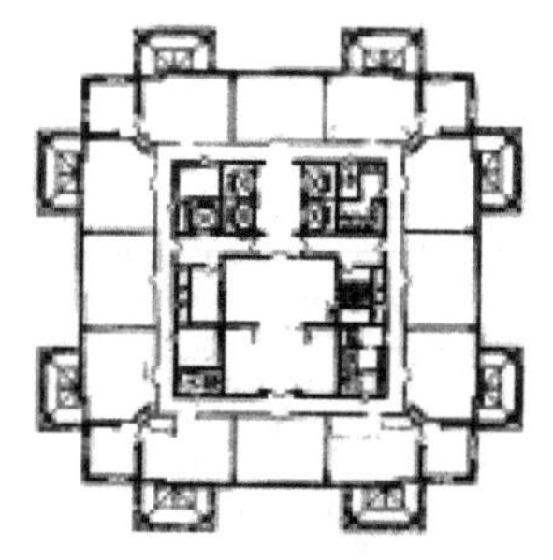
五十六层平面

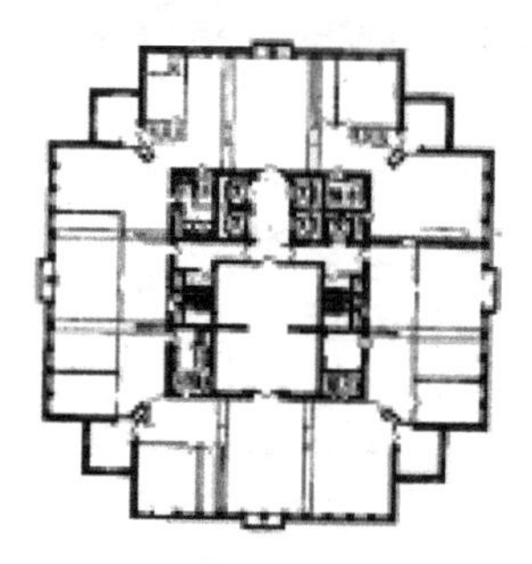
五十二层平面

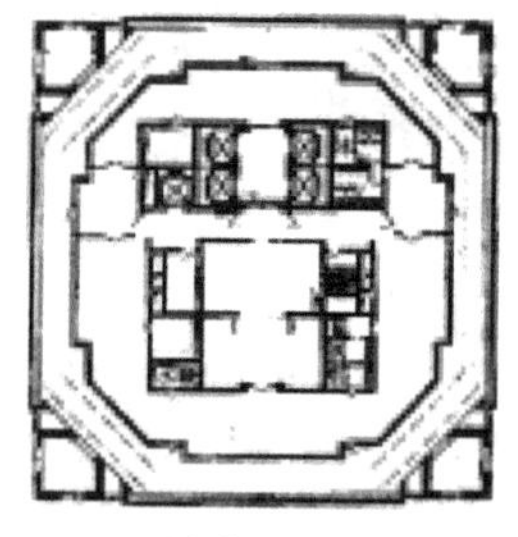
五十七层平面

为取得塔楼顶部向上的动态形象效果，顶部楼层平面局部外边线和角部内移，形成凹口和体量递减。

琦玉县立近代美术馆（日本）

建设地点：埼玉县浦和市
建设时间：1978—1979 年
设计师：黑川纪章

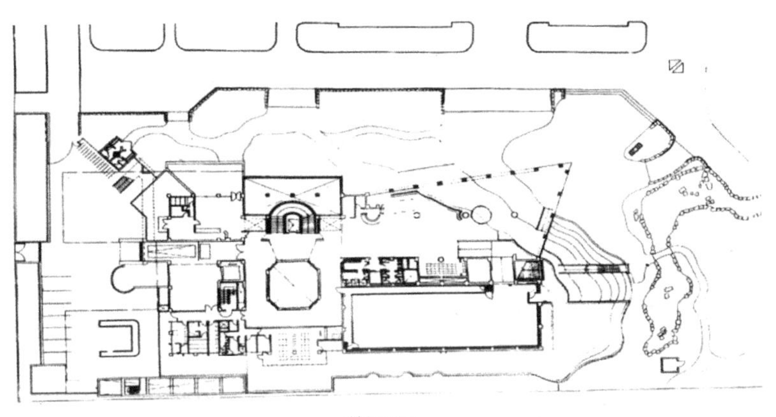
首层平面

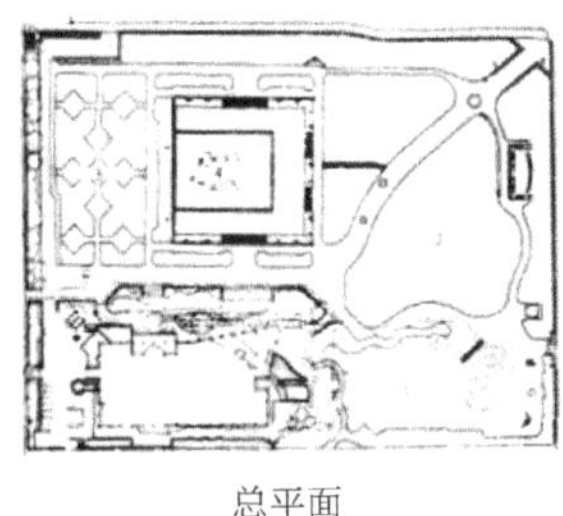
总平面

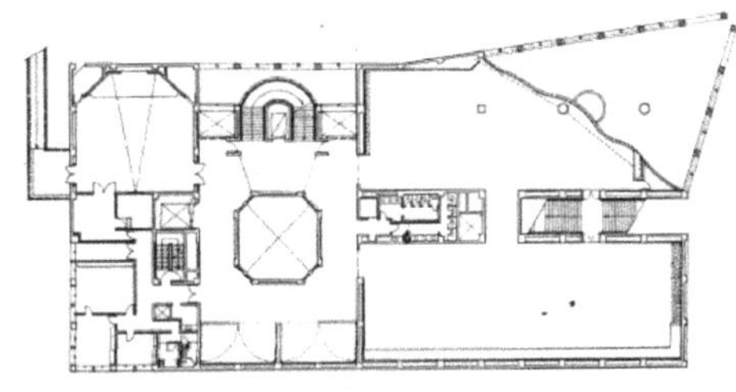
二层平面

群点通过对平面形的隐喻，使不完整的平面形得到扩充，完成了界面的转折、接续和整合。

悉尼歌剧院（澳大利亚）

建设地点：悉尼
建设时间：1956—1973 年
设计师：约翰·伍重

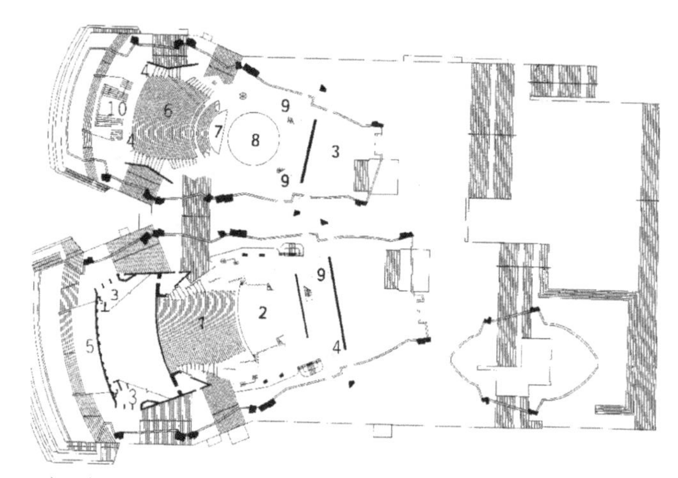

1- 音乐大厅观众席；2- 乐队席平台；3- 剧场门厅；4- 管道间；5- 休息室；6- 歌剧厅观众席；7- 乐池；8- 舞台；9- 电梯；10- 灯光控制室

不规则点向曲线的过渡衔接。壳体底部选择局部支承，使建筑物内部与海面形成互动空间，建筑物上层部分以曲面壳体覆盖，获取生动的海滨景观形象。元素的动态更替，与建筑空间的功能配合默契。

摩托罗拉电子公司中坜厂房（中国）

建设地点：台湾

设计单位：薛昭信建筑师事务所

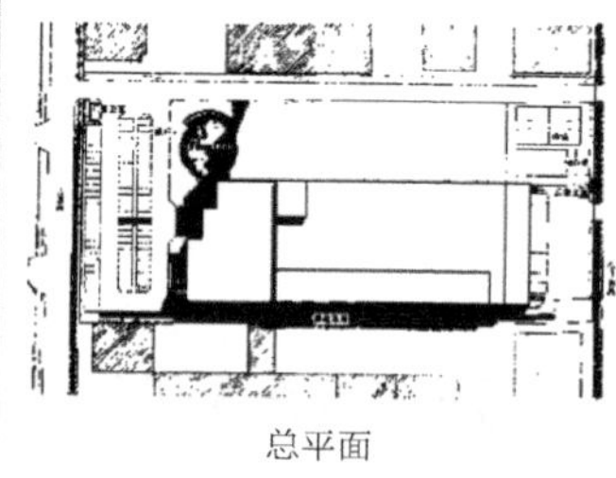

总平面

山墙墙线以退步折线方式，向纵墙过渡、完成建筑物界面的接续和转向。大面积呆板、平淡的山墙成为生动活泼，具有节奏韵律的主要建筑外观形象。

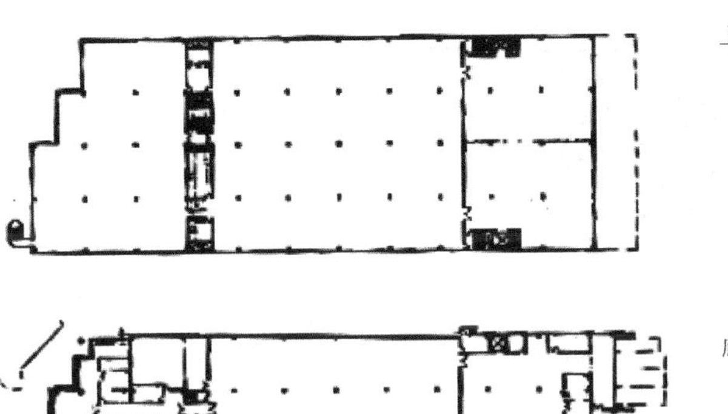

上层平面

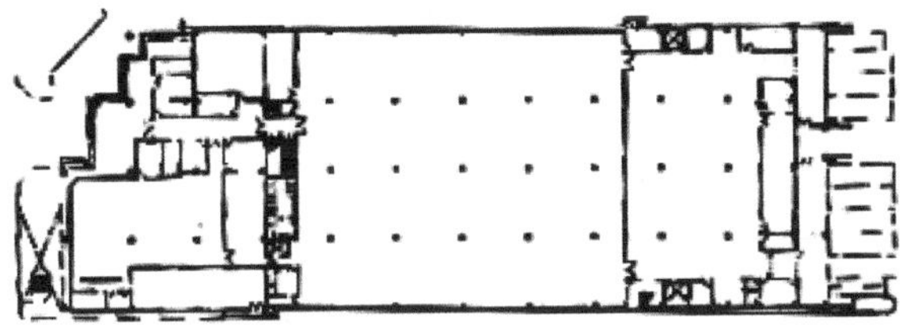

底层平面

法兰克福现代艺术博物馆（德国）

建设地点：法兰克福
建设时间：1991 年
设计师：汉斯·霍莱茵

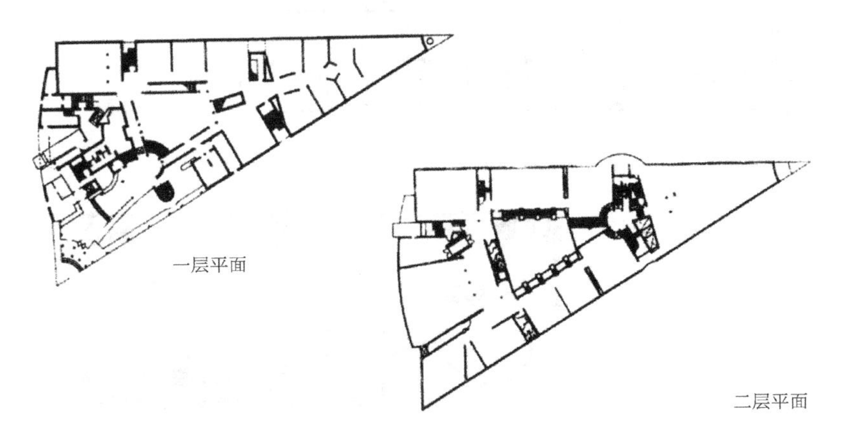

一层平面

二层平面

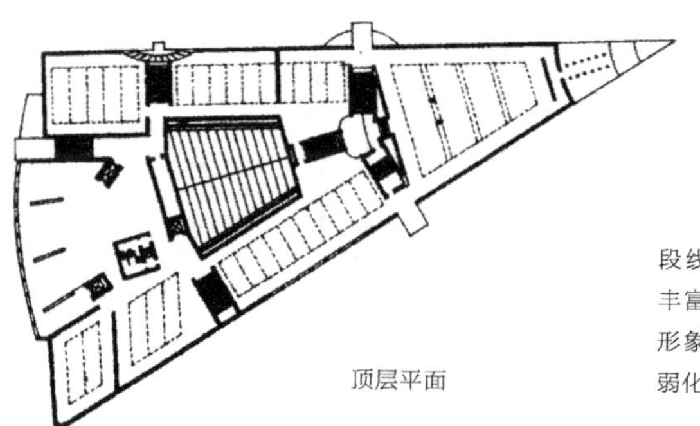

顶层平面

三角形的底边切入弧线，多段线与弧线的错位过渡、接续，丰富了建筑内外空间和立面艺术形象。三角形顶点透空，进一步弱化了尖角的锋利感。

天津德臣汽车展示中心（中国）

建设地点：天津
建设时间：1999 年
设计师：周恺、杨家祥

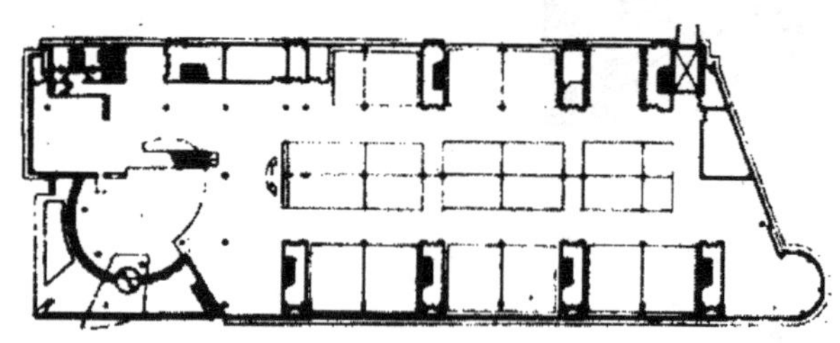

首层平面

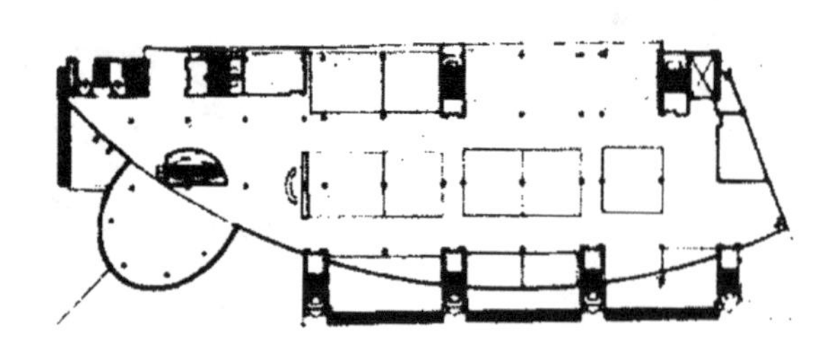

四层平面

矩形平面的两个短边直线大部分由复合形、曲线、斜线所代替。楼层边界线由连续的直线过渡到间断的实线和流畅的弧线。矩形平面的角部切削，引入圆弧界面，使生硬的转角变得柔和、生动。边界线的灵活多变，使建筑外形舒展，空间丰富生动。

约翰科庭医学研究院（澳大利亚）

建筑物重点部位运用断续的墙线，通过锯齿式短线排列和阶梯式的折线排列，界定出生动活泼、对比强烈的多变空间形式。这些墙板同时成为建筑外观形象塑造的主要构成元素。

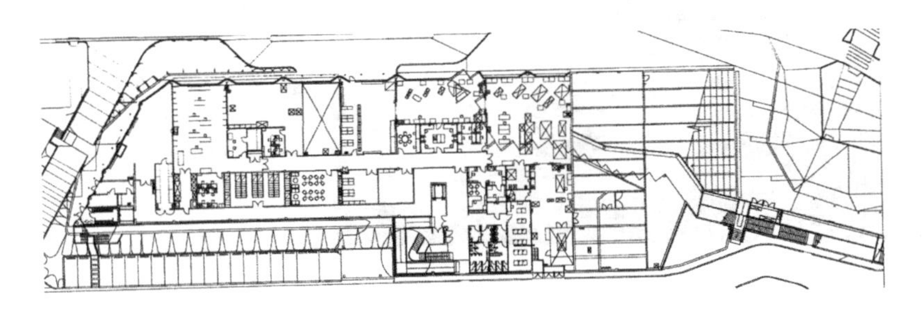

一层平面

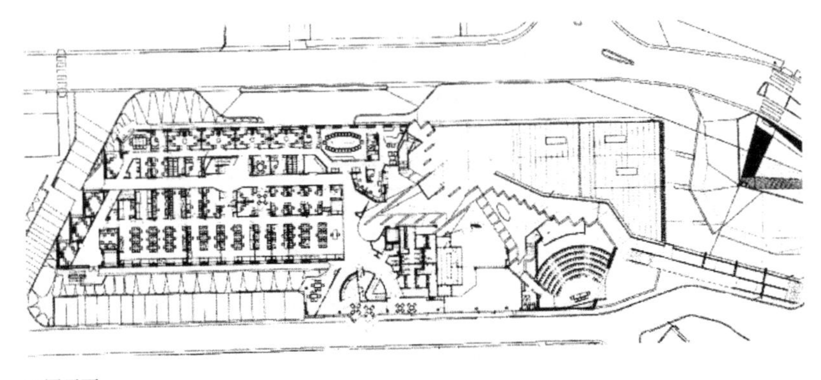

二层平面

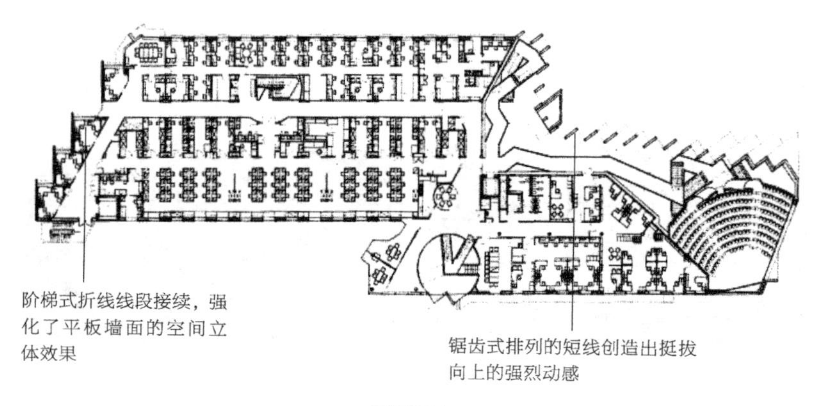

三层平面

阿瑟尼姆旅游中心（美国）

建设地点：印第安纳州
建设时间：1975—1979 年
设计师：理查德 · 迈耶

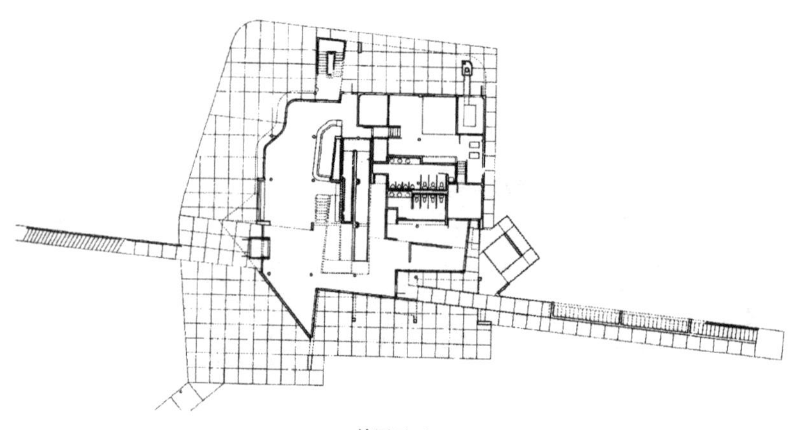

首层平面

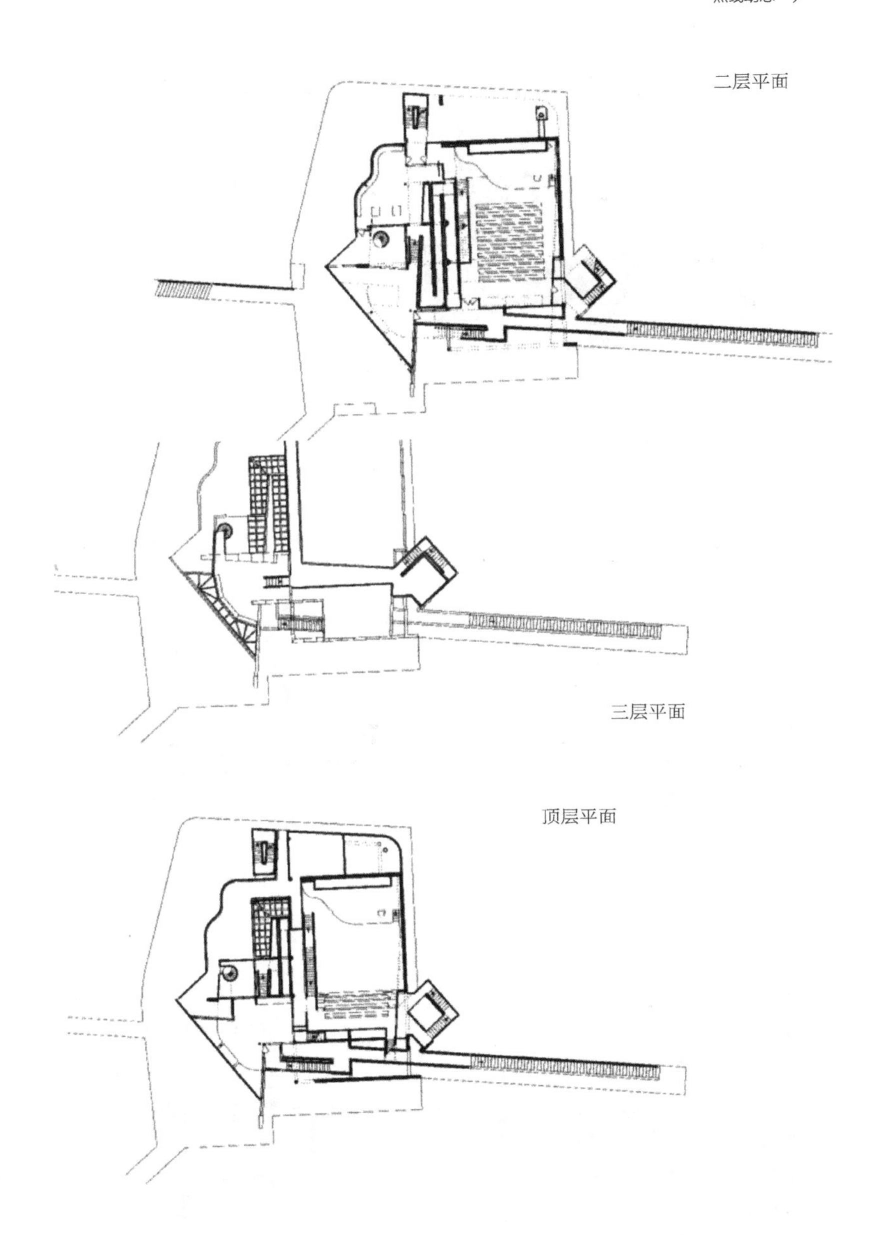

建筑平面由矩形和自由曲线围合形组成：沿河道的自由曲线，与河岸取得协调呼应。台阶引道与矩形形成5度偏角。建筑物的内外空间由曲线、折线和斜线线段加以分离、转向和接续。这些线段也是建筑立面造型的积极影响因素。

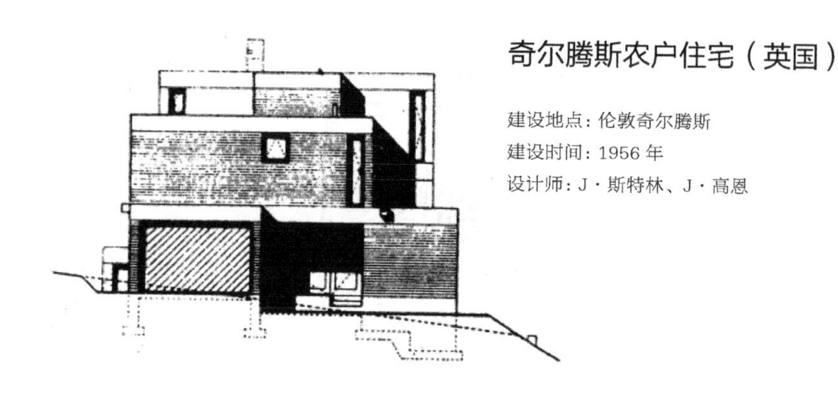

奇尔腾斯农户住宅（英国）

建设地点：伦敦奇尔腾斯

建设时间：1956 年

设计师：J·斯特林、J·高恩

围绕竖直交通枢纽，墙线沿长向缩短；沿短向伸长；随着楼层增高而延续、再生和隐退。墙线的移动，各楼层平面空间的形态、大小、方位、结合关系、微小物理环境等随之变化。墙线移动的同时，遵循墙承重结构的合理性。

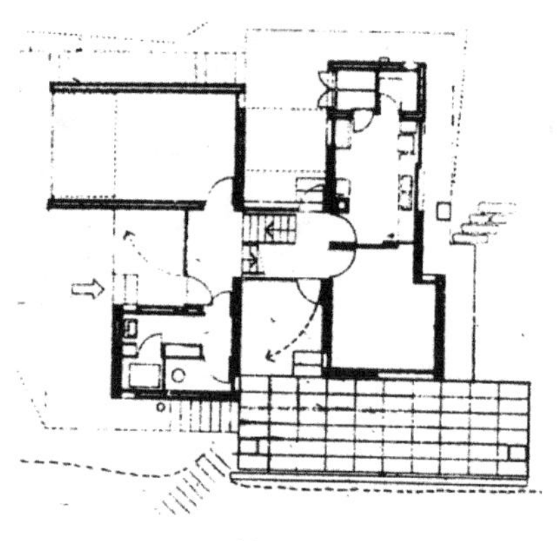

底层平面

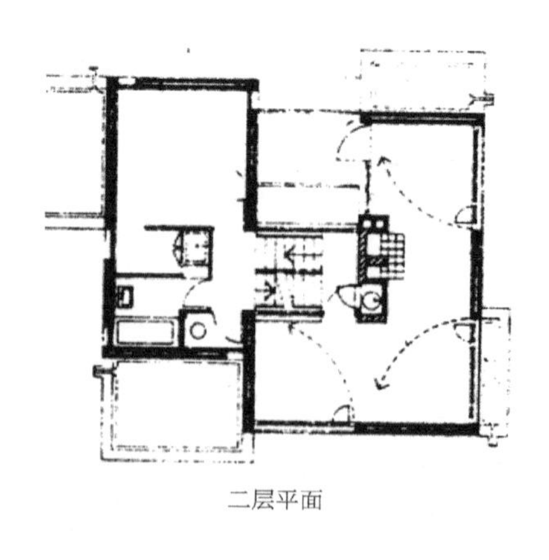

二层平面

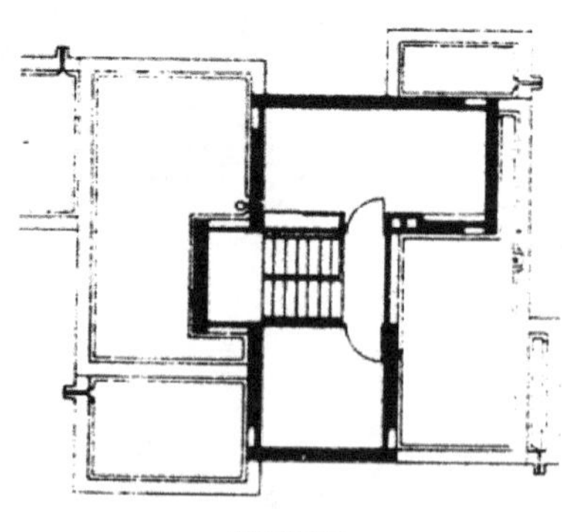

顶层平面

演变

无论是同一楼层还是相邻楼层，平面图形都不是一成不变的。图形在适应多变的复杂功能过程中，总是以不同性质和方式进行演变。演变的同时，也在不断科学合理地塑造完美的艺术形象。探索平面图形的演变，就是在不断提升建筑空间的功能质量和建筑形式的艺术表现力。

· 不同性质演变
· 平面形演变
· 竖向空间流动

不同性质演变

根据图形演变前后所表现出的特征和它们的本质差异，图形演变可归纳成以下几种类型：

欧几里得几何演变：坐标体系保持不变的平面形的大小改变、尺寸改变、位置和距离改变。演变前后，平面形性质保持不变。这种演变简称欧几里得几何演变（图）。值得讨论的是：某些新的演变形式的出现，拓展了这种演变的界线，如图形数量和完整程度的改变。

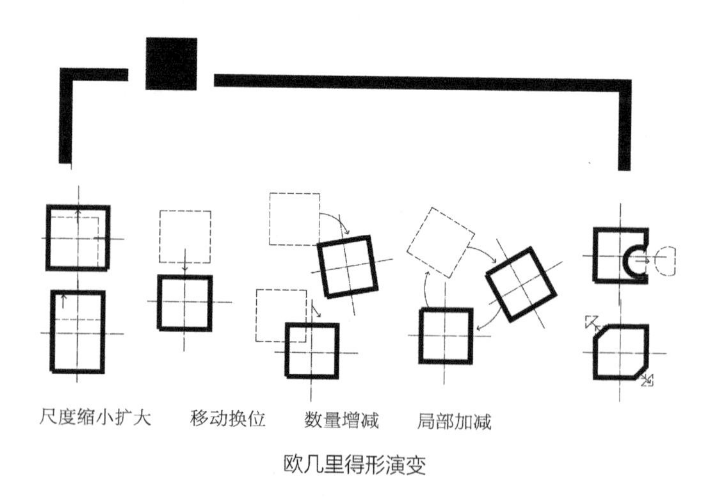

欧几里得形演变

拓扑几何演变：拓扑几何是几何学中一个分支。拓扑演变涵盖了图形形态的演变和拓扑关系。演变前后的图形，表现出一定的联系和发展过程、连续和传承关系。本书所涉及的拓扑演变是一种图形微变、渐变或突变为另一种图形的过程以及图形组合的拓扑关系。拓扑图形演变，表现出一种橡皮效应，大小形态都可以发生改变。原有图形可以被放大、缩小、扭曲、挤压、拉伸（同胚演变）；叠合、割破和撕裂（非同胚演变）（图）。这种演变识别性强并且不局限于形演变。形演变过程中，包含着

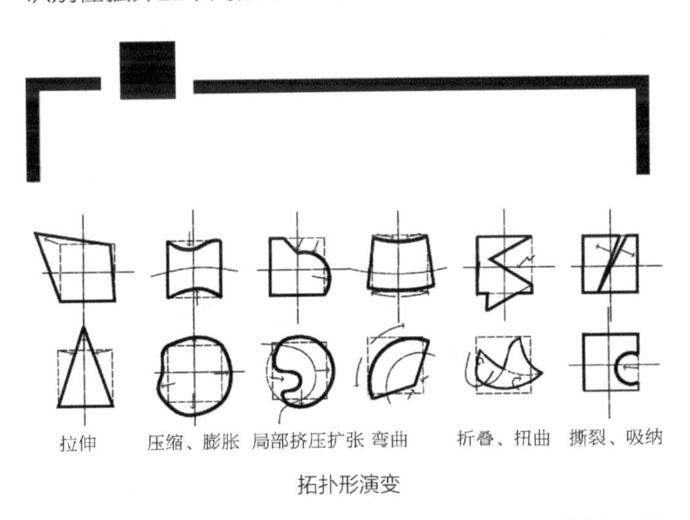

拓扑形演变

平面形之间拓扑关系的描述。美国国家艺术馆东馆，就是源于对新老建筑中轴线的统一以及新馆平面形与基地形相似的拓扑关系，形成对平面形的基本概念，表现某种拓扑关系，而不计较形的样式和相关位置的微小变动（图）。形的样式和位置没有严格的数据、几何关系制约以及自身完整性的限制。拓扑图形仅仅是表达功能和元素结构的理性、概念。记录平面元素某种空间关系的不同配置或一种形式转变为另一种形式。

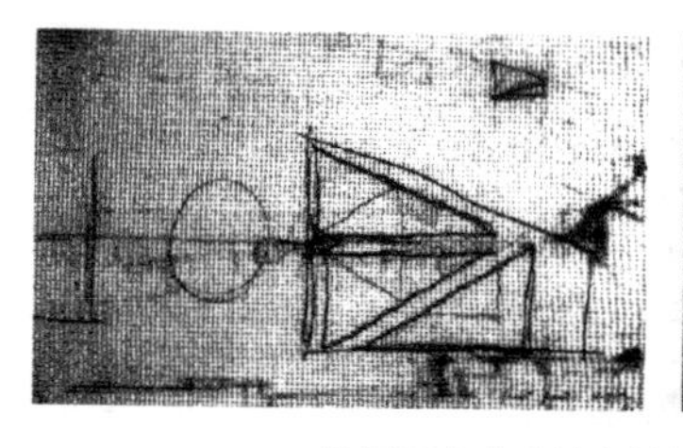
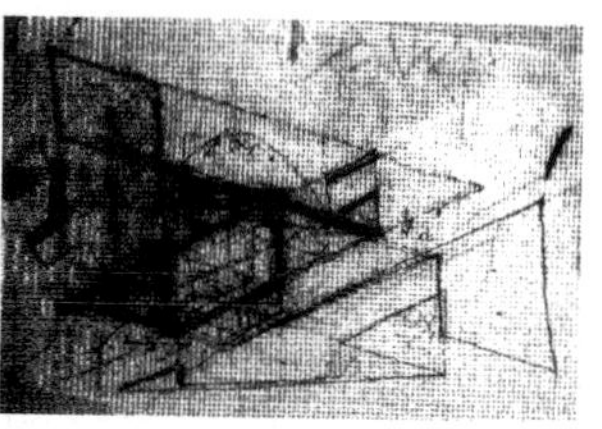

美国国家艺术馆东馆概括形构思草图

平面构成形式演变：在确定的平面坐标系内，各平面构成元素通过加工、更换，改变原有的结合方式，成为不同关联形式的应用类型平面。平面演变前与演变后，不强调过程和连续性。二者是独立的，无须保持相互联系。

再分形演变：在一个概括形（基础平面形）的外轮廓控制下，平面形内部微小平面形的变更、细化和组合变化。严格地说，再分形演变包含着欧几里得几何演变和拓扑几何演变。

欧几里得几何演变只是图形的刚性运动，如小圆形变为大圆形，正方形边长的增减演化为一系列长方形等，多个相同或不同的平面元素在某种排列形式下，相互距离和位置改变。

如果把一个正方形变为鼓形或腰鼓形、正方形，在变化过程中都没有被撕裂，而是通过一种橡皮效应进行拉伸、挤缩、弯曲，那么这种演变就属于较为复杂的拓扑形演变。拓扑演变的新图形，其功能和形式均对原平面形保持一定的依赖关系。 某些情况下，欧几里得图形演变，拓扑图形演变其表象有可能是相同的。只有深入揭示其过程和本质，才能明确区分。

拓扑关系图，是对平面图形符号简单化与规则化的表示，借此图形显示构成本质的信息和结构。这种图形主要表达的是图形与图形，图形与外部环境的“相对位置”和“相对功能”（图）。因此，拓扑关系图通常多用于建筑初步设计的主要工作图形。简单地说就是：把对平面不同区片中的功能、形式、相互关系、结构技术的综合思维，用图形语言概括地加以表达。图形在一定限度运动中，大小、形状、位置距离和细节都可以改变。

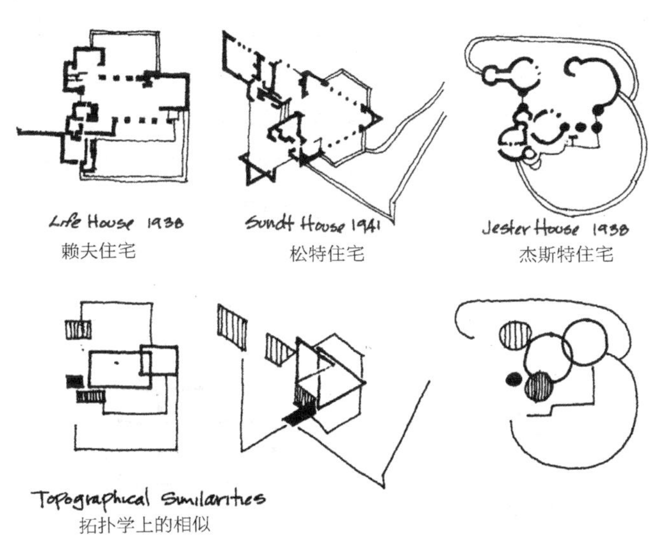

建筑平面图与对应的拓扑关系图形（弗兰克·劳埃德·赖特）

它是图形与外在环境的直接适应。图形的相互关系常受到人的直觉支配。各类不相同的图形，通常是凭借个人感受或灵感进行组织，如建筑平面组合关系（排列、围合、分离、聚合、搭接、叠合、包容等）；建筑的群落布置关系（线状排列、组团围合、错落、叠拼等）。通过拓扑关系图，记录和传递信息尤为直观，简单、快捷。在欧几里得几何演变和拓扑几何演变共存的新生图形中，同时能够保持两种状态，即具有确定几何和数理约束的形的演变以及变化的概念、意向和逻辑。它们多用于初步设计、总平面概括形的选形过程中。

在构成形式演变中，假设沿某一直线方向排列的平面几何形，全部为正方形。这些正方形当中，也可以由三角形或其他什么形所代替。同样，一个由四个点标定的隐喻正方形区域，改换为两个点和一条线段，维持这个区域。这些都表现了相同平面空间领域平面构成元素的可变性。另一种情况是：建筑平面的构成图形经过欧几里得几何演变或拓扑几何演变后，多种形式的重组。在重组过程中，图形都没有改变原有性质。可见，构成演变注重的是图形的最终结果和图形存在的方式，而不是图形由一种形式变为另一种形式的过程。相同拓扑关系会出现多种平面构成方案。下图反映出在房间相对排列，交通廊中间穿越的拓扑关系下，不同的平面构成方案。

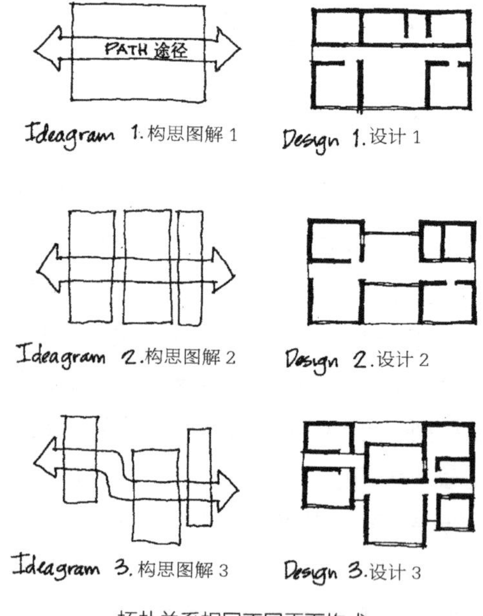

拓扑关系相同不同平面构成

再分形演变更多的是用于对选定的概括形内部的微小功能平面的划分和比对中，其中包括：各房间形式、尺度、限定方式、组合关系和环境质量等。图形的演变并不局限于一次演变，可以多次演变。在一系列的演变过程中，筛选理想的结果。

平面形演变

平面形演变主要针对的是单一形和复合形演变，而不是组合图形的演变。我们知道，建筑平面最简单的形式是从单一图形开始。一个完整的单一形,难免有些单调、平淡，经修整、改变，赋予其表面的多变性，使平面图形内外形态趋于丰富和生动。改变单一形比较传统的欧几里得惯用手法有：减缺、剪错、镂空、拼贴等。形演变的主要诱发因素，源于建筑形象的创意、平面形对基地环境的适应和影响、视觉心理时效、时空及重力场作用等。

减缺是通过对基本几何图形——单一形的改变，形成与原形具有某种差别的多种变异图形。减缺包括对形局部边角、边线切除，纵深残蚀，剪形以及上述方法的综合应用。如前所述，剪缺后的单一形虽有缺损，却仍保持原平面形的可识别特征（图）。

剪错是将一图形划分为若干部分，将其中部分沿某一方向平移、错动。

剔除就是在图形内部雕刻、去除一些细小、微弱部分，形成各种形式的纹样空白。剔除部分与保留部分互为图、底关系。图形状态基本完好。

镂空是在图形内部挖除各种形式的空缺。原有平面

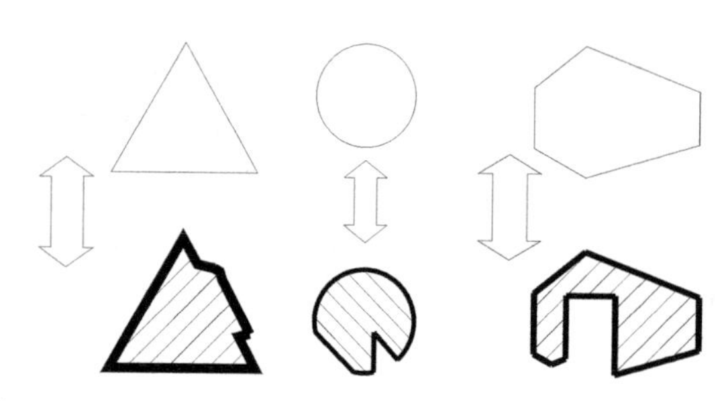

某些规则图形，即使尺寸改变或者加上、减去一部分，凭借我们对图形的认知经验，也能构建一个原始的心理图形，保持它们相对完整、规则的特征。

单一形减缺

形态、形边界线和骨架，基本保持完好。当形的去除部分加大，形的原貌也会被改变，甚至有发展成复合形的趋向。

主从平面形的拼贴，也是引起平面形改变的有效手段（参见本书“局部细节”）。

上述不同的加工手段，表现出同一个单一形平面衍生多种形式的可能。而这些平面形式又为多种建筑外观形象塑造拓展了空间。在若干单一形组成的复合形中，根据整体平面的功能和形式需要，将某一个或几个单一形赋予变化的特征。变化后的单一形结合起来，成为复合形整体变化的显要内容。复合形演变的差异在楼层之间表现效果最为明显（图）。由于建筑功能不同。特别是非居住性建筑，建筑内部功能的多样性和复杂性，使建筑各楼层平面形的设计，不断更新。当多数楼层的建筑空间处于标准状态，少数楼层或局部楼层平面出现差异时，通过标准层形的增减，大小空间竖向组合关系的相互协调，得以妥善解决。大型空旷的公共空间与大量小型单一功能空间，一般不宜在楼层中间混杂布置。它们可以相互保持独立。二者确需在竖向叠摞时，宜将大型

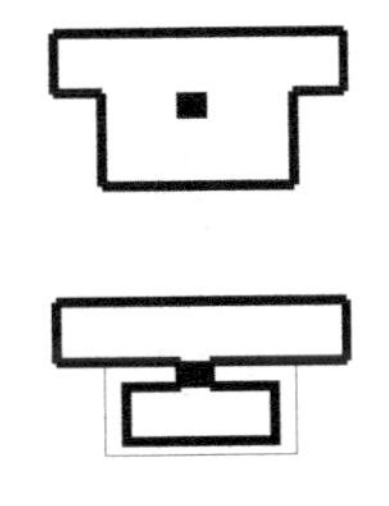

局部顶层平面内收，分离引起的平面形改变。

楼层平面形的巧妙转换

公共空间布置于顶层。反之,底层宜采用大柱网(12 ~ 16 米)，相邻顶层采用小柱网（3 ~ 5 米）等过渡衔接。有条件采用其他多种特殊结构形式和构造技术转换时，通过转换层取得上下楼层空间形态的相互协调。

总之，楼层平面通过单一形加工；复合形改组；增减平面形组合的数量；调整元素结构、改变拓扑关系以及必要的细节设计等，满足使用功能对平面的差异要求。

楼层平面形的复杂变化，无疑会增加结构设计的负担和成本投入，于是“复杂中求简单，求经济”成为诸多建筑师所追求的目标。近年来，国内外许多高层建筑形体设计与平面设计保持着一种契合关系，即将包含多个楼层的所谓“标准层”平面，作为基本平面形。基本平面形，按一定规律划分成若干部分。建筑物随着高度的增加，依次削减某一部分，使楼层平面变化，结构得以简化。楼层之间的这种平面形变化，为取得建筑单一空间形态向多空间形态的扩展，提供了便利。空间递减有规律有节奏。通过楼层平面形的演变，捕捉建筑形体艺术创作的新契机，也正在成为建筑造型的一种新的取向。下图为美国两个高层建筑，楼层平面有规律的变化实例。

平面形的拓扑演变则是通过对形的拉伸、挤塑、扭

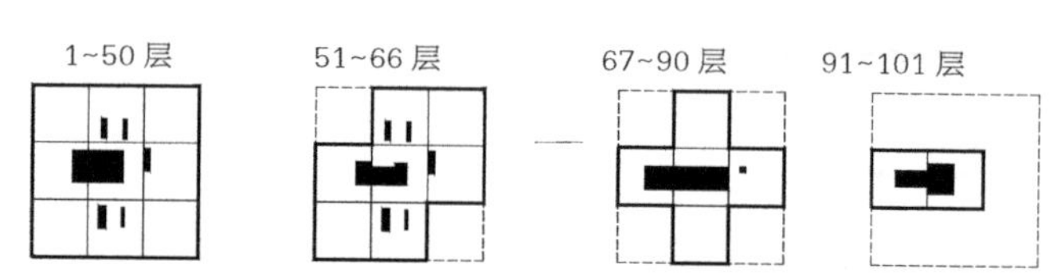

美国芝加哥西尔斯大厦，正方形平面按九等分方格划分，以方格数量的削减，取得楼层平面变化。

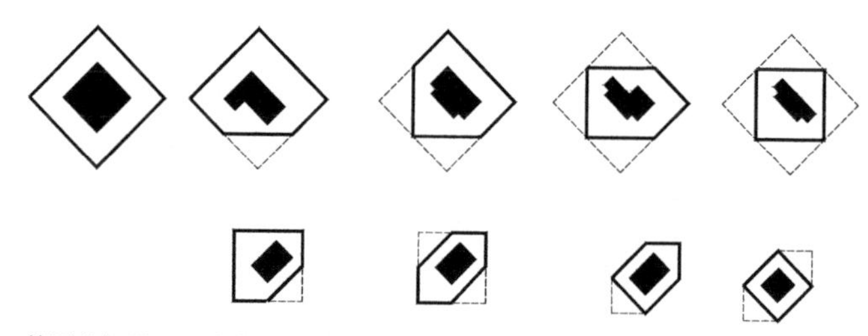

美国芝加哥 523 米高层建筑楼层平面的演变模式——正方形随着楼层增加，由下至上的切角演变。

高层建筑楼层的几何演变规则实例

曲等橡皮效应，赋予形更加柔和、流畅的形象。

扭曲体现了平面形的可塑性。图形某一点作为不动点，其余部分围绕不动点做对应伸长、收缩或按垂直平面的力偶，一定角度的扭转。

某些建筑方案的形成过程，表现出图形演变并不单纯局限于一种性质的演变，通常表现出两种或多种性质的混合演变。一个理想的建筑平面设计方案的完成，是各种演变交替运动的结果。南京华为 A_1 项目方案的形成过程就是其中一例（图）。

竖向空间流动

楼层平面之间反映在内部的变化，是楼层之间空间形态的流动变化。形态流动，包含了空间维度的变化。

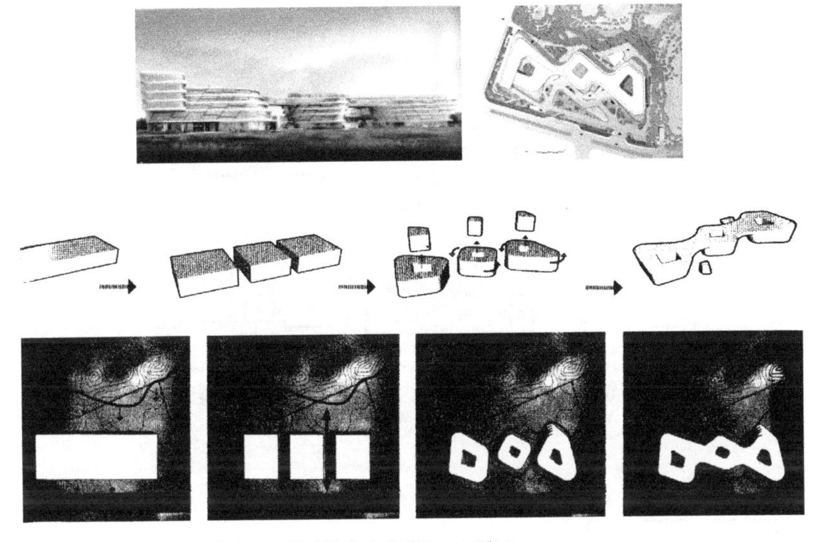

欧几里得演变——拓扑演变——构成演变南京华为 A1 项目
（来源:《蓬勃中国》）

一个建筑方案的设计构思

原有的楼板层之间被禁锢的竖向尺度（确定的层高），被某些特殊空间所冲破。在这样一些空间地带，相邻楼板层不再完全封闭，而是局部敞开，以获取满意的竖向尺度。当它们与一定范围的水平层空间连通于一体的时候，表现了建筑内部空间如同外部空间一样的自由穿行。与所谓的标准层平面相比，这种楼层平面具有更加强烈的特征。竖向、水平向空间的流动，往往在人们心理上会注入一种新奇、非同寻常的感受。空间流动是平面功能与环境艺术取得良好结合的有效手段。楼层平面空间流动表现在：扩大竖向交通设施联系部位的开口（自动扶梯，楼梯或坡道大开口），楼板在外墙面上的出挑，楼板中部集中或分散状挖空以及楼板与建筑物围护界面部分或全部脱开等。楼板与建筑物围护界面部分或全部脱开，

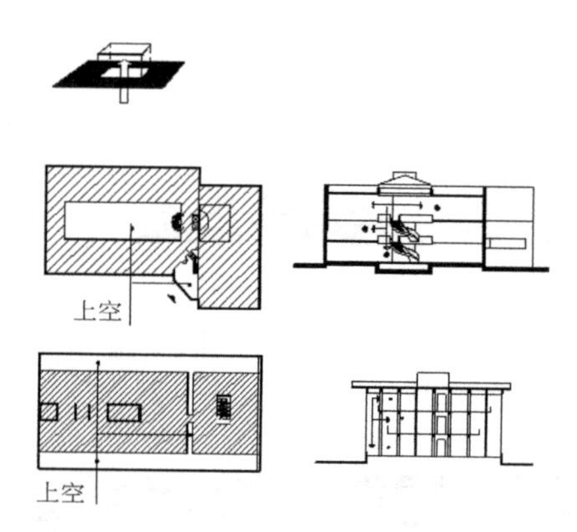

首层庭院、内庭、中庭外墙周边或入口大堂等重点部位的顶部楼板局部或大部挖空，形成上下层平面空间的流动。

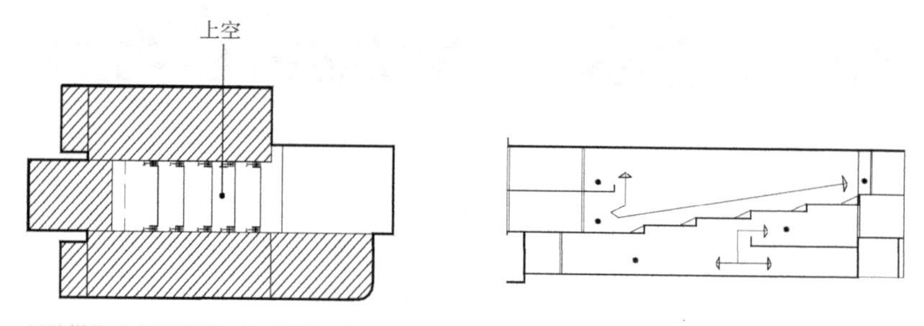

呈阶梯状叠合的楼板，水平层空间波浪式推进，形成下沉空间错层空间以及相邻层夹层空间。

楼层空间流动示意

围护界面便成为一种完全覆盖建筑物内里的表皮。建筑物的整体结构与表皮会以各种形式保持二者的共生，成为附着于主体结构的“亚结构系统”。如屋顶，外围护墙体或某一楼层轻盈通透的杆件、格架，与钢筋混凝土厚重主体结构形成依附和包容关系对比。这种关系对建筑表皮各种形式的智能化运动和生态环境的营造，提供了极大的自由。它们的空间重力效果和视觉心理效果，完全冲破了传统建筑的限制（图）。

外界面限定的景观空间，成为各楼层共用的连通空间。二层楼板一定尺度的出挑，又建立起与顶层的流通关系。空间具有双重流动的特点。

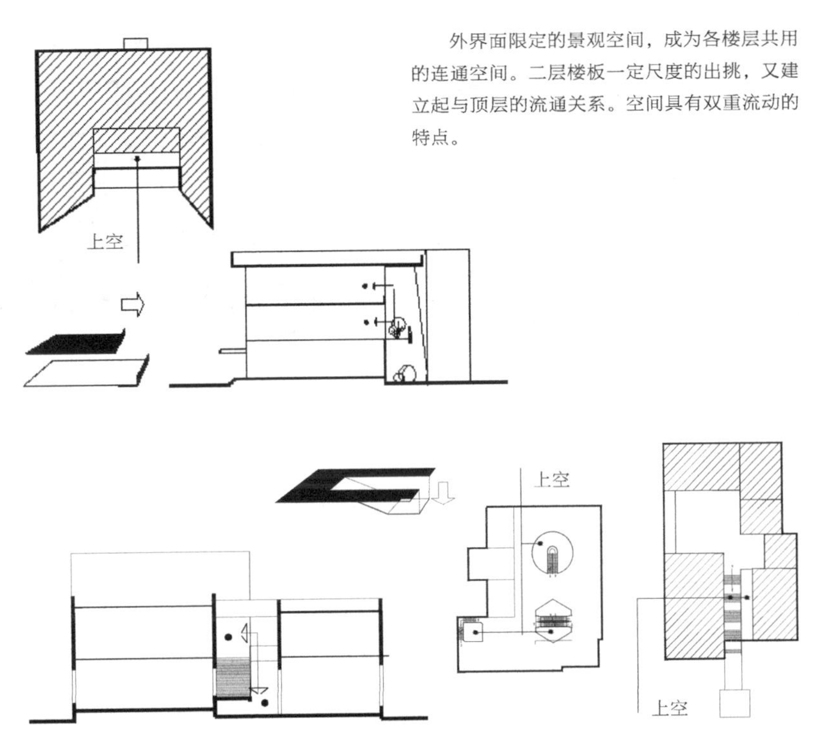

扩大竖向交通通道（阶梯、坡道、楼梯、电梯、扶梯等）的开口面积，建立上下楼层平面空间的相互流动。

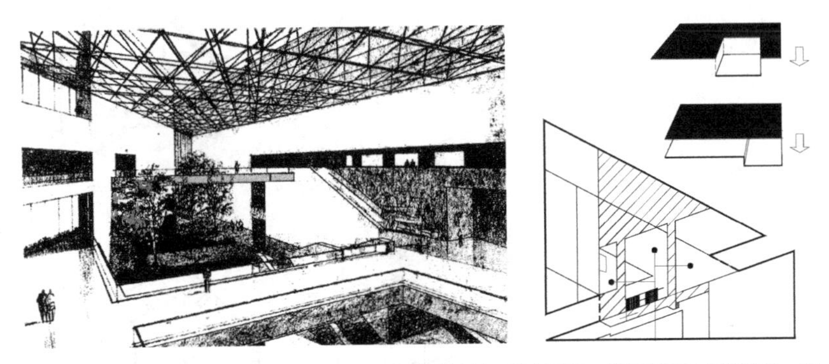

各层楼板对底层大面积开口，交错。两个三角区域楼层，建立平层、错层和夹层多种关系。内庭跨越的天桥，加强了多方向的空间流动。

楼层空间流动示意

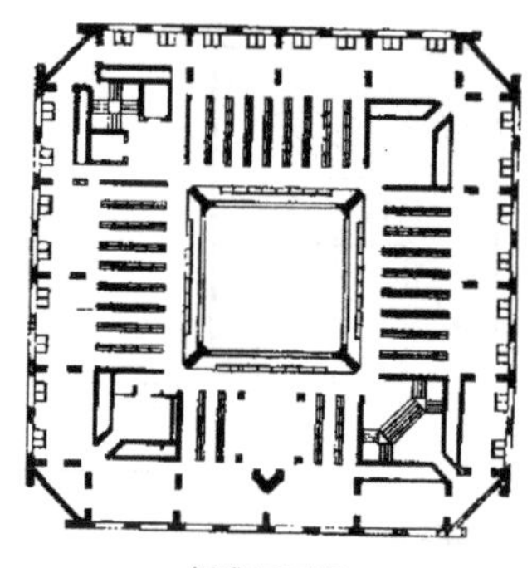

标准层平面

埃克塞特图书馆（英国）

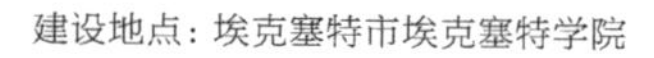

建设地点：埃克塞特市埃克塞特学院
建设时间：1971 年
设计师：路易斯·康

被切除四个尖角的正方形。角部平面空间得以连续，转折平缓。从建筑外观来看，克服了生硬的尖角和界面方向性的急剧转折。

成人学习研究室（美国）

建设地点：宾夕法尼亚州布林莫尔
建设时间：1972 年
设计师：罗马尔多·朱尔戈拉

马蹄形侧边向中心的减缺，规则形向非规则形的欧几里得演变。由此削弱的内部空间，转化为与自身关系密切的外部围合空间（兼有灰空间特性）。演变有效扩大了内外空间的接触表面，引发空间形态的离奇变化。

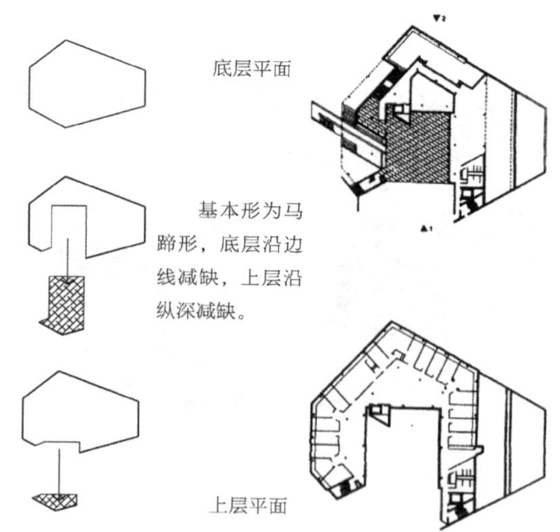

底层平面

基本形为马蹄形，底层沿边线减缺，上层沿纵深减缺。

上层平面

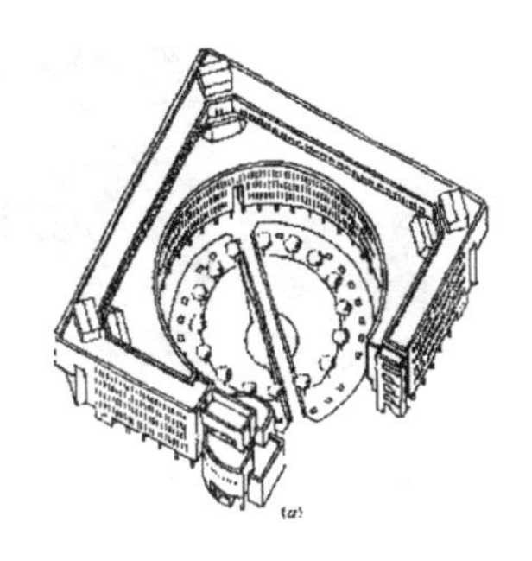

贝林佐纳瑞士电信大楼（瑞士）

建设地点：贝林佐纳
建设时间：1988—1992 年
设计师：马里奥·博塔

边长 100 米的正方形，挖出一个巨大的圆形内院。尖角被切除，特别是其中最大的切角，将圆形的内院也暴露出来，使两个层次的外部空间保持有合有分的微妙状态。减缺后的方形，作为建筑实体，方、圆，虚、实相得益彰，体现了严谨的平面几何构成原则与建筑空间塑造的紧密结合。

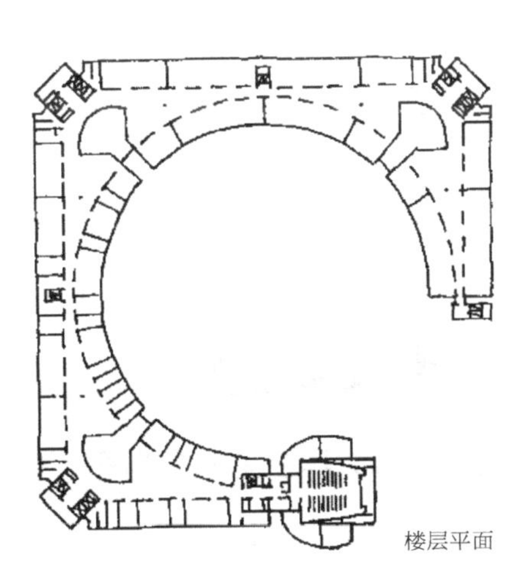

楼层平面

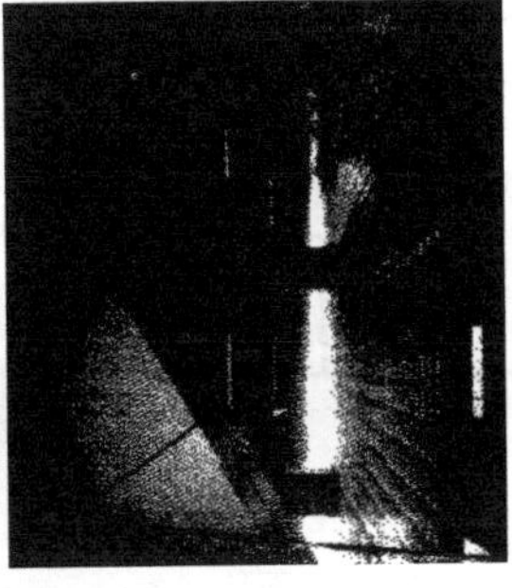

C-Wedge（日本）

建设时间：1990 年
设计师：小林克弘

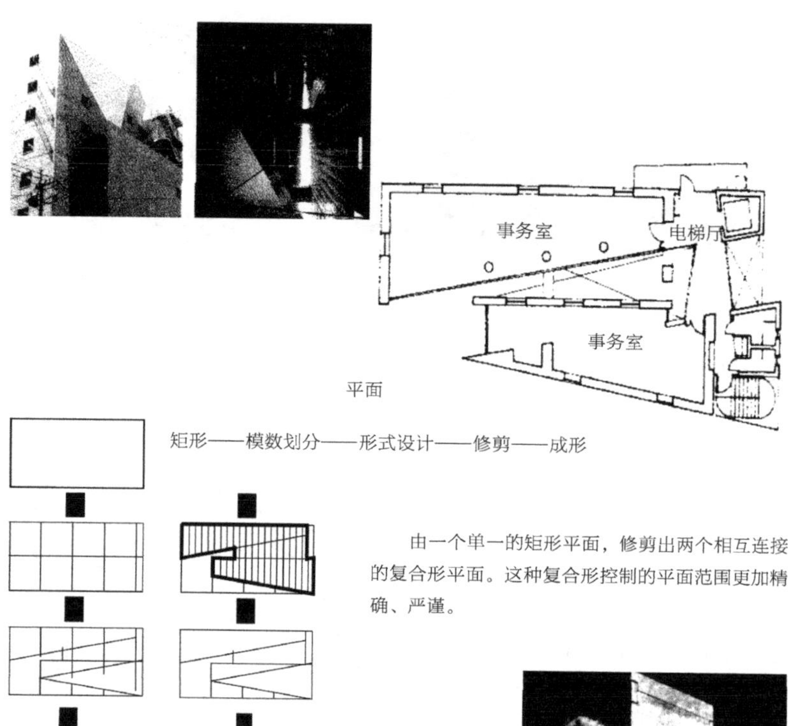

平面

矩形——模数划分——形式设计——修剪——成形

由一个单一的矩形平面，修剪出两个相互连接的复合形平面。这种复合形控制的平面范围更加精确、严谨。

普林斯顿大学生宿舍（美国）

建设地点：新泽西州普林斯顿

建设时间：1973 年

设计师：贝聿铭

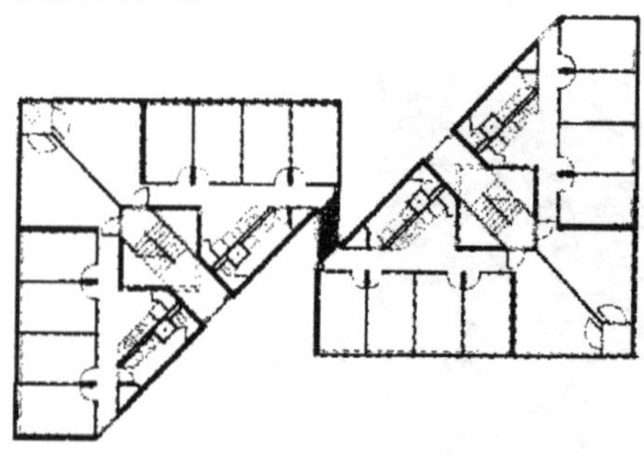

标准层平面

总平面

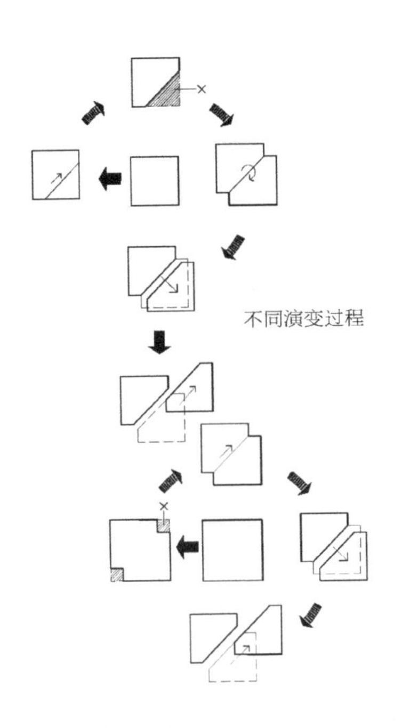

不同演变过程

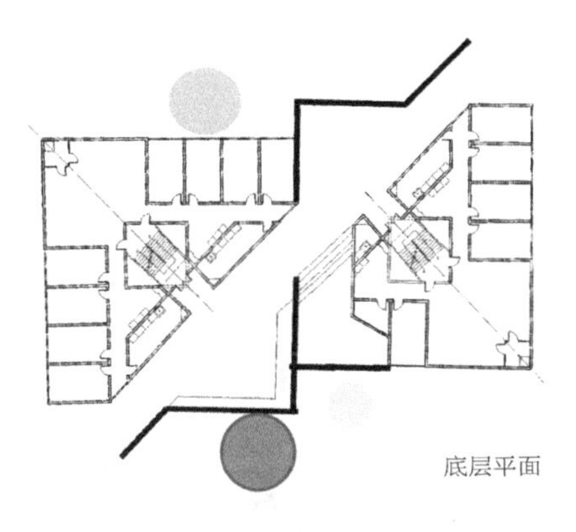

底层平面

正方形通过不同形式的局部减缺、镜像、平移、滑动等欧几里得几何演变获取新的平面结合形式。

三起商工新办公楼（日本）

建设地点：大阪市
建设时间：1991 年
设计师：黑川纪章

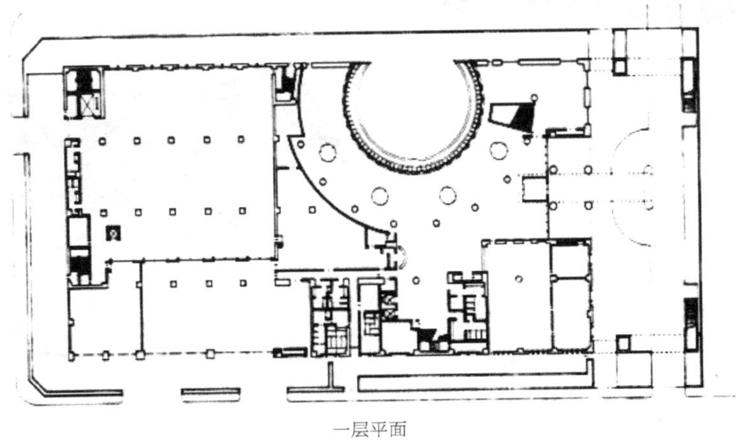

一层平面

二层平面

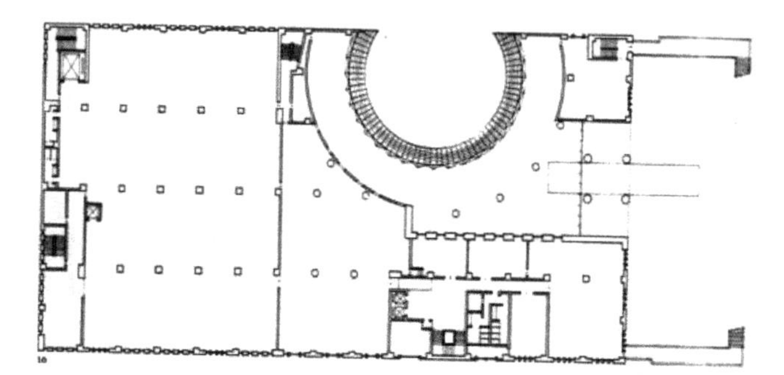

三层平面

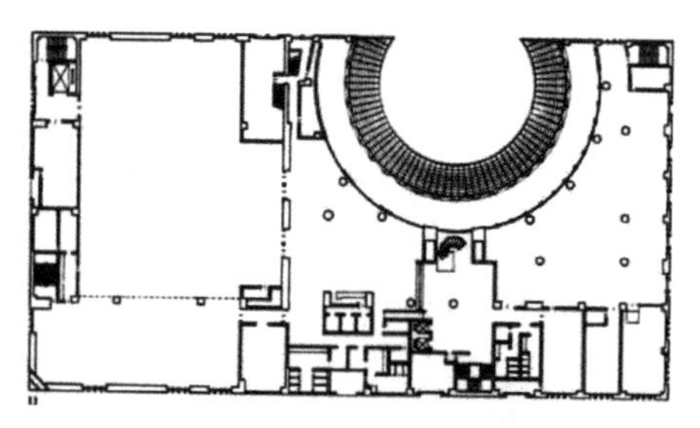

矩形挖除大半个圆。圆的曲率随着楼层改变，表现了矩形楼层局部平面的拓扑演变。挖出的圆增加了外部空间向平面内部渗透的表面。圆弧线的出现，丰富了建筑物的外表面，打破了内部空间的单一形式。

无锡复地公园城邦住宅售楼处（中国）

建设地点：江苏无锡
建设时间：2005 年
设计单位：澳大利亚 BAU 建筑与城市设计事务所

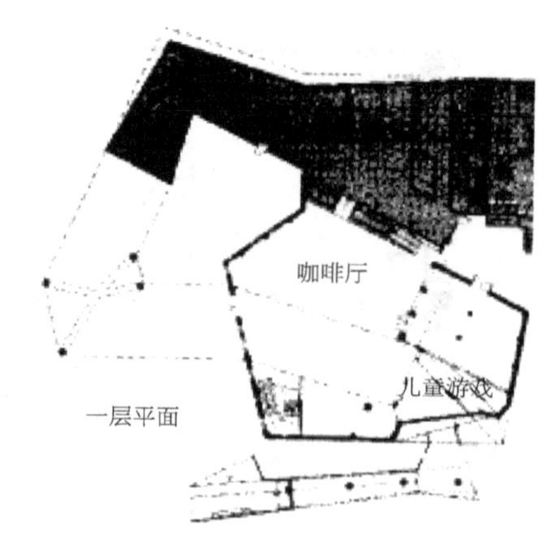

一层平面

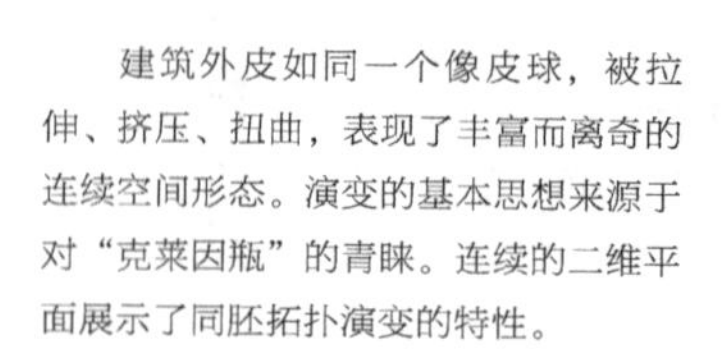

建筑外皮如同一个像皮球，被拉伸、挤压、扭曲，表现了丰富而离奇的连续空间形态。演变的基本思想来源于对“克莱因瓶”的青睐。连续的二维平面展示了同胚拓扑演变的特性。

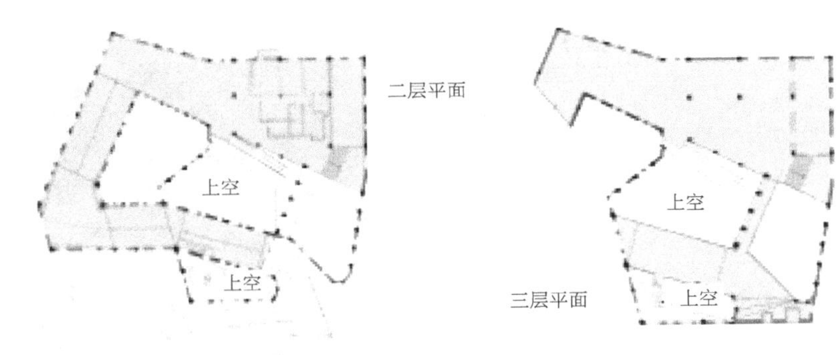

罗切斯特唯一神教堂（美国）

建筑地点：纽约
建筑时间：1967 年
设计师：路易斯 · 康

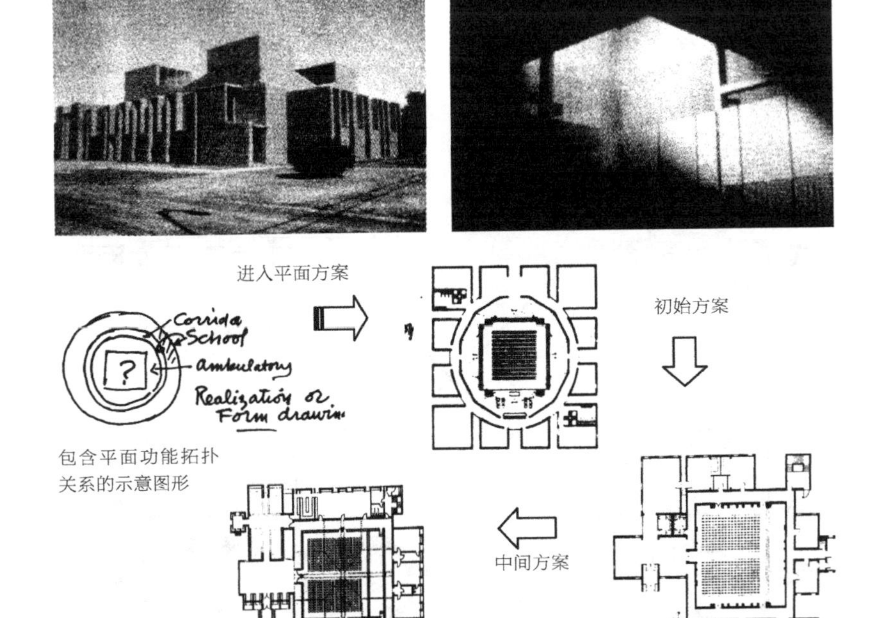

辅助功能平面围绕主要功能平面的拓扑关系图，在相同拓扑关系的形象思维基础上，探索建筑方案平面图的不同构成方式。

保利·西塘越（中国）

建筑地点：浙江

建筑时间：2012 年

设计师：上海霍普建筑设计事务所

朱亨彦、杨杰峰

AB 两个建筑单体平面，可以看成是对方的局部拓扑演变，通过复制、移动、旋转、围拢，继承了四合院传统的空间拓扑关系。四幢建筑物的围合吸纳了传统，增加了建筑外部空间环境层次，取得了群体和谐、统一的外观形象。

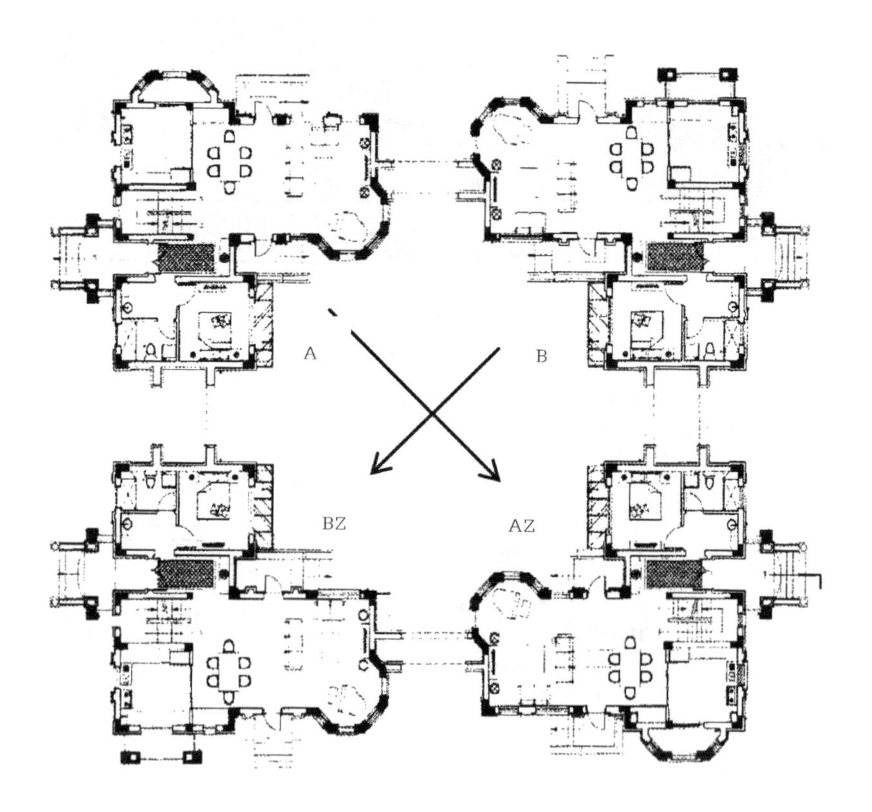

复合形的局部演变：梯形和三角形伴随楼层的增多相互转换。交替转换又成为建筑外观形象变化的主要表现形式。

深圳华侨城办公楼（中国）

建设地点：广东深圳

建设时间：20 世纪 80 年代

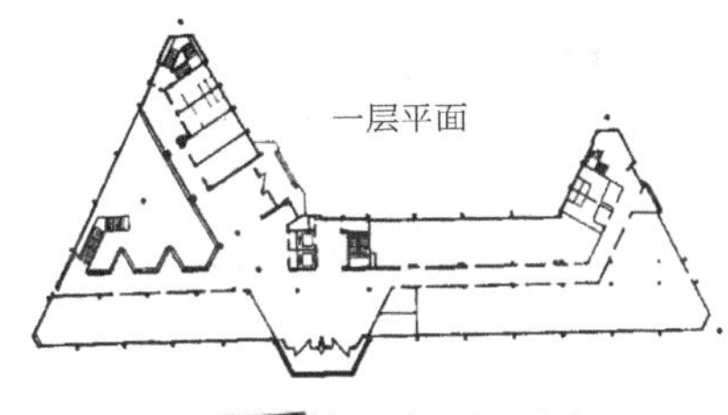

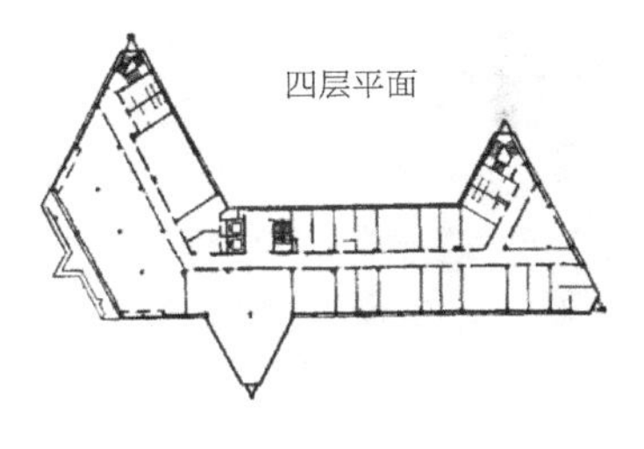

伊弗森美术馆（美国）

建设地点：纽约

建设时间：1967 年

设计师：贝聿铭

在充分创造地面层开敞的室外空间的基础上，将二层平面局部大尺度悬挑。以此扩大或增加展示空间。楼层围护范围变化，也为建筑的体块构成提供了有利条件。

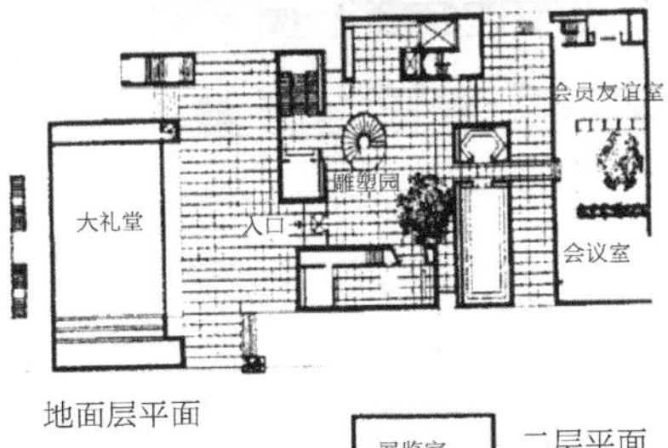

地面层平面

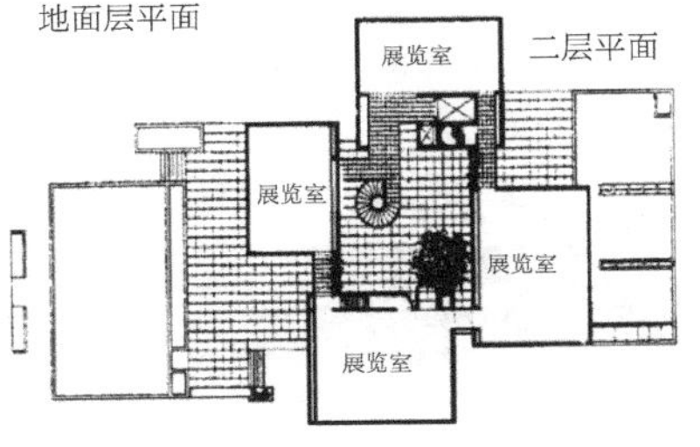

二层平面

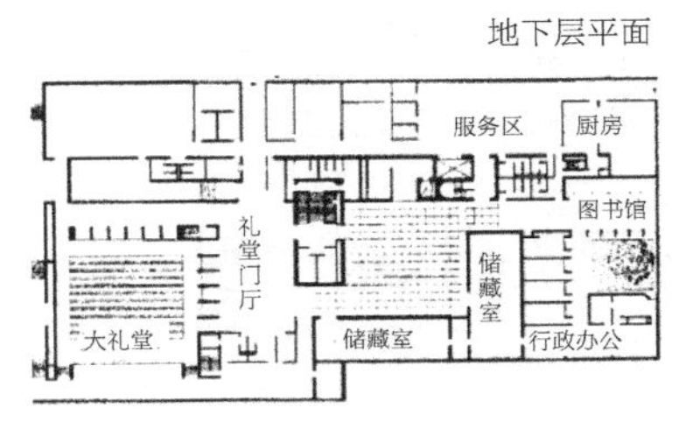

地下层平面

中国银行（中国）

建设地点：香港
建设时间：1989 年
设计师：贝聿铭

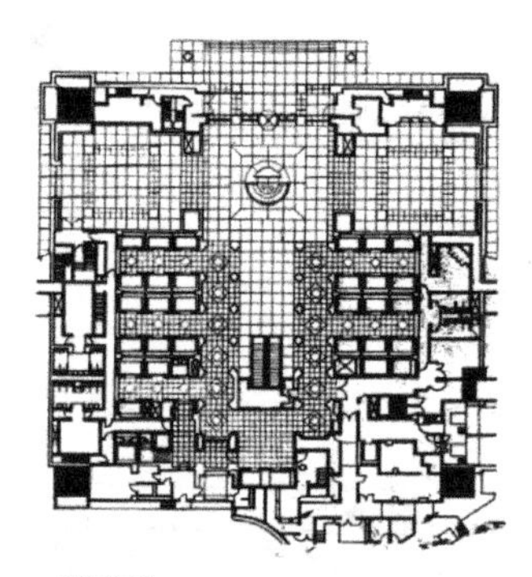

一层平面

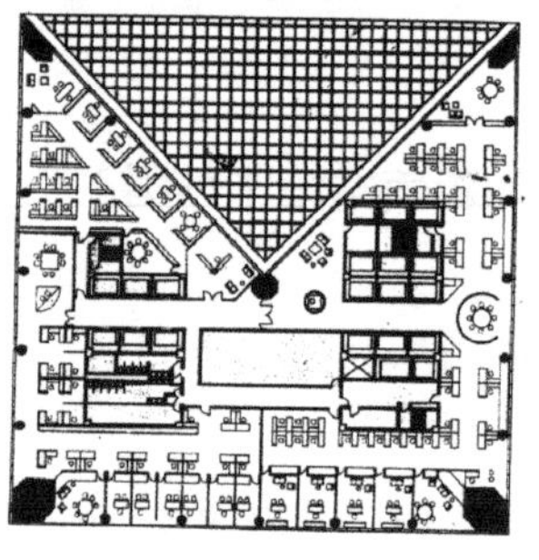

26 ~ 31 层平面

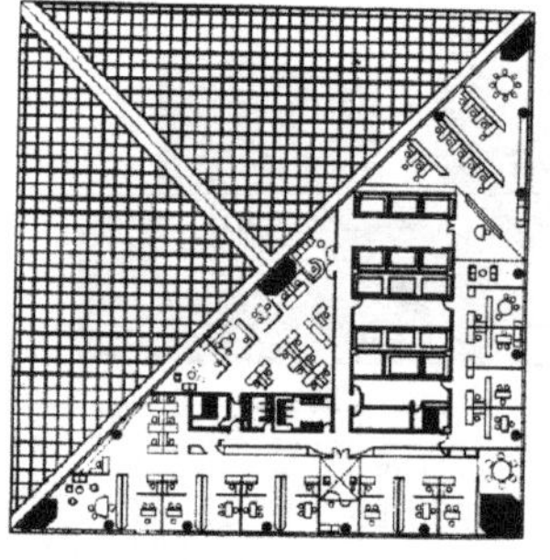

38 ~ 44 层平面

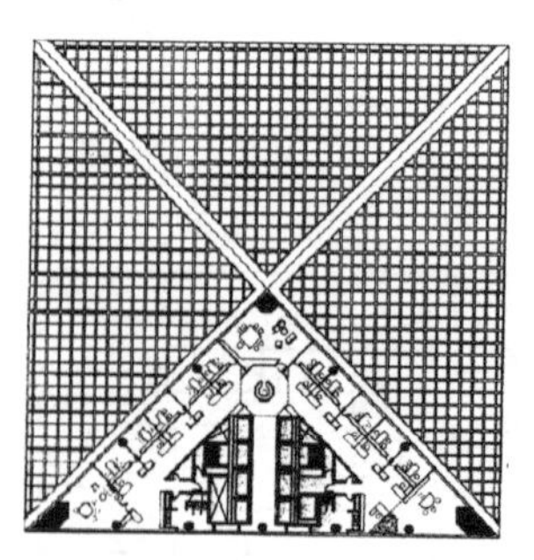

51 ~ 66 层平面

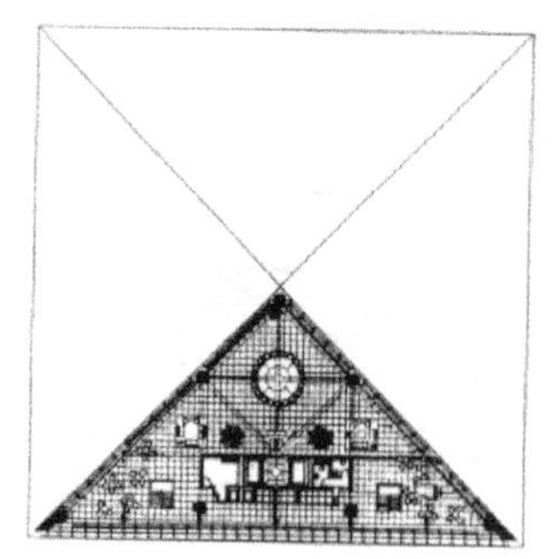

70 层平面

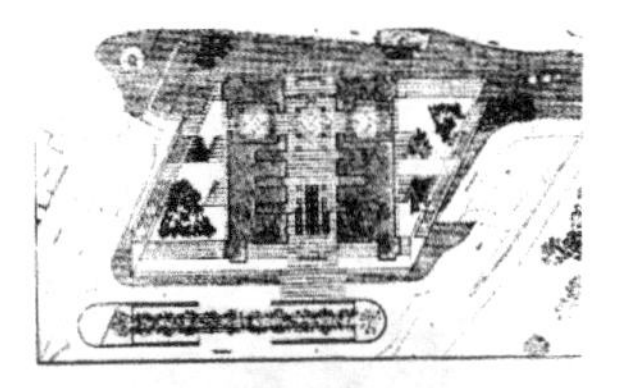

总平面

楼层变化以正方形对角线切分的四个直角三角形为单位递减。

上海世界金融中心（中国）

建设地点：上海
建设时间：1997 年
设计：KPF 事务所

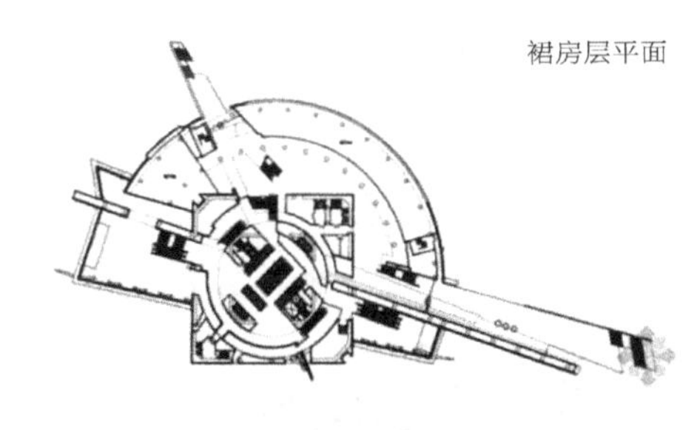

裙房层平面

办公层平面

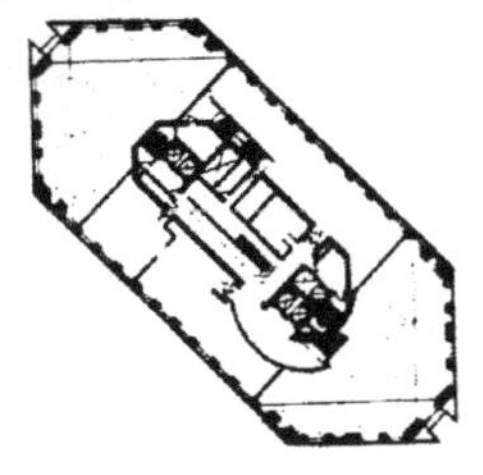

客房层平面

塔楼顶层平面 1

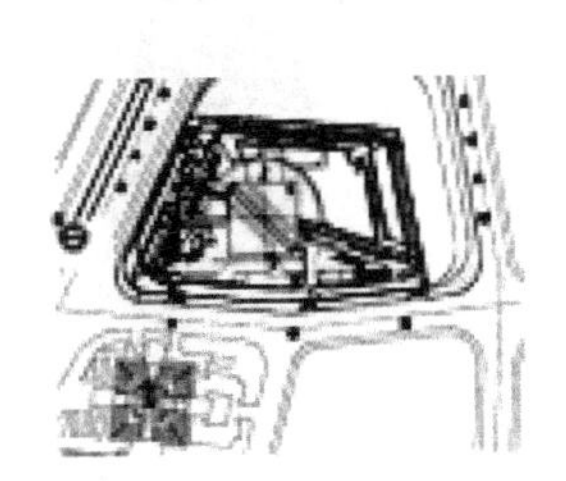

总平面

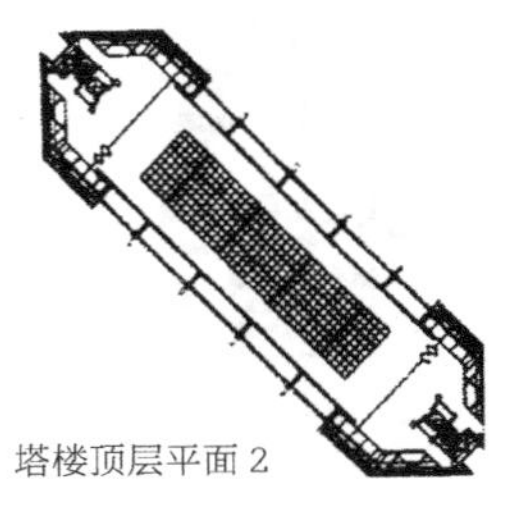

塔楼顶层平面 2

楼层平面沿着建筑外形，由底层部分的正方形拓扑演变为钻石形（中部）、梭形（顶部）。

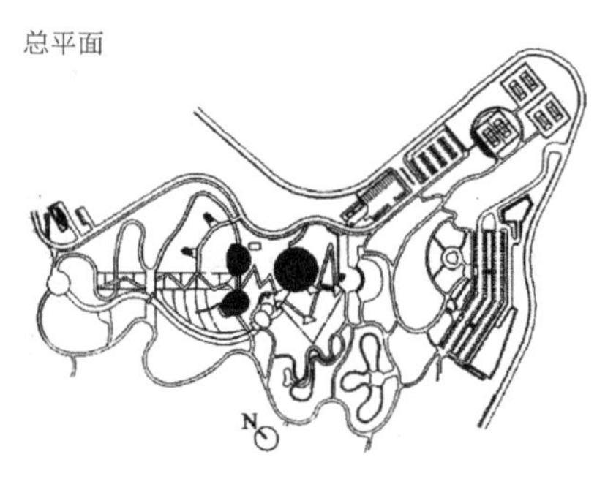

总平面

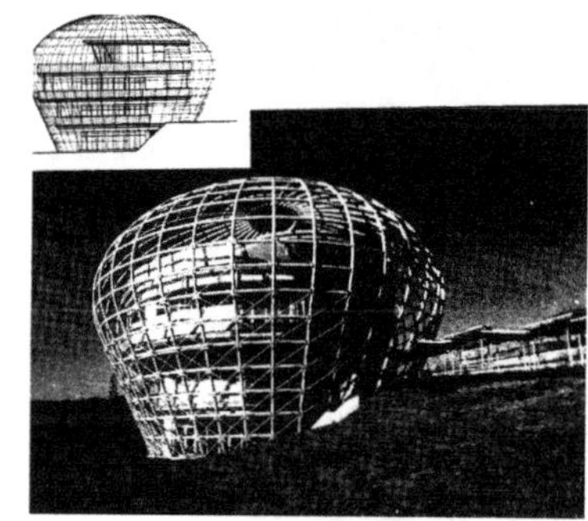

山梨水果博物馆（日本）

建设地点：山梨县
建设时间：1995 年
设计师：长谷川逸子

博物馆三个单体之一。三个单体分别喻示着植物种子不同阶段的萌芽。建筑物外界面与楼板承重结构完全脱离。通过边界与楼板之间的外层空间，取得了楼层之间的视觉沟通。建筑物的外轮廓，随着楼层的增加，伴随着拓扑形演变。

地下层平面

一层平面

二层平面

三层平面

四层平面

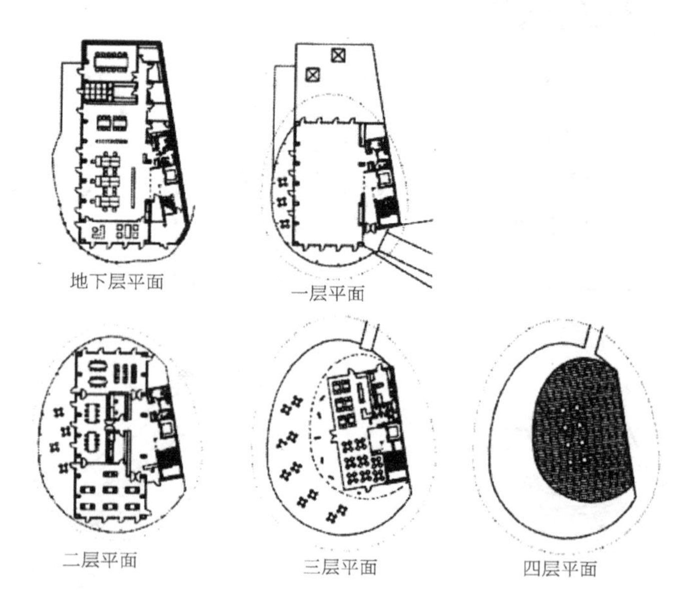

约柜圣母教堂（法国）

建设地点：巴黎

建设时间：1986—1998 年

设计单位：AS 建筑工作室

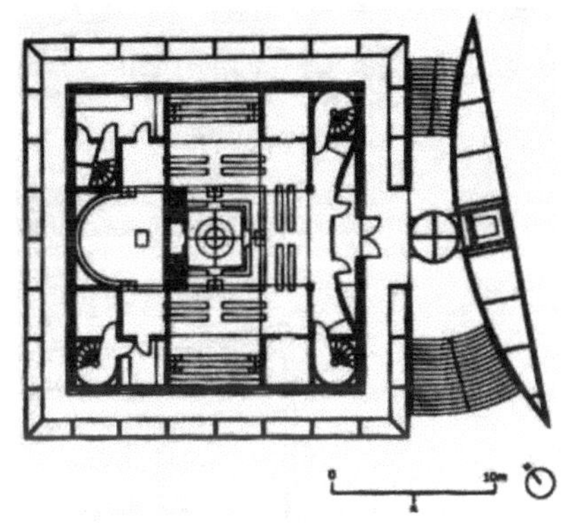

教堂平面呈正方形。在正方形界面外，包裹着以实墙为底衬的金属构架。金属构架作为建筑物的外皮装饰，规整清晰，创造出一种表皮与实体之间模糊、虚幻的空间意象。

东京大同生命大厦（日本）

建设地点：东京

建设时间：1978 年

设计师：黑川纪章

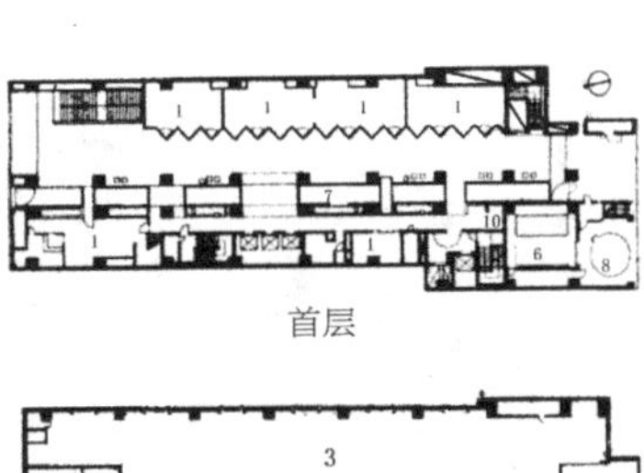

首层

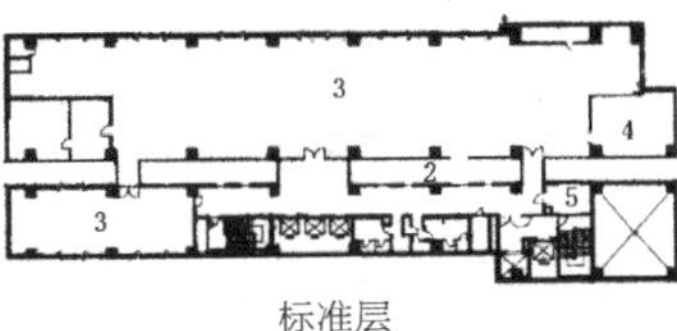

标准层

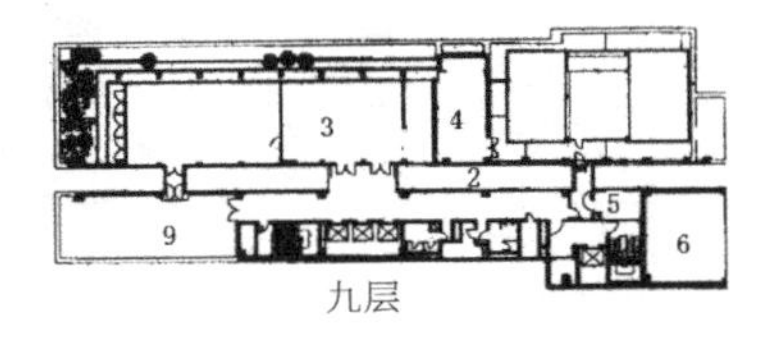

九层

各层主要空间内容

1- 店铺；2- 走道；3- 办公用房；4- 机房；5- 贮存间；6- 停车；7- 溪流；8- 转车台；9- 屋顶；10- 自行车存车处

矩形平面沿纵向一分为二，拉开间隙。间隙内底部组织溪流穿过，上部通天。间隙两侧的楼层，有高架短廊连接，使它们既能保持相对独立，又能获得间接联系。间隙使矩形平面的内部空间环境质量得到很好改善。

BGW（保健服务中心和福利机关）办公楼（德国）

建设地点：德累斯顿

建设时间：1997 年

设计师：迪特尔 · 欣泊

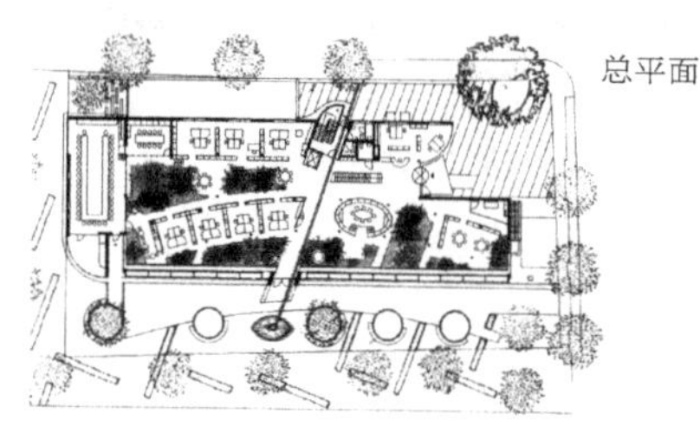

总平面

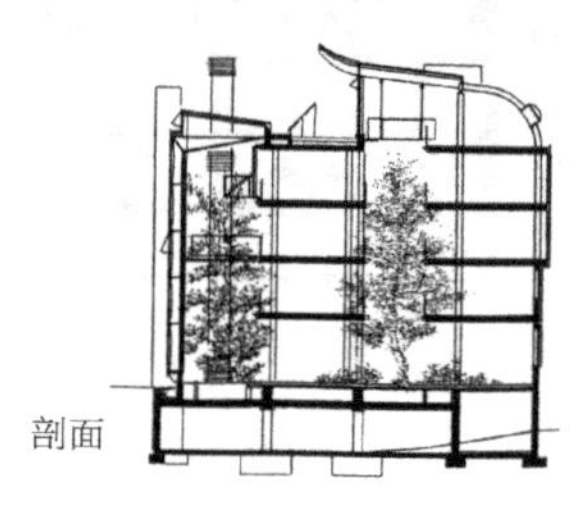

剖面

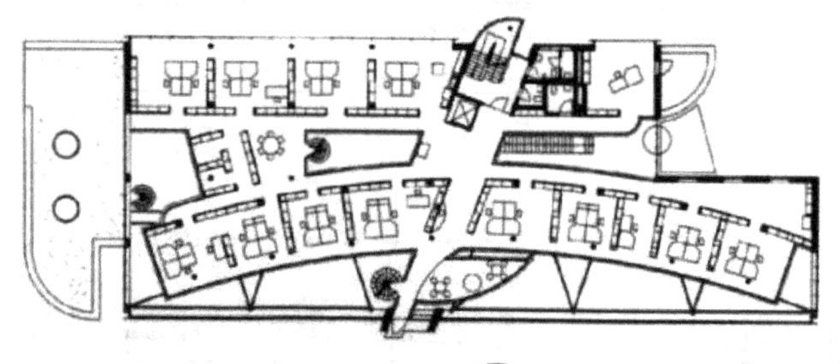

底层平面

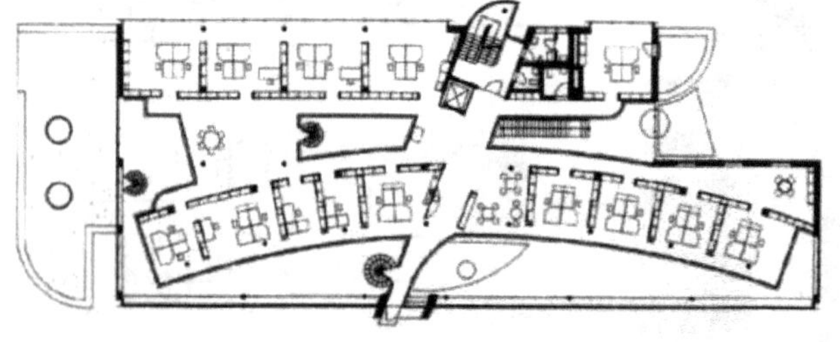

楼层平面

矩形平面沿纵向分成三部分。办公区域一曲一直，沿纵墙布置，由交通枢纽空间相连。公共活动和环境共享空间位于中间。弧线段办公区外围护结构与楼板层分离。全部办公室融于人文环境的营造之中。建筑物内部生态环境质量，通过太阳能及植被净化技术得到保证。

表皮与内核的剥离

楼板层与围护界面的间隙

保罗·哈姆林学习资源中心（英国）

建设地点：斯劳泰晤士河谷大学

建设时间：1996 年

设计：理查德·罗杰斯事务所

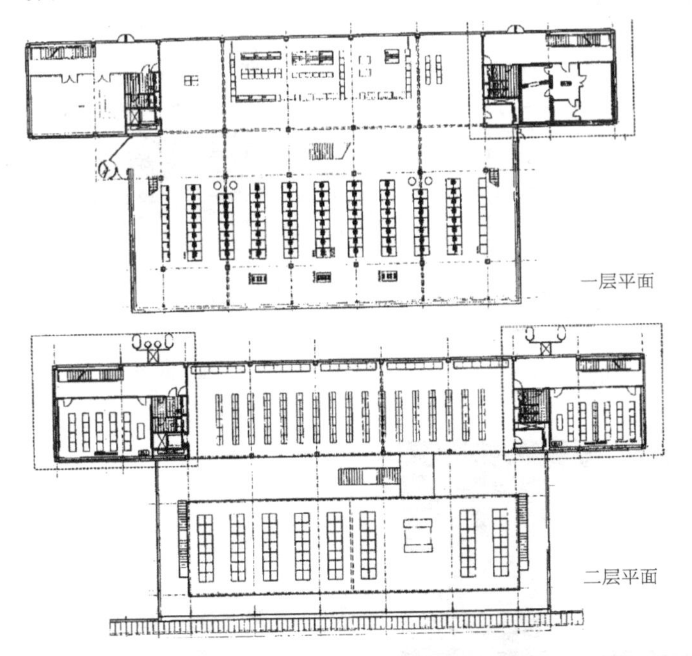

与一层相同的平面形，在二层被分离。分离后的间隙作为底层上空。楼板与围护墙体同样保持分离，形成中空地带。楼层平面的“间隙”使上下层空间流动自如，为内部良好的生态环境提供了有效保障。

沿玻璃幕墙楼层流动空间

阿伯丁大学新图书馆（英国）

建设地点：阿伯丁
建设时间：2005 年
设计师：史米德 · 拉森

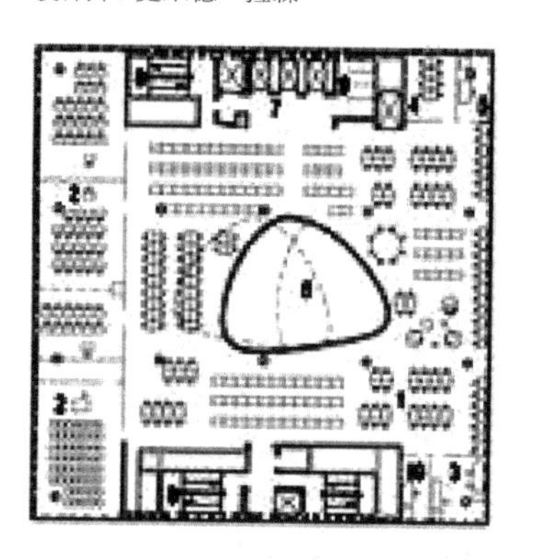

中庭楼层流动空间

建筑外围护界面与楼板脱开，建筑内部楼板不同形式挖空、层叠，建立楼层中心、楼层周边视觉空间的交错连通。

美国国家艺术馆东馆（美国）

建设地点：华盛顿
建设时间：1978 年
设计师：贝聿铭

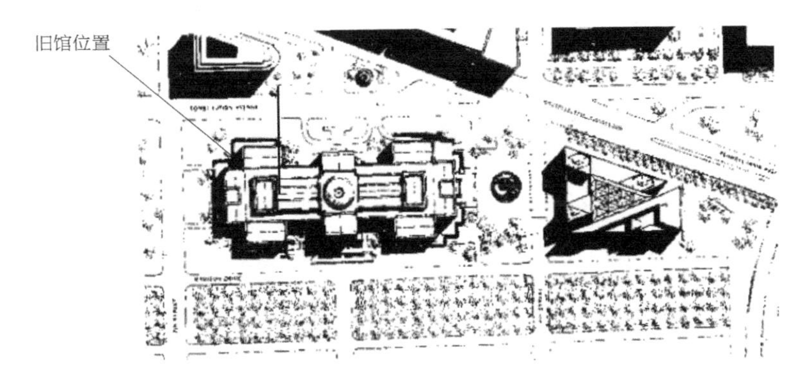

总平面

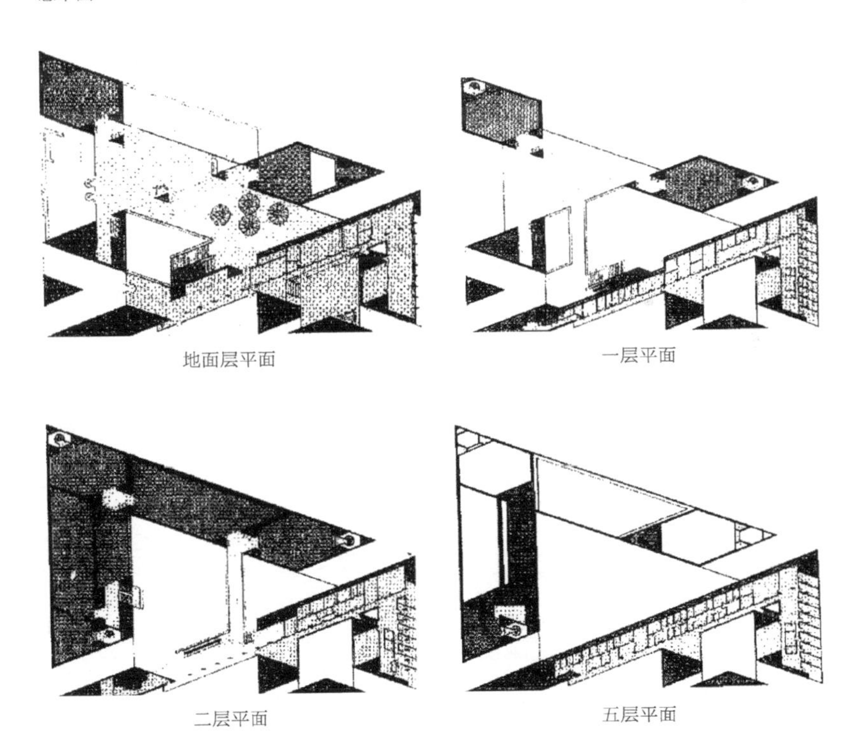

地面层平面　　一层平面

二层平面　　五层平面

建筑物平面形由两个三角形（直角三角形和等腰三角形）组成。各功能空间围绕上下贯通的中庭布置。两个三角形同楼层之间，通过穿越中庭上空的天桥连接。天桥位置的变动、中庭周边房间的界面形式以及开放程度的有序变化，表现了自然、功能、行为、艺术，综合于一体的、和谐的有机建筑空间形象。

组合

一个完整的建筑平面，或许由多个明显的平面几何形集合而成。这些几何形不同的组合理念，组合原则，结合方式，反映了建筑平面组合逻辑思维的各种表现形式。是建筑平面最基本的，也是多样性的主要表达内容。

- 切分重组
- 拆解重组
- 多形组合
- 象形组合

平面组合的基本目标：明确的功能分区；合理的流线组织；塑造品质高雅的环境艺术空间，包括内部空间和外部空间。平面组合艺术所要遵循的基本原则是：统一变化的原则、稳定均衡的原则、重点与一般相结合的原则。平面组合过程中，基础平面形宜具有可识别性，组合的法则和规律具有可追溯性。

切分重组

切分，是平面图形被切割、分离成两个或更多的部分。它与形减缺不同的是：从一个图形中切出的部分，没有被摒弃，而是作为整体平面功能的一部分留存下来。留存的各部分，通过一定的变化手法，重新建立新的结合关系。从平面看，是单一图形转化为多个图形。多个图形的组织，具有更加贴近的相互紧密的呼应关系、统一和谐关系。下图分别是正方形和空心正方形的几个切分重组示例：正方形对角切分，部分收缩，贴靠，复制，再收缩，贴靠，形成对接、搭接的多平面形组合；正方形、空心正方形的转折切分，切分出的部分分离、滑移，与剩余部分搭接构建起富有空间变化的新的图形。曲线围合的图形，同样可以以不同形式切分，重组新的图形。

拆解重组

图形拆解包含破碎拆解和拆解分离。破碎是表现出外力作用对平面形所造成的无一定规则的破坏。拆解是对组成整体平面形的有序拆分剥离；重组就是将平面形破碎的成分或整体拆分出的若干部分，重新组合一个或几个新的平面图形。拆解的图形，并非以原状保留，而是被提取、置换，成为各自独立、游离状态的个体（图）。

诸多个体重新组合，建立新的群体关系。建筑平面设计中，经常出现功能相同或者相似的大面积集中布置的平面。这类平面对基地表面的覆盖率过大，影响到环境质量的进一步提升。建设基地环境复杂时，为保证大面积平面内部核心部位空间的规整和环境品质，保证它们竖向的合理组合关系，往往需要大量的成本投入作为代价。如果将大面积集中平面分解为小面积分散型平面，就可以有效提高平面功能组织的适应性和灵活性。从而减少对基地的破坏，减少成本投入。破碎离析的独立体，通常带有原有的整体记忆和相互依存的痕迹。他们若聚若离的状态似乎还表现出某种相互吸引或黏合力的存在。整体的拆解再现了平面空间的多层次特点和适应特点（有利于由内向外、灵活扩展的平面设计）。与此同时，建筑内部平面空间与建筑外部景观环境空间的融合与流动也更加自然、紧密。

印度浦那的帕特瓦尔丹住宅就是将住户一个集中的居住空间拆解成多个具有独立性的小空间。小空间围绕

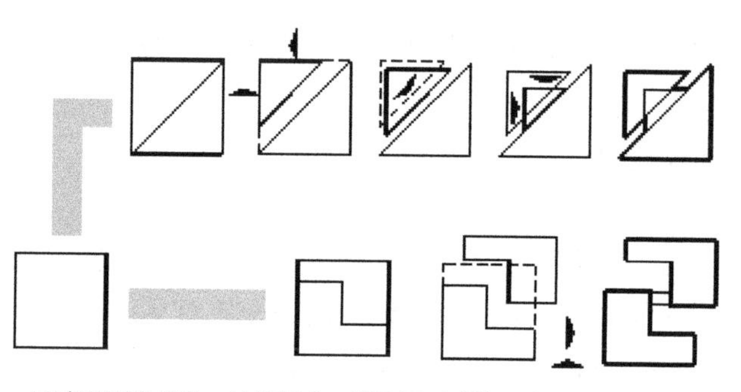

正方形对角切分、转折切分，以不同形式的运动，形成新图形

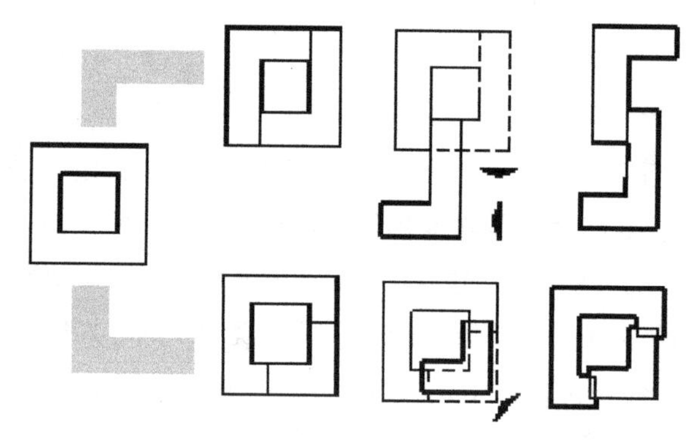

中空正方形的转折切分，斜向滑移，搭接的新图形

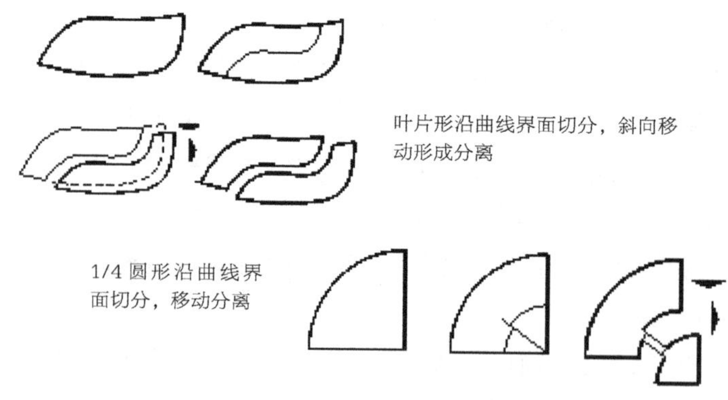

叶片形沿曲线界面切分，斜向移动形成分离

1/4 圆形沿曲线界面切分，移动分离

平面形的切分重组

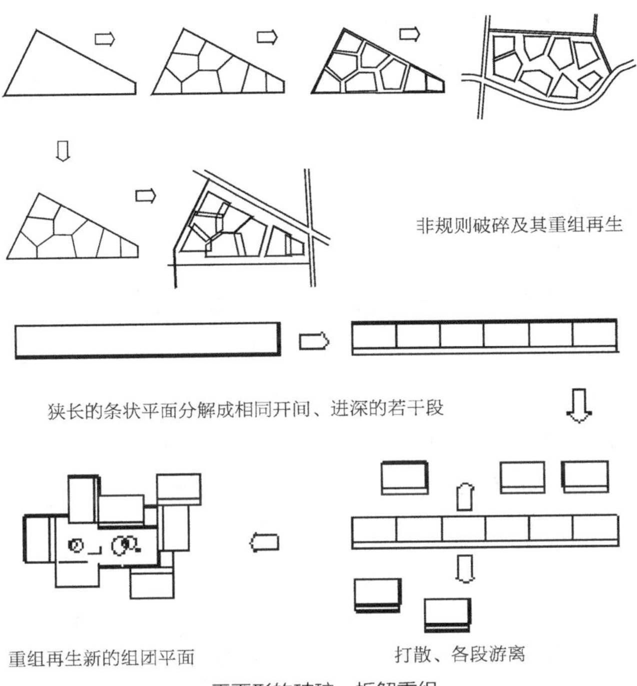

平面形的破碎、拆解重组

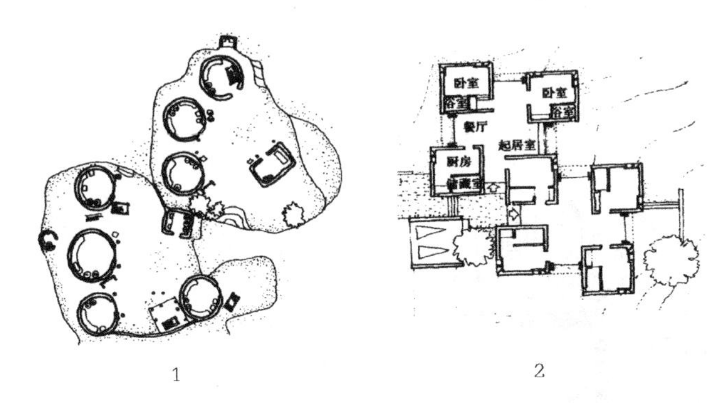

1. 印度拉贾斯坦邦村庄住宅——不同功能的居住圆形小屋采取分离式的布置有别于普通内部聚拢的集中户型。
2. 20 世纪 60 年代末印度浦那的帕特瓦尔丹住宅的户型——不同功能房间为单位的拆解形态。外部环境与各房间形成包容。
（来源：汪芳《查尔斯·柯里亚》）

住宅套型的拆解

起居室有间隙地集聚重组。居住的公共性和私密性划分明确，内外空间融为一体，创造了别具一格的居住模式（图）。

多形组合

平面功能比较单一或规模较小的建筑，其平面形式可以由一个单一平面图形或一个复合图形涵盖。反之，就需要若干不同的单一形或复合形平面，相互结合成多平面形式的组合（图）。多形选择，可以随意选取符合分区功能要求的图形，也可以通过某一图形复制、镜像以及复制镜像后的放大、缩小生成若干新的图形（详见本书“簇群平面——母题簇群”）。多种形式的单一形、复合形组合以及它们的混合组合演变，是平面具有多方面适应能力的一种体现。多平面形除了合成复合形之外，还具有以下几种常见组合形式及表现特点：

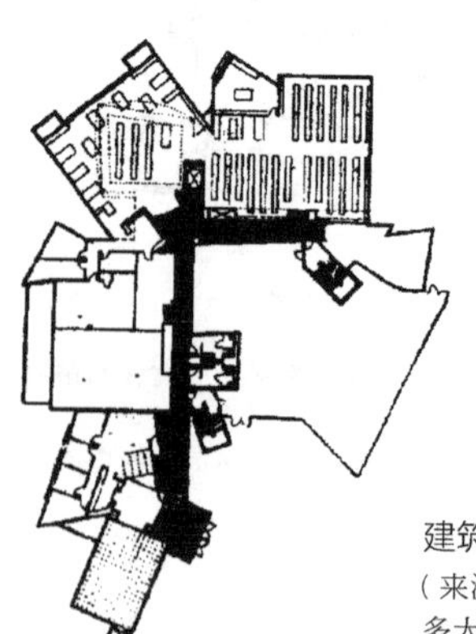

建筑平面的多图形组合
（来源:（美）富兰克·欧·盖里事务所:《托雷多大学视觉艺术中心》）

对接、排列、并置。对接表现了平面形的直接接触（详见本书“构成元素——平面形”）。排列表现了不同平面形具有一定单向或多向有间隔组合。当排列不强调平面形的线形秩序，呈多向分布关系时，成为无次序的并置。并置图形的重心连线，多为三角形或其他多边形。多形也可根据平面关系，成组团式并置，组团形式、相关位置、宽松自由不拘一格。排列、并置图形的间隔，引入不同形式的辅助连接，将进一步影响到它们的空间组合品质（参见本书“连接”）。

围合。常见的围合表现形式：放射围合、自由围合和定向围合。放射围合是多个平面形围绕一个中心区域，由内向外逐渐扩展。是图形之间具有凝聚力的一种组团平面围合。这种围合具有明确的几何轨迹，如图形重心遵守确定的圆弧、确定的极坐标等，也可直观地按相同或不同径长，同心或不同心的圆弧为控制轨迹。平面图形的放射围合，使各平面空间之间的秩序感、凝聚力、延展性表现得更加强烈。当图形在各方向，不受固定的几何轨迹约束，围绕一个区域随意布置时，呈现自由围合状态。这种围合的外部平面空间，将更富有层次，活泼通透（图）。

定向围合是一种秩序更加井然，沿用较为久远的传统形式（图）。根据建筑平面所占据的位置，体现出它们对场地的两向、三向和四向围合关系。在不同的围合中，被围合的区域可能是隶属于某一部分围合平面的功能空间，也可能是围合平面的共享空间。由于围合形式的不同，被围合平面空间的特性，也截然不同（图）。被围合平面领域可以保持与围合平面形同形同向，也可以与围合形同形异向或形、向完全不同。围合平面形和被围合平面

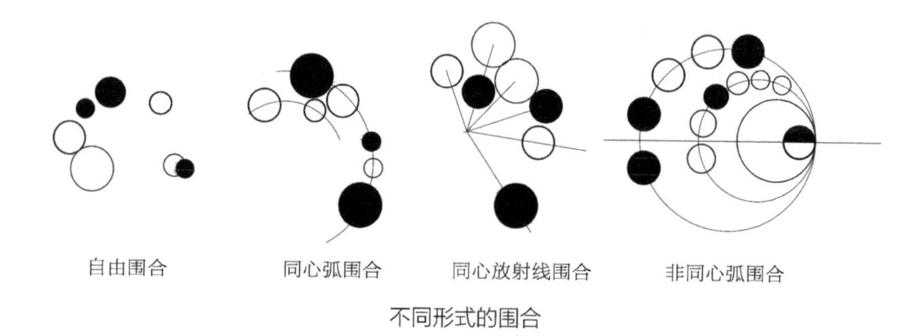

不同形式的围合

a b

两向围合：a 较长的建筑平面相对，围合空间具有更大的导向性；b 两建筑物平面成角布置被围合空间具有一定的归属感。

三向围合：c 形成一个节点空间，成为路径、视线的终点和对景，被围合空间归属感强。

c d

四向围合：d 被围合空间具有较高的亲和性和私密性，归属感更强。

传统围合方式及空间特点

领域的差异，将形成较强的空间对比效果。

聚散、分离。平面形集聚，是多个平面形无确定几何、术数规则约束的簇集。诸多平面形可相对一个区域保持着一定距离的从属关系，也可能是平等的、离散状态分布的组群。这是多平面形重视外部环境的一种集聚形式。它是由尺度、规模稍小的平面形作为组合的基本单位。这些平面形并非整体拆解的结果，而是独立存在的基础平面形。

多个单一平面图形，构成各种形式的复合形，则是多平面形组合的一种特殊类型（参见本书“构成元素——平面形”）。

象形组合。建筑形态与生物形态、自然形态、客观物象的相似性，体现了艺术同自然界生物一样，是强有力的一种适应。平面象形创作的灵感，来源于这种适应的赞美和联想。平面象形就是在平面图形选择过程中，或者由多个平面元素组合过程中，按着头脑中所记忆的，某一类自然界存在的生物、物体的瞬间视觉影像，作为建筑平面造型的基础。平面的具象，仿生、仿物，比较直观。人们将从建筑平面的全貌中，悟出某一种象征意义的表现语言，如中山陵总平面象征着警钟，天津动物园熊猫馆平面，象征着浑圆可爱的大熊猫。另有一些建筑作品，平面有的象征手掌和足迹，有的象征羽翼（图）。

建筑平面的象形实例很多，阿尔瓦·阿尔托设计的不来梅高层公寓和德国沃尔夫斯堡文化中心平面形，有些人就很容易产生飞碟、脚趾的联想。

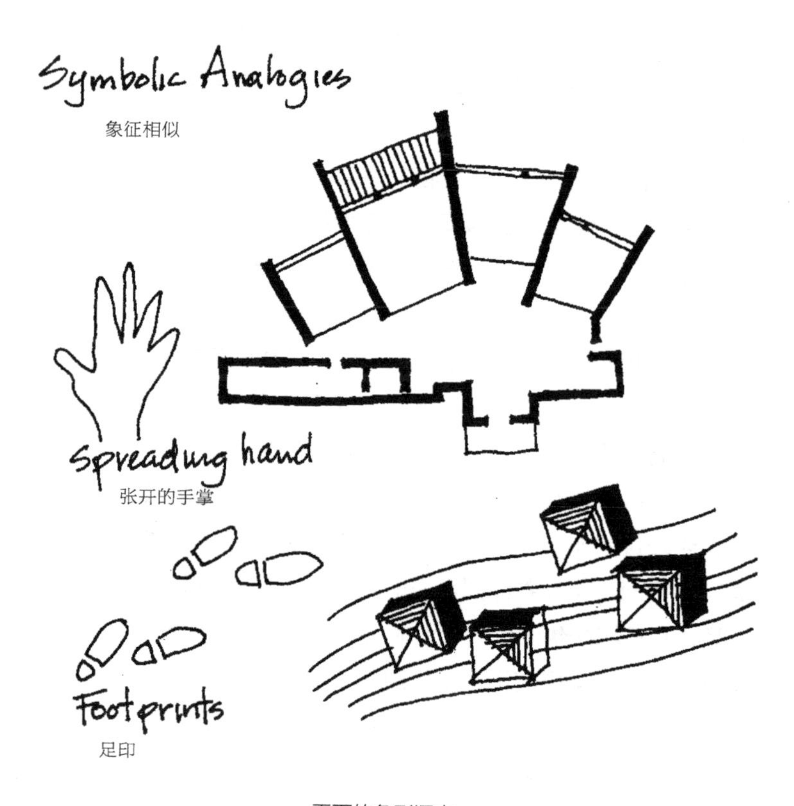
Symbolic Analogies
象征相似
Spreading hand
张开的手掌
Footprints
足印

平面的象形语言

上海曙光医院护理单元（中国）

建设地点：上海

设计：上海建筑设计研究院

标准层平面

护理单元

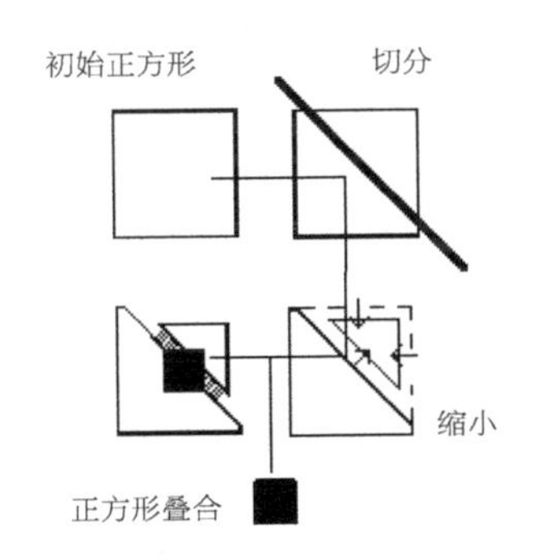

正方形斜向切分成两个三角形。右上角的一个三角形缩小，与一个小正方形叠合建立重组关系。

特伦顿大学学生中心（美国）

建设地点：新泽西州

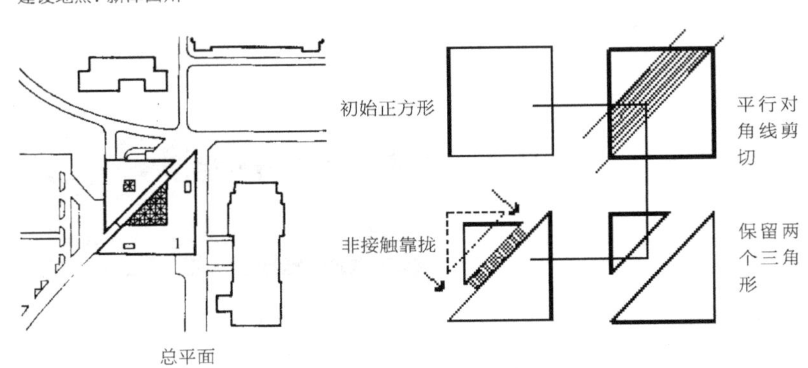

总平面

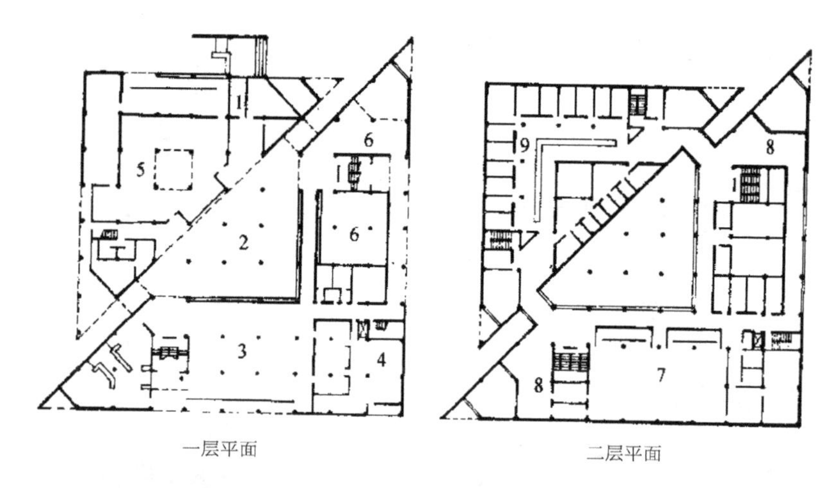

一层平面　　二层平面

1- 学生中心；2- 大休息厅；3- 快餐厅；4- 厨房；5- 书店；6- 游艺厅；7- 多功能厅；8- 休息厅；9- 办公室

两种演变重组：

1. 正方形平行对角线剔除一定宽度，变成一大一小三角形。大小三角形靠拢重组，添加三角形连接。

2. 正方形沿对角线切分为两个三角形。其中一个缩小，与另一个三角形建立重组关系，添加三角形连接。

珠海体育中心游泳馆（中国）

建设地点：广东珠海

建设时间：20 世纪 90 年代

设计：中国建筑西北设计院

直径不同的两个半圆，根据功能需要，以通过圆心的直径作为对称轴，相互对接重组。在大小两个半圆内布置游泳池和跳水池。半圆结合部位作为游泳馆主要入口。

一层平面

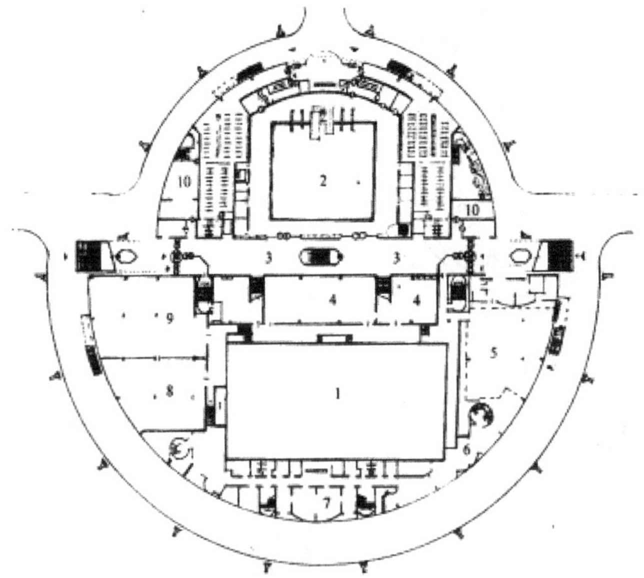

1- 比赛池；2- 跳水池；3- 检录处；4- 通风机房；5- 陆上项目训练场；6- 新闻中心；7- 贵宾室；8- 冷冻机房；9- 水处理间；10- 运动员休息室。

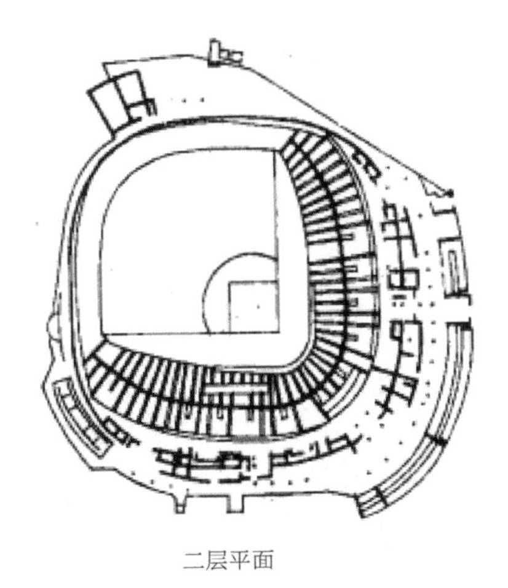

二层平面

东京 DOME（竞技馆）（日本）

建设地点：东京

建设时间：1988 年

设计：日建设计和竹中公司

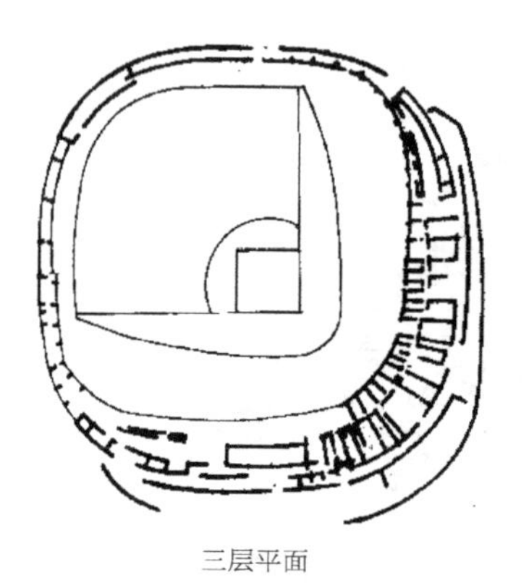

三层平面

以野球等赛场为主的多功能体育场。平面表现多个圆角四边形错位叠摞的特点。

红线女艺术中心（中国）

建设地点：广东广州

建设时间：1998 年

设计师：莫伯治、莫京

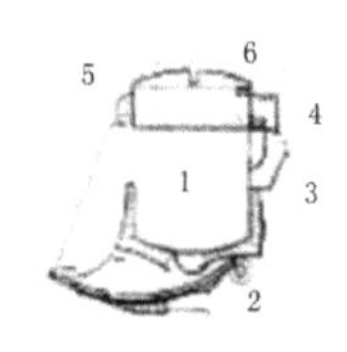

总平面

1- 观众厅；2- 主入口；3- 贵宾出入口；
4- 地下机动车出入口；5- 道具出入口；
6- 单车出入口

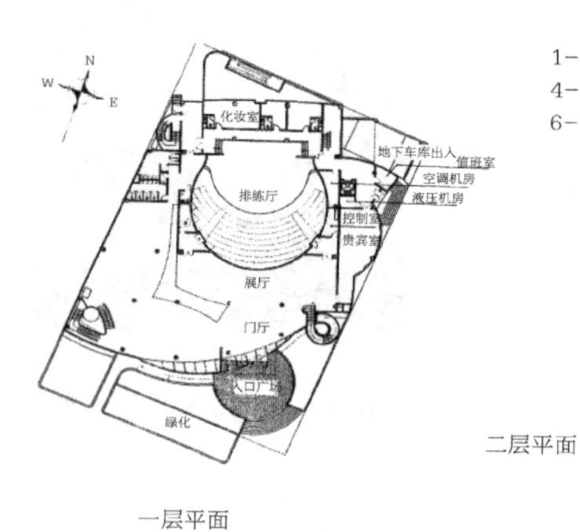

一层平面

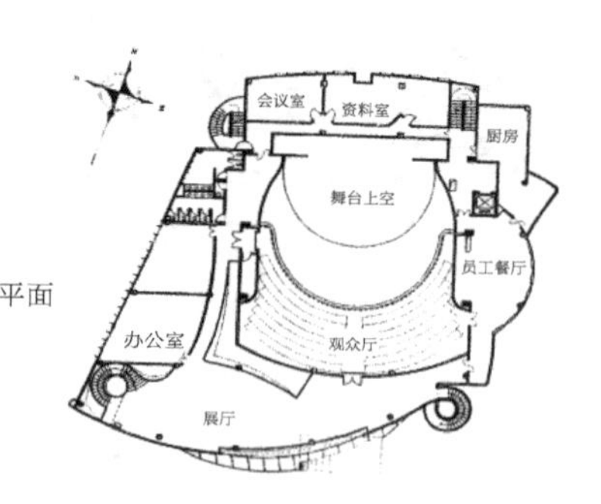

二层平面

观众厅选择规整的马蹄形平面。其余部分平面处于非规则形。该建筑平面是比较典型的规则形与非规则形组成复合形。

韶山毛泽东同志纪念馆（中国）

建设地点：湖南韶山

建设时间：1964—1969 年

设计：广东省建筑设计院、
　　　湖南省建筑设计院

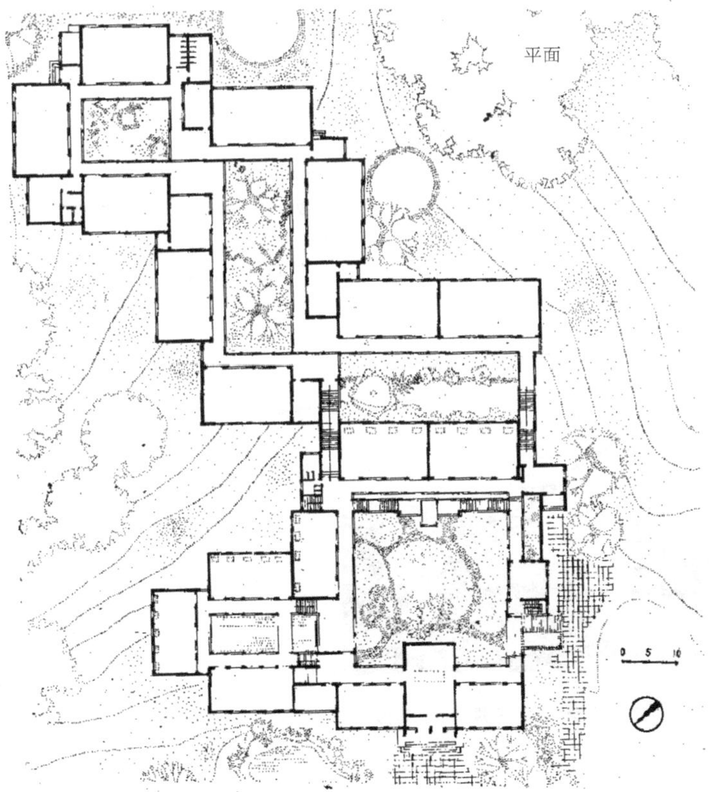

形式基本相同的房间，打破排列成线、成片的传统格局。以院落为核心，以独立自由的房间为基本单位，围合成活泼、宁静，井然有序、联系紧密的四个组团。

绿色住宅（美国）

建设地点：康涅狄格州
建设时间：1973—1975 年
设计师：约翰·M. 约翰森

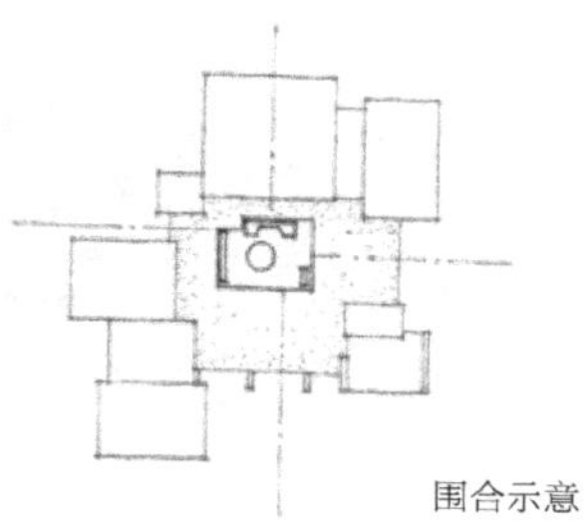
围合示意

庭院环境与居住平面

以单个房间为基本单位，组成功能联系相近的组团。再以组团平面对庭院和公共绿地做三面围合。组团之间疏密有致，退让有序，院内与院外相互渗透。这种组合方式，更具有环境优势，起居生活也更富有情趣。

高黎贡山手工造纸博物馆（中国）

建设地点：云南
建设时间：2010 年
设计师：华黎

一个接近正方形的平面形，以无规则的破碎形式，分解成不同形式的四边形。这些四边形兼容了博物馆的展示功能。所有的房间都容纳于通透的、半私密的外部公共环境之中。

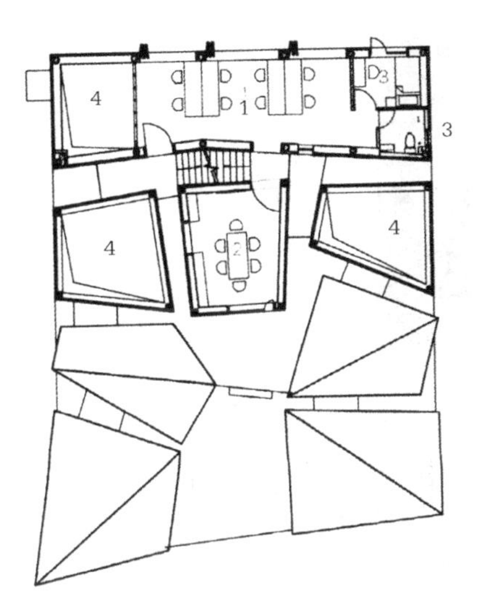

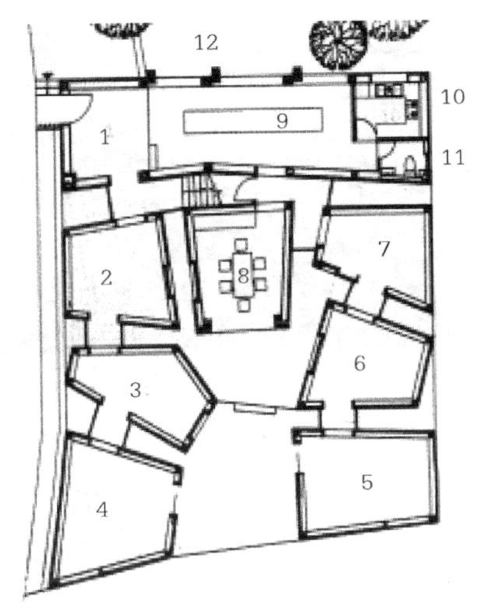

二层平面
1- 工作区；2- 会议 / 接待；
3- 休息室；4- 上空

一层平面
1- 入口门厅；2 ~ 7- 展厅；8- 茶室
9- 书店；10- 厨房；11- 卫生间；12- 庭院

北曼彻斯特帝国战争博物馆（美国）

建设地点：大曼彻斯特特拉福德公园
建设时间：2002 年
设计师：丹尼尔 · 里勃斯金

平面
1- 主入口；2- 门厅；3- 展厅；
4- 放风院；5- 静水院；6- 浮雕墙

破碎平面形的集聚、叠合重组保持空间部分与部分之间的连续性和整体性。

雷诺通信广场（法国）

建设地点：布洛涅 - 比扬古
建设时间：2002 年
设计师：雅各布 + 麦克法兰

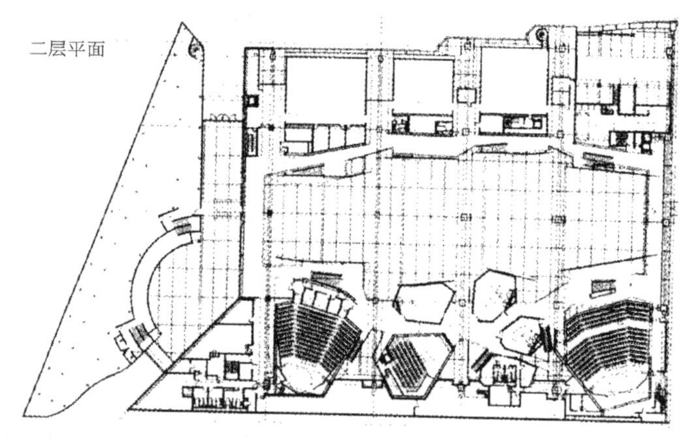
二层平面

通信中心的展示平面空间居中，辅助部分位于两侧。其中一侧由几个大小不同的报告厅及几个不规则的附带功能平面形组成。它们以矩形的破碎状态拆解分离。分离后的空隙，是这些平面形的公共活动空间和交通联系空间。

绿之保育所（日本）

建设地点：东京都
建设时间：2009—2010 年
设计师：石原健、中野正野 等

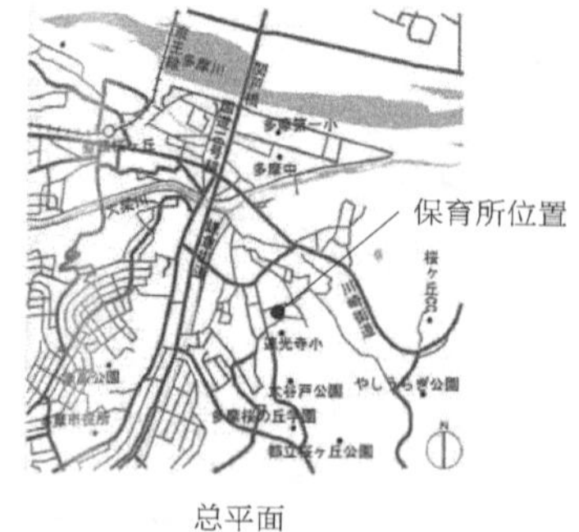

总平面

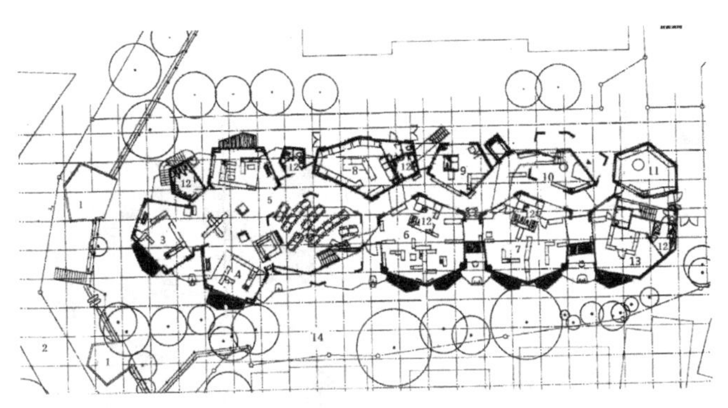

底层平面

1- 绿色连廊；2- 绿色通道；3、4- 儿童用房（3-4 岁）；5- 多功能厅；
6- 儿童用房（2 岁）；7- 儿童用房（1 岁）；8- 调理室；9- 临时看护室；
10- 门厅；11- 职员工作室；12- 卫生间；13- 儿童用房（婴儿）；14- 内院

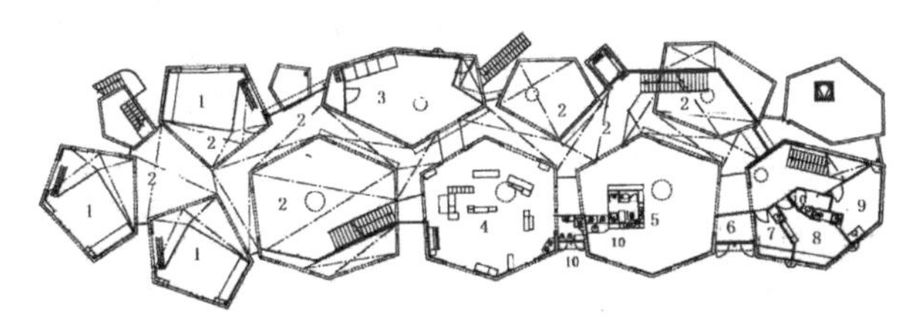

顶层平面

1- 阁楼；2- 上空；3- 多用间；4- 儿童用房 (5 岁）；5- 辅助育儿；
6- 洽谈；7- 休息；8- 医务；9- 更衣；10- 卫生间

在一个确定的长方形内，破碎拆解出若干大小不等、形态各异、相互分离的平面形。这些平面形的分离所形成的间隙，成为它们不规则的交通联系通道和具有半私密性的室外共享空间。建筑外形也随之由单一元素构成，变为多元素的特殊构成。

鸦片战争海战博物馆（中国）

建设地点：广东东莞虎门
建设时间：1957 年
设计师：何静堂、汤朝晖

平面

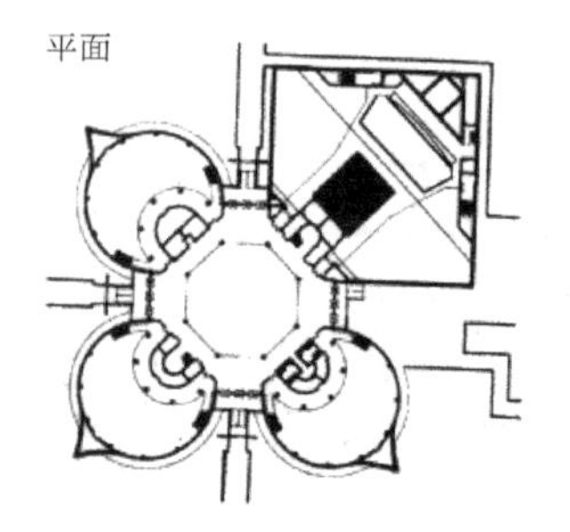

围绕八边形的切角正方形与减缺圆等多平面形的多向对接组合，形成多平面空间的厅式联系。

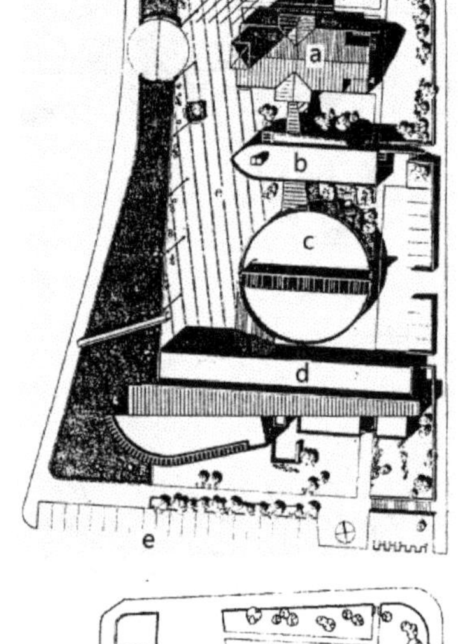

哈佛那居杜尔教区活动中心（冰岛）

总平面

a- 教堂；b- 小教堂及办公；c- 大厅；d- 音乐学校；e- 公共空间

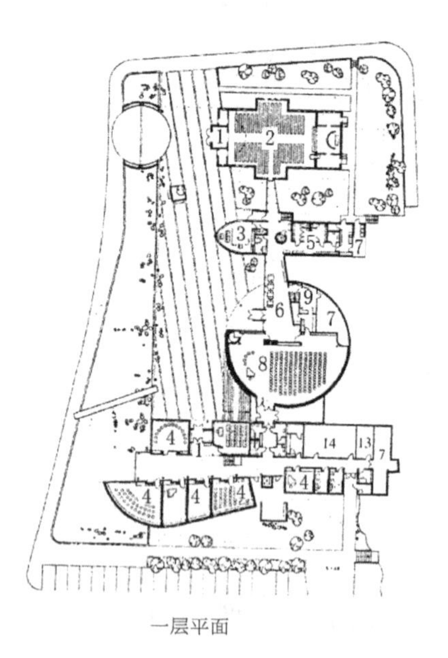

一层平面

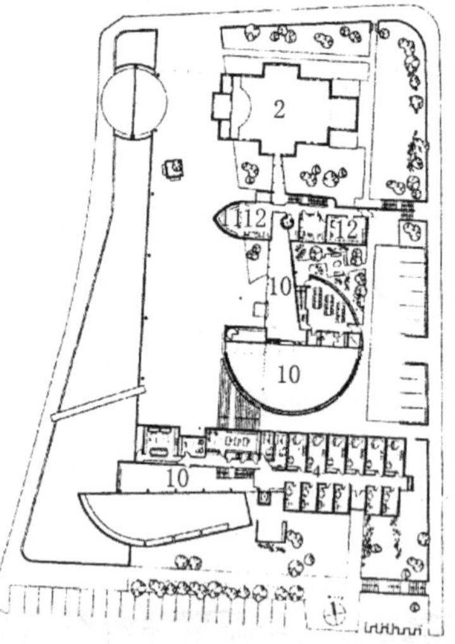

二层平面

1- 门厅；2- 教堂；3- 坚信礼仪室；4- 音乐教室；5- 衣帽间；6- 连廊；7- 贮藏间；8- 大厅；9- 厨房；10- 公共空间；11- 小教堂；12- 办公室；13- 职员休息室；14- 图书室

十字矩形、梭形、圆形、钳形等，单一形平面沿 *Y* 轴方向的单向排列组合。

托雷多大学视觉艺术中心（美国）

建设地点：俄亥俄州
建设时间：1993 年
设计：弗兰克 · 盖里事务所

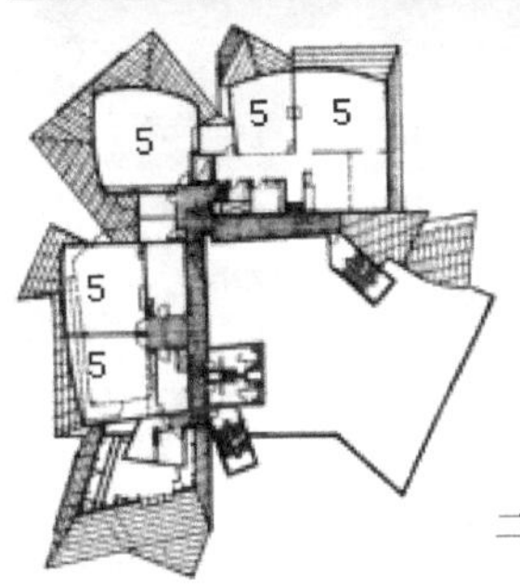

二层平面

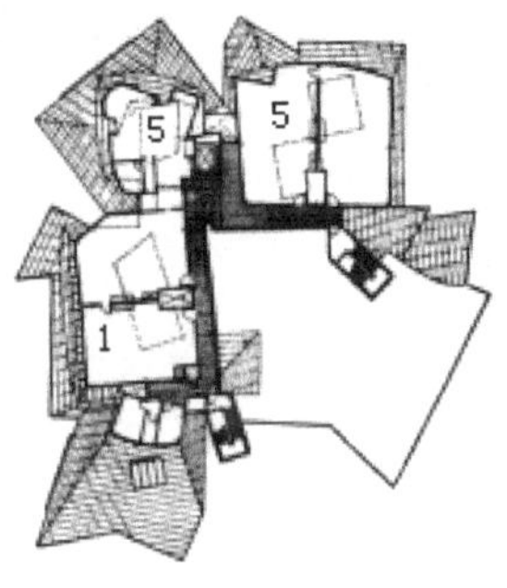

三层平面

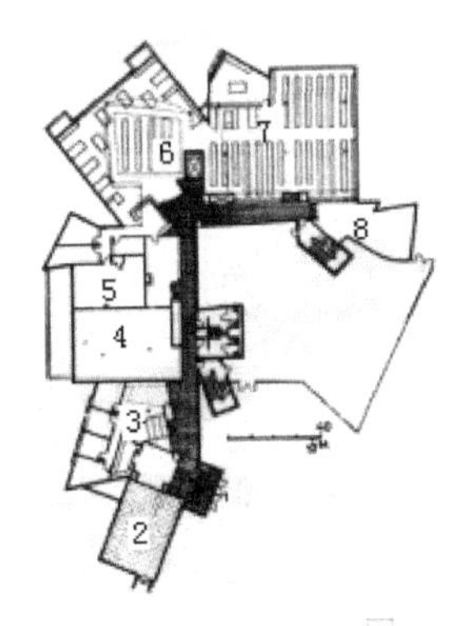

一层平面

1- 入口；2- 展廊；3- 行政办公室；4- 书库；5- 工作室；
6- 阅览室；7- 书库；8- 艺术品贮藏室

多平面形沿两条相互垂直线的双向排列组合

1/2 系列住宅（方案）

建设时间：1966 年
设计师：约翰 · 海杜克

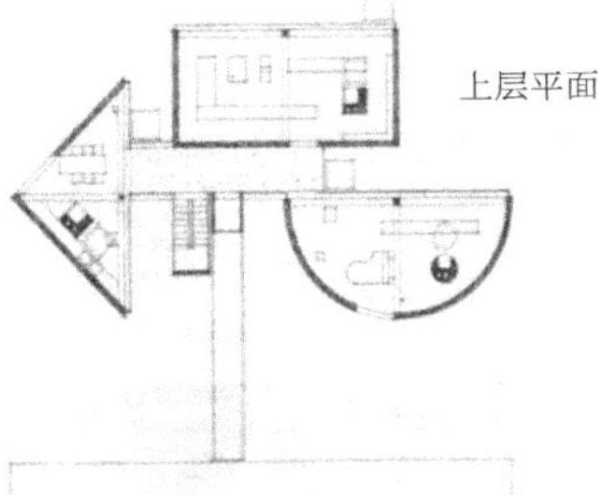

上层平面

三角形、半圆形、矩形并置。通过交通廊连接，成为多平面形相互分离的居住形式。各房间均没有相接触的墙体。

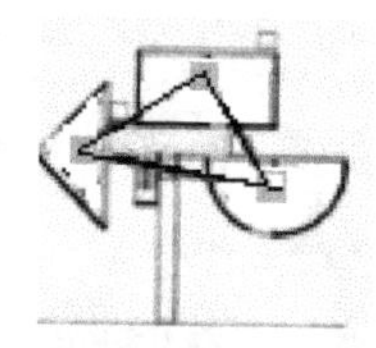

分离并置关系示意

肯尼迪图书馆（美国）

建设地点：马萨诸塞州波士顿
建设时间：1979 年
设计师：贝聿铭

总平面

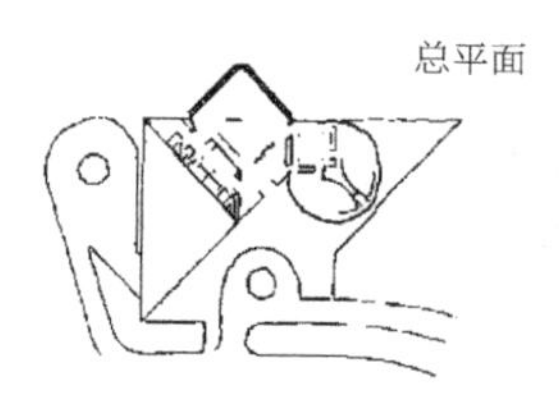

建筑入口层平面是由正方形、三角形、圆形并置搭接成为一个复合形。正方形是一个 30 米高的玻璃盒子入口大厅，三角形是 9 层高的图书馆研究中心，圆形为剧场和展览大厅。平面布局集中紧凑。

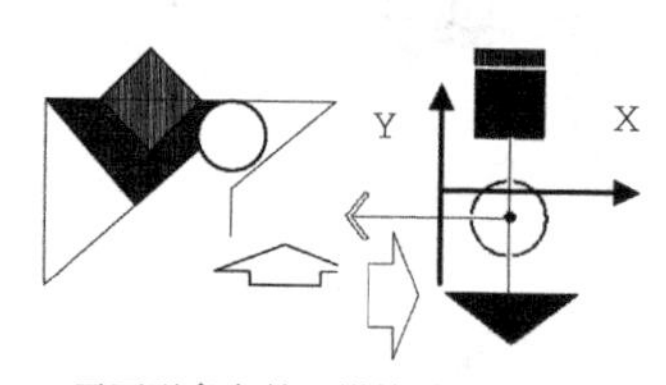

平面形多向并置搭接关系示意

入口平面
1- 门厅；2- 门厅；3- 剧场；4- 剧场；5- 大厅；6- 书店

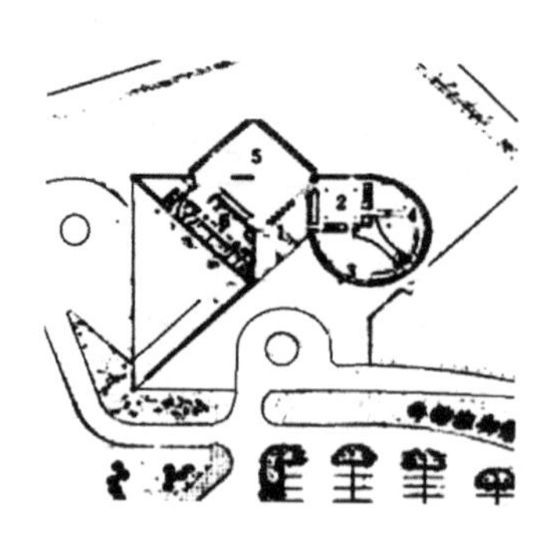

广场平面
1- 门厅；2- 展厅；3- 大厅；4- 机房；5- 储藏间；6- 工作室；7- 厨房；8- 海湾广场

爱媛县科学博物馆（日本）

建设地点：爱媛县新居浜市
建设时间：1991—1992 年
设计师：黑川纪章

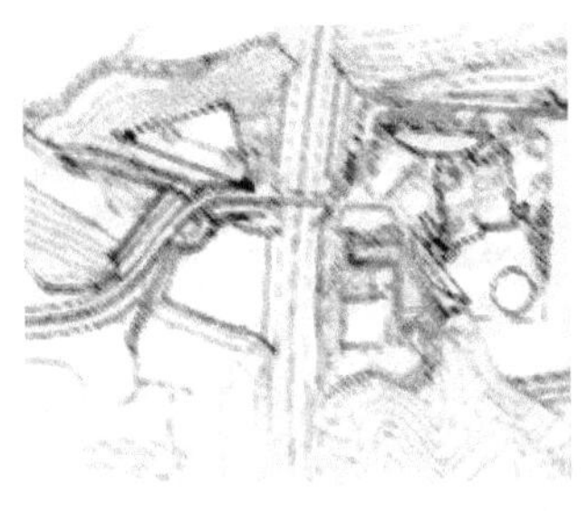

总平面

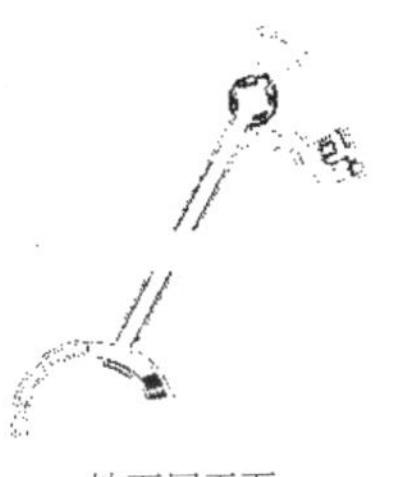

地下层平面

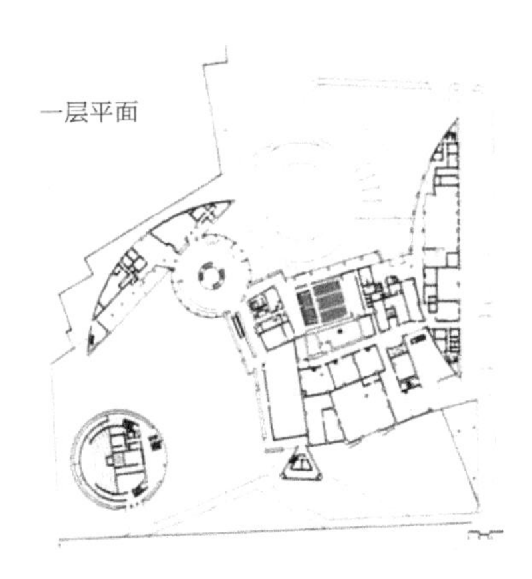

一层平面

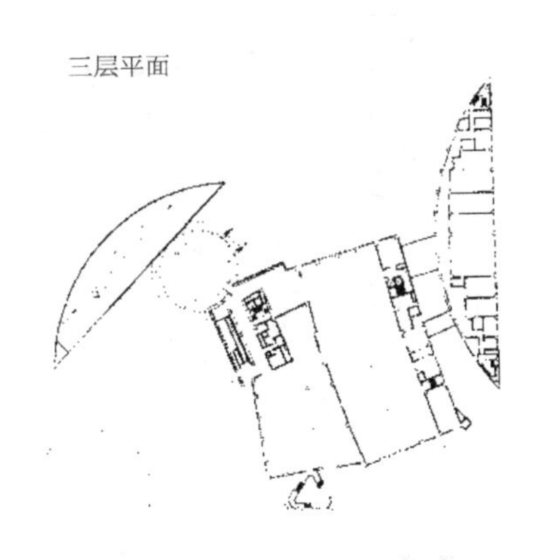

三层平面

博物馆以它的各种性能、空间形体的塑造，表达了一种现代科学技术理论发展的多元化语言：圆（锥）形的正门厅，半圆形的西餐馆，正方形的展示场所，半月形的学生宿舍和管理用房，圆（球）形天文气象馆以及三角形的室外阶梯、停车场等。建筑各平面形由底层的对接并置发展到顶层的分离并置。分离，有助于扩大建筑物表面与外部环境空间的接触、融合。同时也便于分散组织与室内相适应的，具有不同特点的室外环境。

科学中心（德国）

建设地点：柏林

建设时间：1979—1987 年

设计师：J·斯特林、M·威尔福德、W·尼格利、J·特米、P·斯卡德

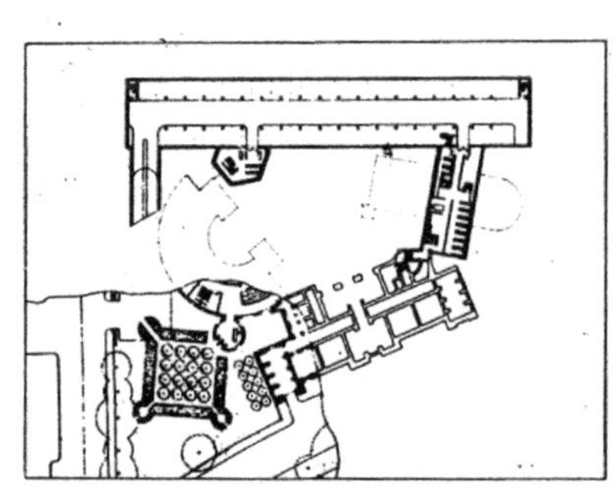

地下层平面

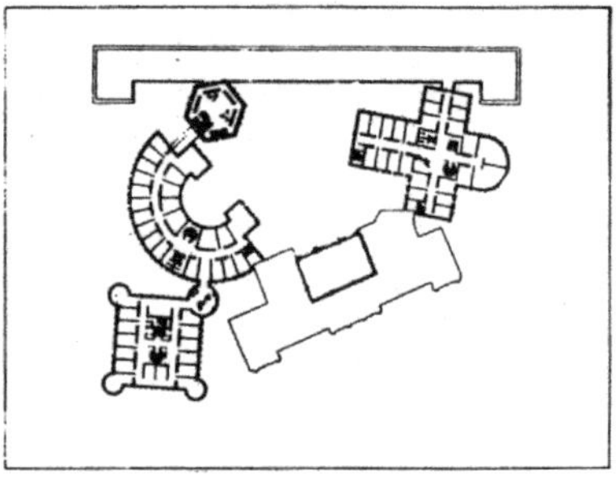

4 ~ 5 层平面

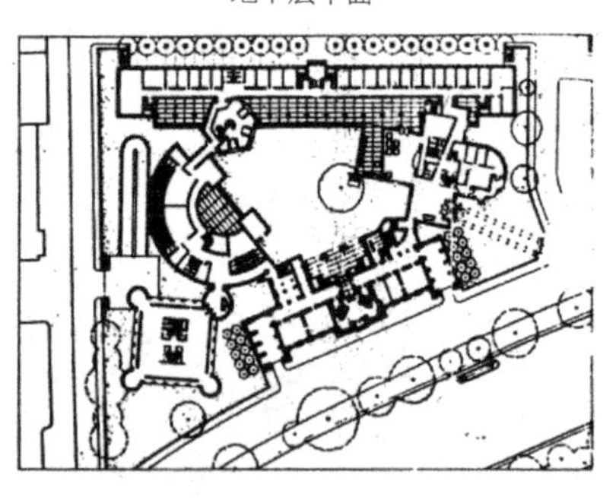

入口层平面

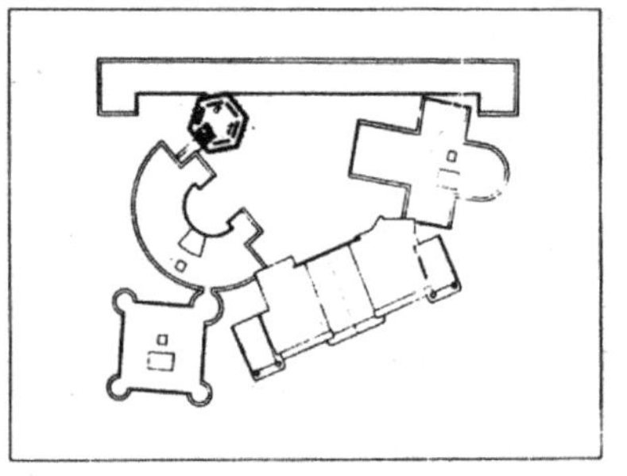

屋顶平面

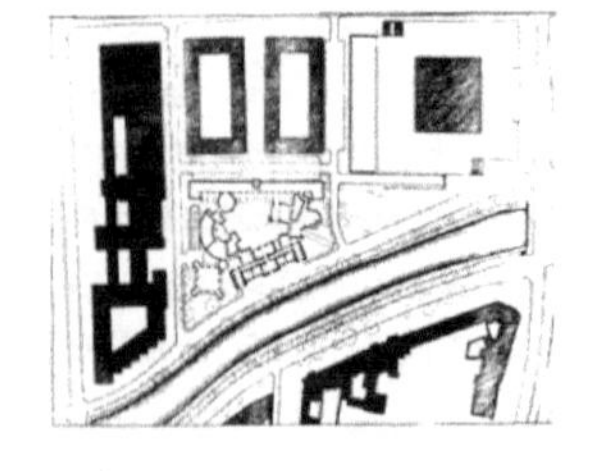

总平面

在原有建筑的空缺中，新建由三个科学分院组成的建筑综合体：六边形图书馆风标塔、半圆形的两用剧场、长长的矩形学院楼、正方形写字楼等多形并置、围合。新建筑打破了集中于一体的方盒子建筑的单调感，给城市空间带来了新的容貌和生机。

不来梅高层公寓（德国）

建设地点：不来梅市

建设时间：1958—1962 年

设计师：阿尔瓦·阿尔托

飞蝶的象形

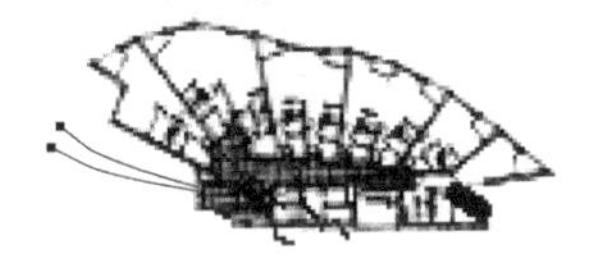

一系列保持拓扑关系变化的不规则梯形平面，以矩形平面为基础的放射组合，犹如有生命的肌体（蘑菇、幼芽、鸡冠花瓣等）。有人还将平面形联想成一只俯卧在植物叶片上的彩蝶。

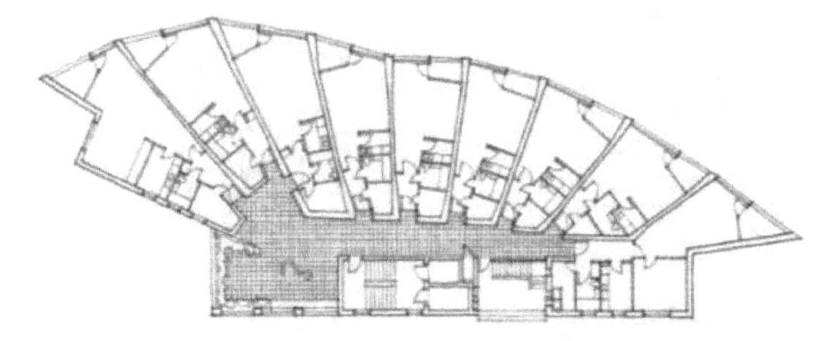

海鹰酒店（日本）

建设地点：福冈

建设时间：1995 年

设计师：西萨·佩里

该酒店建于日本现代海港福冈。平面呈船形，塔楼高高耸立。人们无论从平面形式，还是外观形式上看，都会联想到一艘停泊于港湾的巨轮。海鹰酒店与航船、海港结下深厚的情缘。

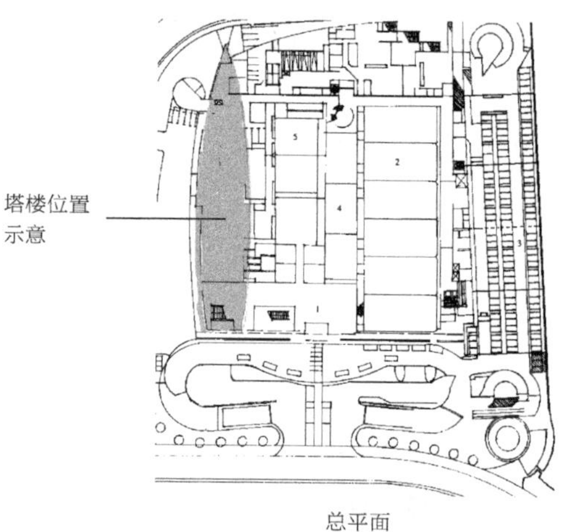

总平面

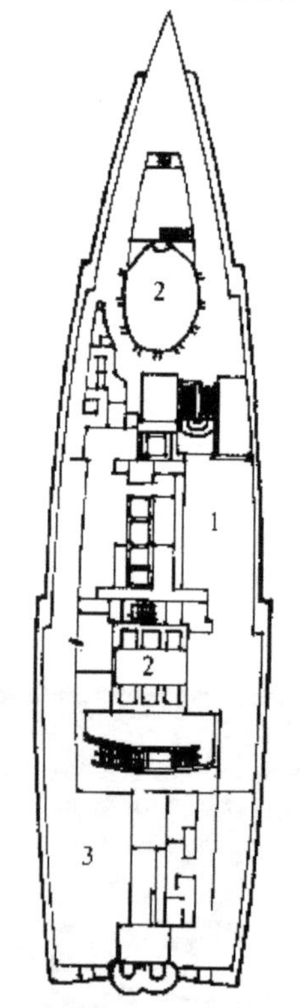

35 层平面

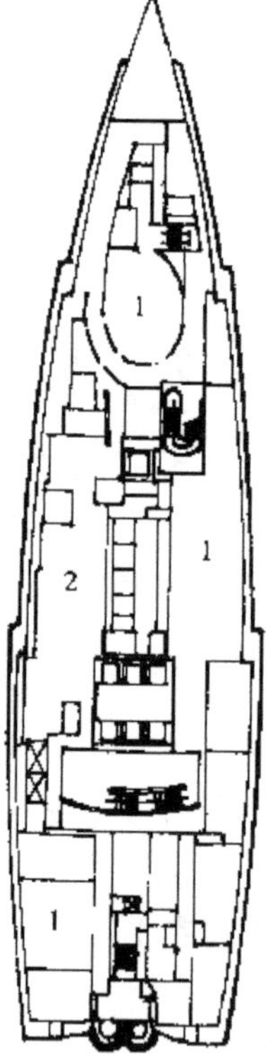

34 层平面

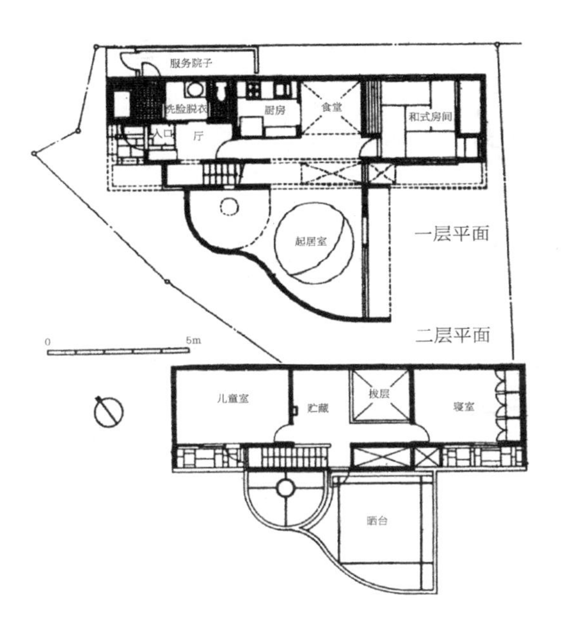

钢琴之家（日本）

建设时间：1978 年
设计师：东孝光

经自由曲线修剪的正方形与矩形的拼接，模仿钢琴俯视形象。

文化中心（德国）

建设地点：沃尔夫斯堡
建设时间：1958—1962 年
设计师：阿尔瓦·阿尔托

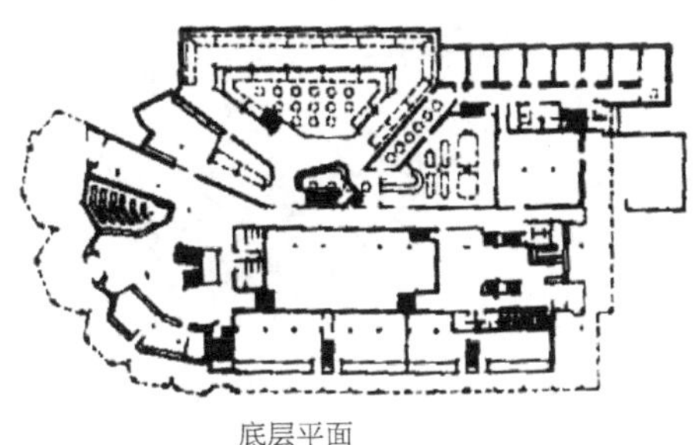

底层平面

顶层平面

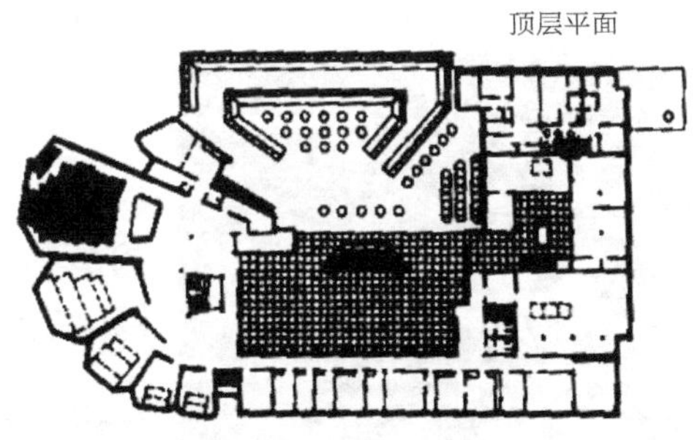

形象之源

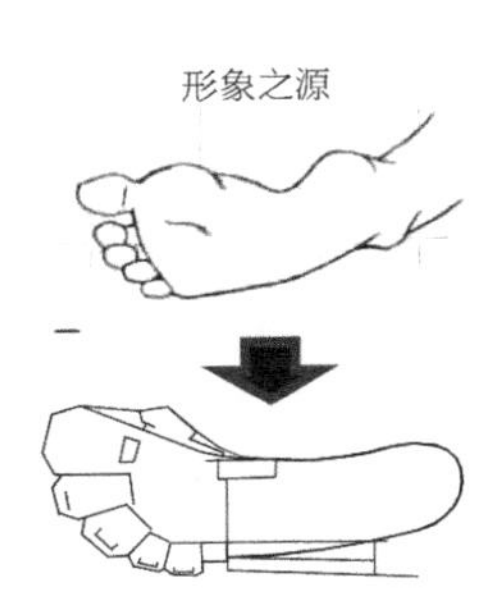

平面使人产生的形象联想：脚趾、脚掌、木屐或鞋底。

松江新城社区中心（中国）

建设地点：上海
建设时间：2006 年
设计师：周军

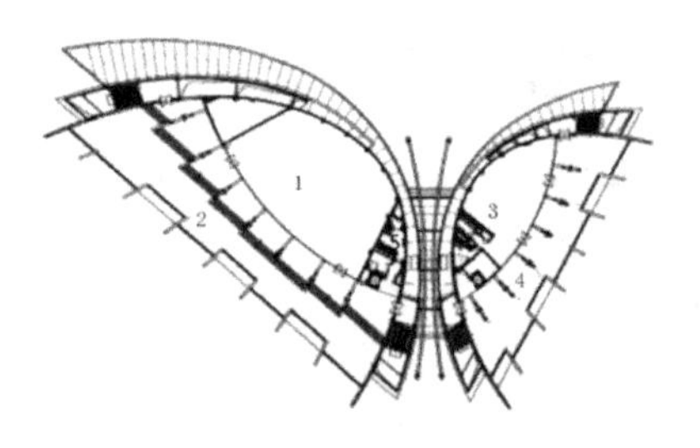

一层平面

1- 文艺活动室；2- 室外场地；3- 阅览室；
4- 室外茶座；5- 卫生间

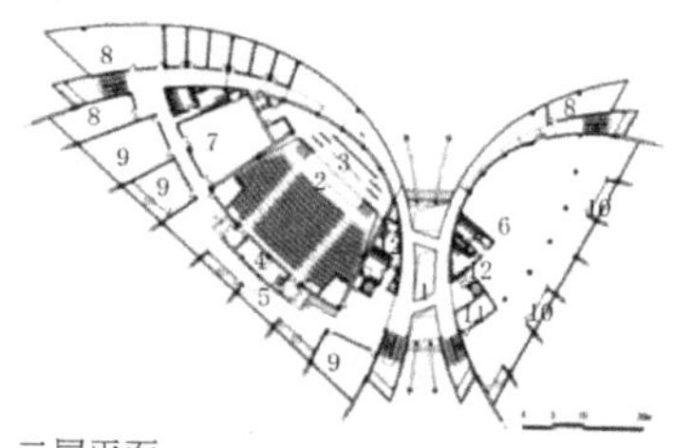

二层平面

1- 大厅；2 -500 座剧场；3- 舞台；
4- 控制室；5- 走廊；6- 阅览室；
7- 展厅；8- 办公室；9- 教室；
10- 贮藏间；11- 机房；12- 卫生间

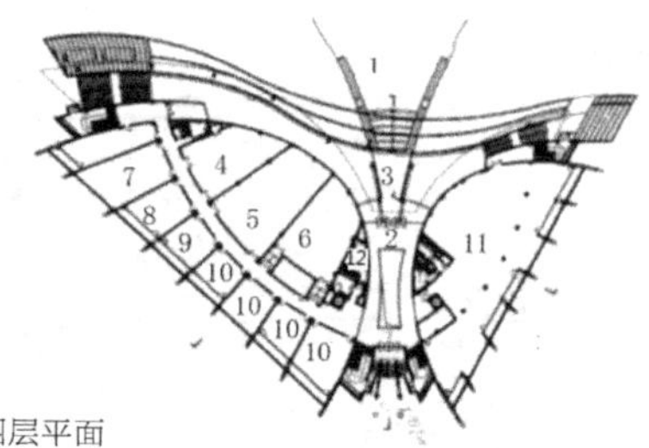

四层平面

1- 主入口广场；2- 上空；3- 前厅；4- 棋牌室；5- 多功能讲堂；6- 远程电教室；7- 技术革新室；8- 科技室；9- 书画室；10- 普通教室；11- 体育馆；12- 卫生间

建筑平面设计运用大量圆滑的曲线，动态特征强烈。曲线的应用，十分具象地再现了翩翩起舞的飞蝶形象。形式与功能结合巧妙。

科威特国际机场候机楼（科威特）

建设地点：科威特市
建设时间：1967—1979 年
设计师：丹下健三、丹下研究所

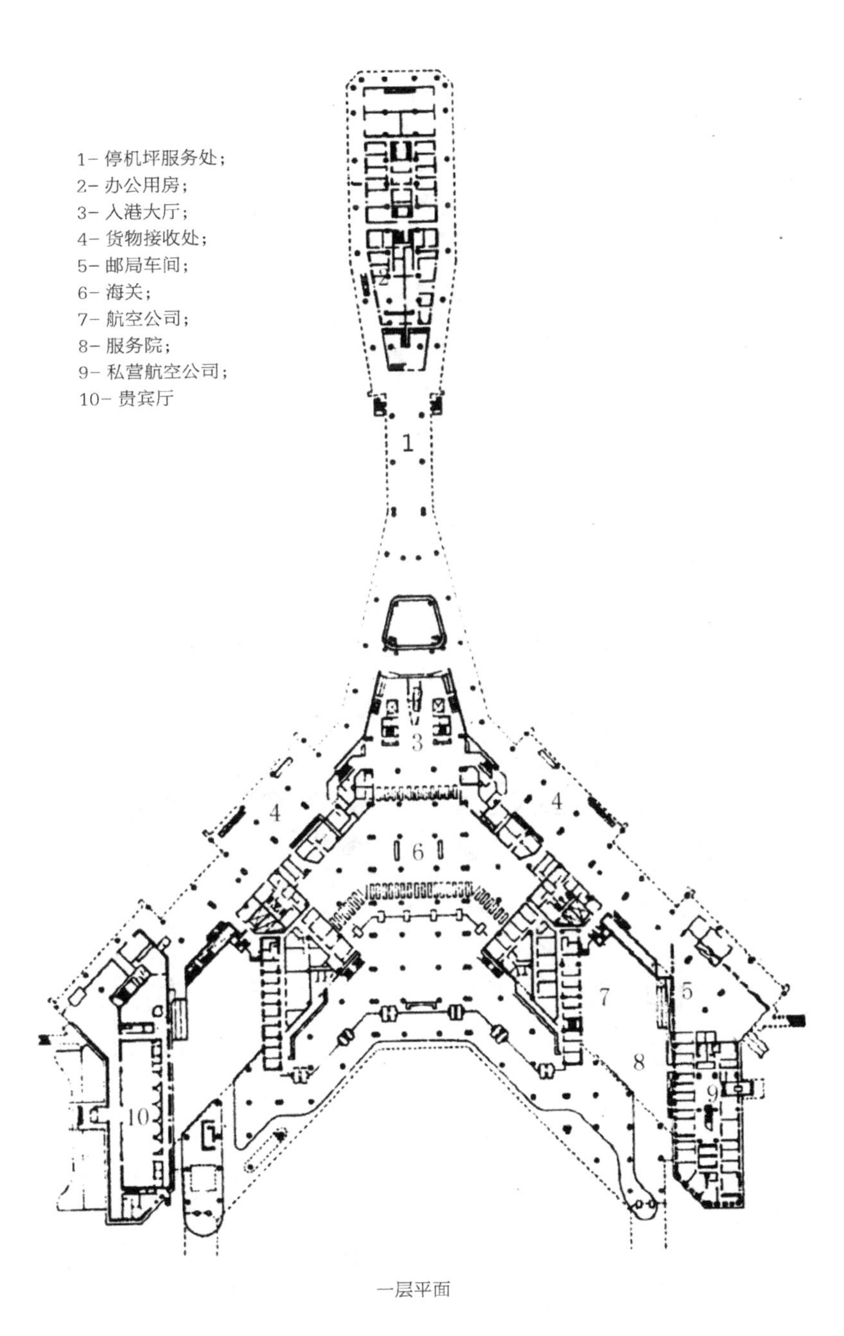
1- 停机坪服务处；
2- 办公用房；
3- 入港大厅；
4- 货物接收处；
5- 邮局车间；
6- 海关；
7- 航空公司；
8- 服务院；
9- 私营航空公司；
10- 贵宾厅
1
2
3
4
4
5
6
7
8
9
10

一层平面

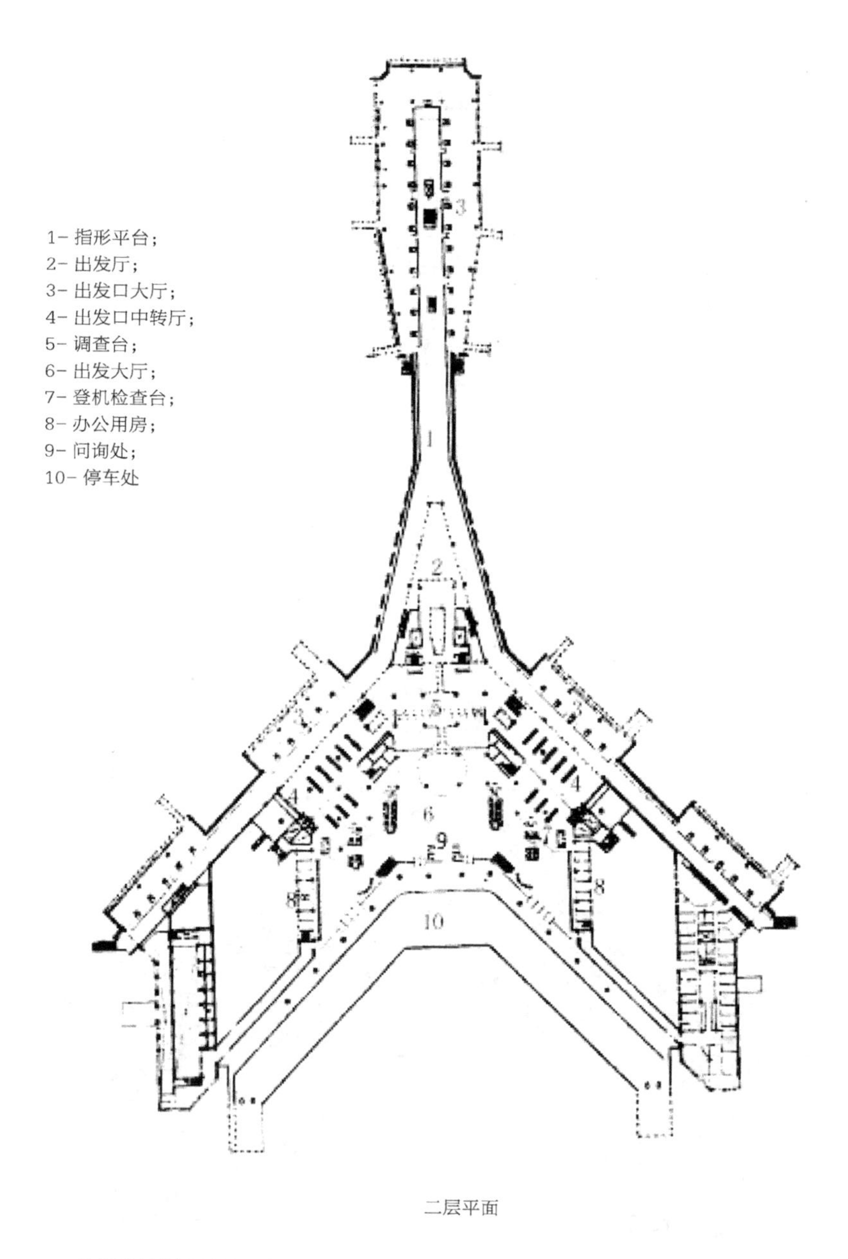

二层平面

建筑师在进行机场候机楼平面功能组织的同时，萌发对空中客车的体验、记忆与联想，借助平面图形再现这种记忆与联想的俯视特征，实现了建筑功能特征与建筑象形的结合。

连接

平面不同的功能区间，间隔一定距离，表现既分离又难以割舍的关系。它们维持各自相对明确的功能，保持各自的形体、情感和艺术个性。分离部分通过不同的过渡、连接手段，得到扩充、结合或取得富有弹性的整体关系。连接兼有隔离与结合功能，属性多变的空间。

· 场所连接
· 平面形连接
· 点线连接

组成建筑平面的若干图形，并非总是相互贴合、聚拢在一起。为了维护自身的功能区域特性、体态特征，减少相互干扰，某些平面形之间，会间隔一定距离，保持一定的分离状态。多个平面形的排列与并置，就是其中一例。而就建筑形体的空间形象、平面功能的连带关系而言，它们又要求保持完美的整体。为此，建筑设计需要在尊重它们各自功能、形体、情感，艺术个性差异的同时，采用恰当的辅助连接手段，将它们连接在一起。不同方式的连接，是具有特性差异的连接，是建筑平面之间一种功能、空间、情感的过渡，也是功能的补充、完善和再置。从空间的属性上分析，连接空间是兼有隔离与结合双重功能、模糊多变的空间。

场所连接

若干平面形互不接触，相互独立，具有较小间隔空间。人们通过对间隔空间环境的营造，使这种空间能够成为具有一定吸附能量的引力场所，各平面被这种场所聚合在一起，形成有联系又有间歇的状态。场所对周边平面形的内聚强度，取决于空间环境设计的一些暗示。通过地面、植被、水面、山石、小品配置以及家具布置等起到引导、过渡、渗透、集结、转换作用。如果场所上空有条件配以不同形式顶板，这种影响力表现将更加突出。连接的场所，也具有建筑单体的室外共享空间特性和功能区域之间的空间过渡特性。它没有硬性的边界，形态自由、富有弹性，是一种积极的或无明显边界限定的空间连接。

平面形连接

平面形，是指具有确定的建筑内部功能内容的平面形。用这样的平面将已有分离的平面（或称分离的有型平面）连接在一起。连接形与被连接形最为明显的连通方式是几何形的过渡连接。不同的几何形，跨越被连接的平面形，赋予建筑平面组合更加优良的空间品质和更加明确的功能分区。尤其在序列空间的组织中，这类由连接形形成的过渡空间的存在，显得格外重要。过渡连接的几何形，通常与被连接的平面形，有着明显的差异。这种差异，是映衬相邻平面特性的差异。面积较小的连接平面，大多起到对被连接形平面功能的扩充、填补、强化作用，是构成空间序列不可缺少的内容。例如，与大中型独立厅堂连接的休息厅、景观休息廊、过厅及其他各类附属空间等。它们共同表现出一收一放、一抑一扬的关系。从空间性质来看，连接平面又具有从属、连带、自由取向的特性。某些情况下，被连接平面之间距离大，连接平面覆盖面积也较大，连接平面就会反客为主，成为平面构成中的主导平面形。主导平面形公共性较强，平面也便于利用。采用狭长的连接平面——线形平面连接时，平面通常用作交通廊、高架桥等。联系过长，可分割为几段，段与段之间构成一种并列关系或形成一个线形空间序列。某些特定情况下，沿景观带、滨水驳岸、步行街等环境优越的地段，连接廊单侧可以与小型单一功能平面结合，以求环境资源的有效利用。这时的连接平面，既具有连接功能作用，又具有内外兼顾的生态环境组织作用，一举两得。

由被连接的平面形式和方向所规定的连接平面，具有多变性。它们可以是其中一个平面形的相近形、相似形、对比形或连接二者边界线线段的任意围合形。也就是说，被连接平面为矩形或近似矩形的连接图形，是矩形，也可以是圆形。更加贴切自由的连接是用直线、折线、曲线将被连接形的部分外边界线封在一起的平面形。显然，这个区域可以是任意选取的。连接平面与被连接平面形之间的衔接方式，可以平接、错接、搭接和咬合（单咬或双咬）。咬合和错接，对于保持被连接平面形原有的块面关系，突出建筑立面的空间层次，更为有利。

点线连接

除了平面的场所连接和平面形连接之外，由点、线段连接的平面也较为普遍。这种形式的连接，介于有形与无形二者之间，连接部分没有十分确切的边界线和内外之分。连接是一种模糊空间形态。（详见本书“构成元素——平面形”）。简短的直线、折线、曲线线段连接；连续的点为主的连接（表现桩、柱、梁、构架等空间形式）或二者结合的连接，以单列形式或多列形式出现。这种没有明确边界限定的连接，既不是建筑内部空间功能需要的硬性补充，也不是要对建筑所接触的外部空间进行必要的分离，常常是出于建筑功能各片区的间歇，情感过渡需要或建筑内部依赖外界环境调剂的需要。以各种形式出现的连续的点、线段，对平面的连接暗示了一种既内又外的模糊空间（或称为灰空间）地带。如果结合构架、顶板、台基、阶梯、围栏、绿化烘托，连接的力度会越发明显。连接区域的内向归属感会相对增强，外向扩展性会相对减弱。

场所连接、平面形连接和点线连接常常根据不同的建筑环境意境需要，有选择地结合应用。

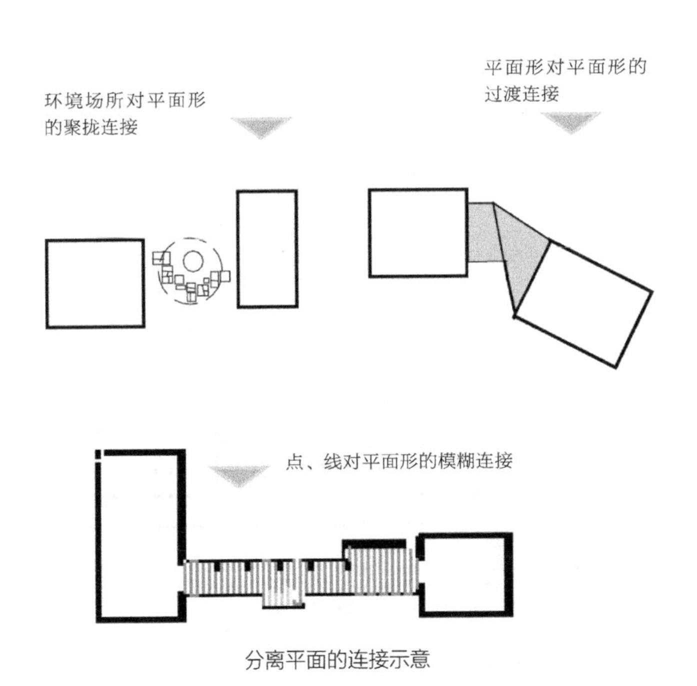

分离平面的连接示意

赛于奈察洛市政厅（芬兰）

建设地点：珊纳特赛罗
建设时间：1954 年
设计师：阿尔瓦 · 阿尔托

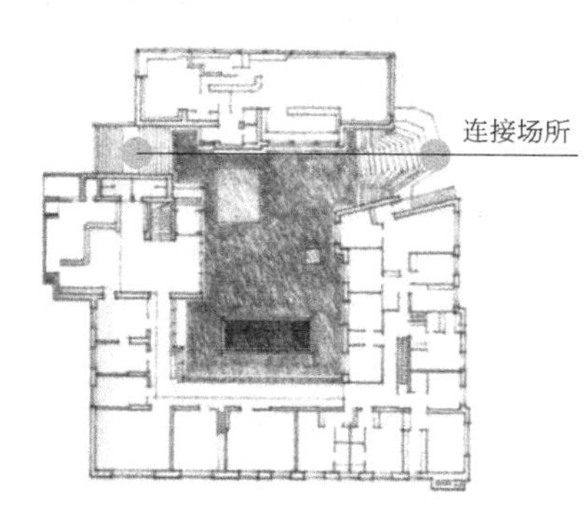

在分离状态的矩形和 U 形平面缺口处，营造某种特殊的人工或自然功能环境，这种环境场所成为两个平面的弹性联系。

埃里克 · 鲍瑟纳斯 2 号住宅（法国）

建设地点：贝纳特
建设时间：1964 年
设计师：菲利普 · 约翰逊

线形平面的一部分断开分离，空缺处植入景观环境。通过外环境场所的聚合力以及单边线段形成连接。

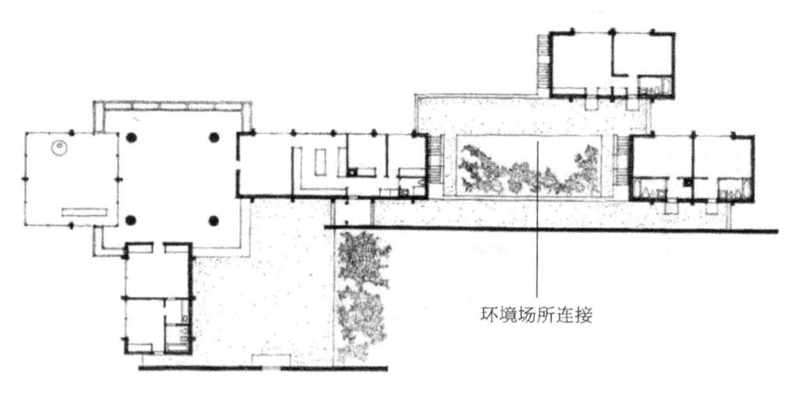

丽丝住宅（西班牙）

建设地点：巴利阿里群岛马略卡岛
建设时间：1873 年
设计师：约恩 · 伍重

一幢住宅的平面分为四个部分。各部分保持微妙的分离状态。通过开畅通透的小庭院建立场所连接。巧妙的连接方式使居住者由内向外，多维度体验到不断流动的空间和海景。

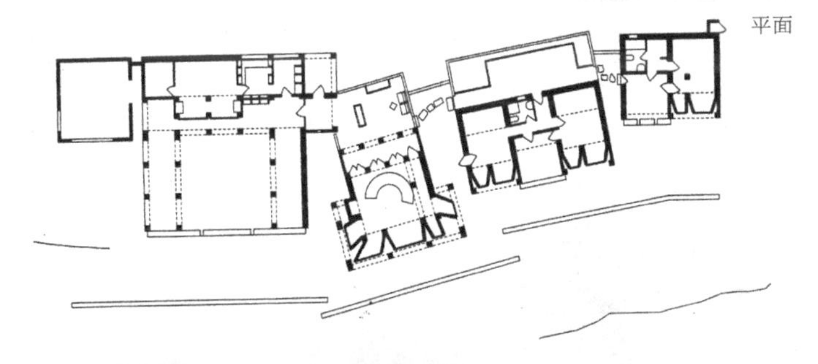

平面

教堂及社区中心（芬兰）

建设地点：梅甲马基
建设时间：1980—1984 年
设计师：尤哈 · 利维斯卡

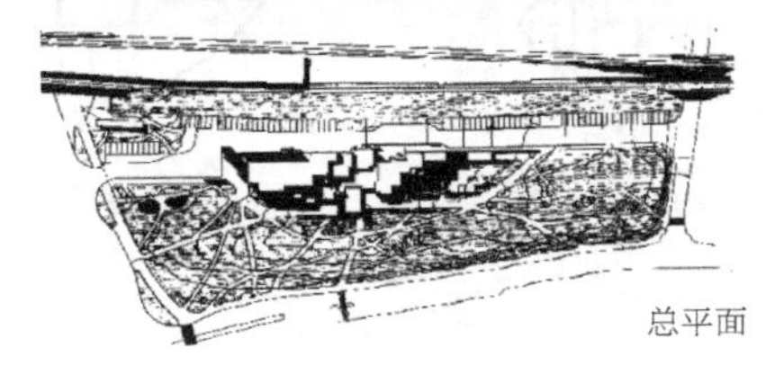

总平面

位于建筑物南北两侧的教堂与社区中心，通过曲折多变的内外廊、环境景观连接。走廊面向建筑入口开阔的绿化场地，使室外景观融入连接廊，建筑犹如进入一个小巧宜人、风范典雅的民间传统庭院之中。

首层平面

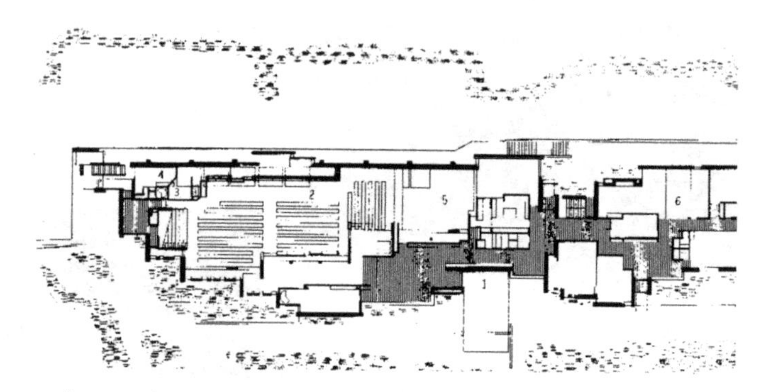

1- 入口；2- 大厅；3- 管风琴；4- 圣器室；5- 教区大厅；6- 活动大厅

古根海姆博物馆（美国）

建设地点：纽约

建设时间：1937 年

设计师：弗兰克・劳埃德・赖特格瓦思米・西格尔建筑事务所（扩建设计）

做连接部分平面

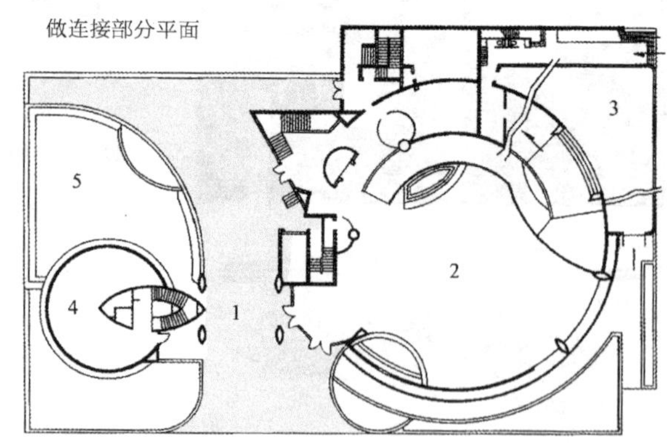

改造前首层平面

1- 入口门廊；
2- 展厅；
3- 展厅；
4- 办公用房；
5- 雕塑花园

改建前一层平面表现为明确的两个各自独立的平面形，它们由公共场所——敞开的门廊、花园连接。扩建后一层由形连接填补，使两个分离图形融合在一起，成为没有边界区分的复合形。

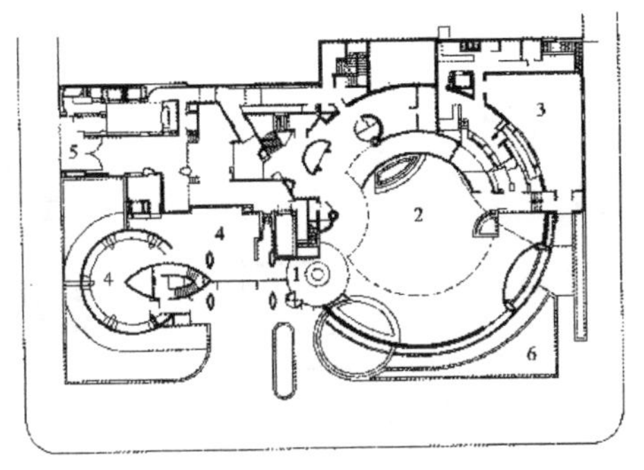

改造后首层平面

1- 观众入口；2- 中庭；3- 餐厅；4- 书店；5- 工作人员入口；6- 窗井

天使山修道院图书馆（美国）

建设地点：奥尔良圣班尼迪克特大学

建设时间：1964—1967 年

设计师：阿尔瓦·阿尔托

平面图可以看作相互靠近的扇形和矩形。二者之间的空缺，看作填补的图形使他们连接成整体。填补的平面形，作为扇形平面公共活动部分的补充，从而图书馆公共空间领地得以扩大和强调。

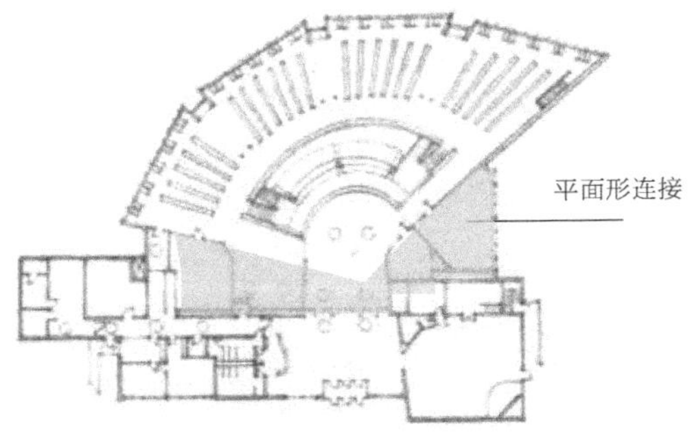

一层平面

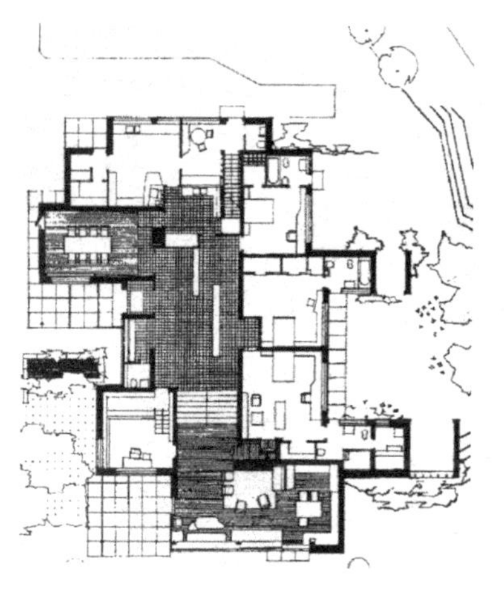

路易 · 卡雷住宅（法国）

建设地点：巴黎
建设时间：1956—1959 年
设计师：阿尔瓦 · 阿尔托

扩大交通联系廊，赋予交通廊兼有半公共活动特性的平面形连接各起居生活空间。

吉巴欧文化中心（喀里多尼亚）

建设地点：努美亚
建设时间：1991—1998 年
设计师：伦佐 · 皮亚诺

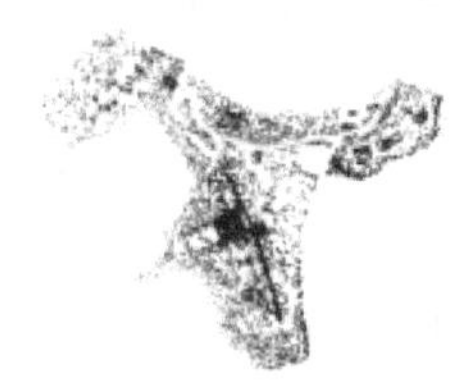

总平面

剖面

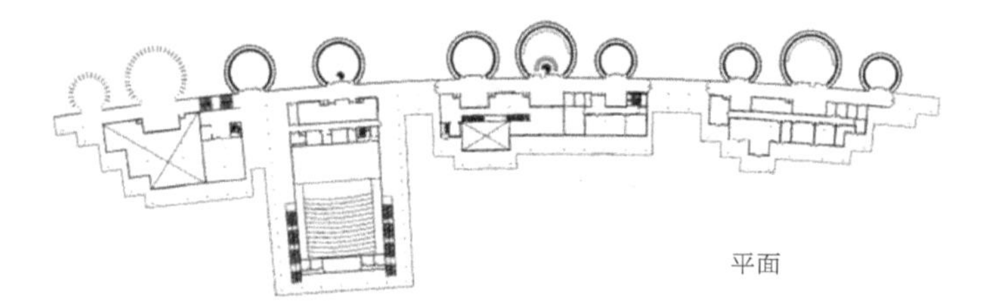

平面

十个圆环与传统形式的建筑平面结合成三个组群，它们以低廊连接的主导手段，将功能空间分散在狭长的交通廊两侧，串联在一起。建筑整体效果削弱了集中的体量，与流畅的半岛海岸线相融合。

新哑剧演员剧院（美国）

建设地点：奥克拉荷马州奥克拉荷马城
建设时间：1970 年
设计师：约翰 · M. 约翰森

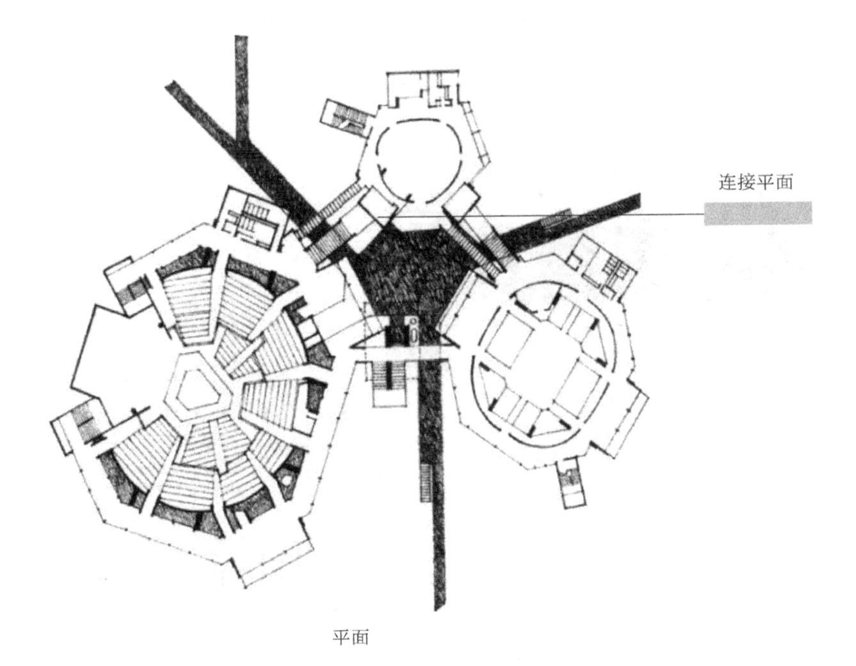

平面

三个处于围合关系的独立平面形的并置组合。形与形之间以杆件配合通廊做平面形多向连接。连接面和平面形的相互关系，突出了建筑整体外部空间的归属特性。建筑物界面多向展开，造成内外空间的连续复杂转换。

帕普住宅（美国）

建设地点：康涅狄格州
建设时间：1974—1976 年
设计师：约翰・麦克莱・约翰森

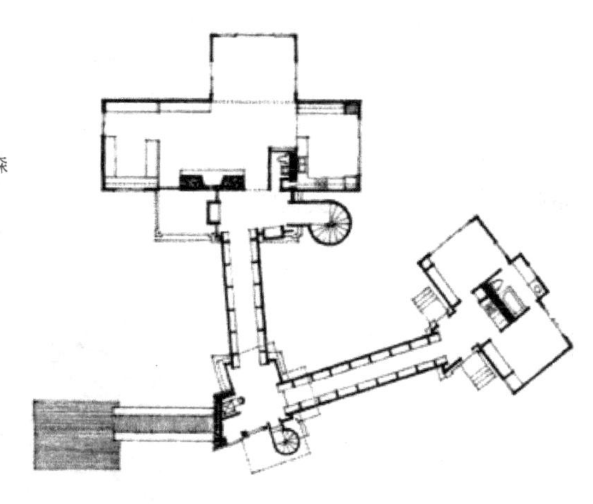

一层平面

一种纯粹的交通联系廊。廊两侧没有任何功能房间，仅在廊的端点和交叉点，组织具有某种功能内容的平面图形。廊和节点平面的位置，具有一定随意性。这一特点对于建筑物与外界环境的适应和有机结合，变得更加灵活。唯独交通面积大，不够经济。

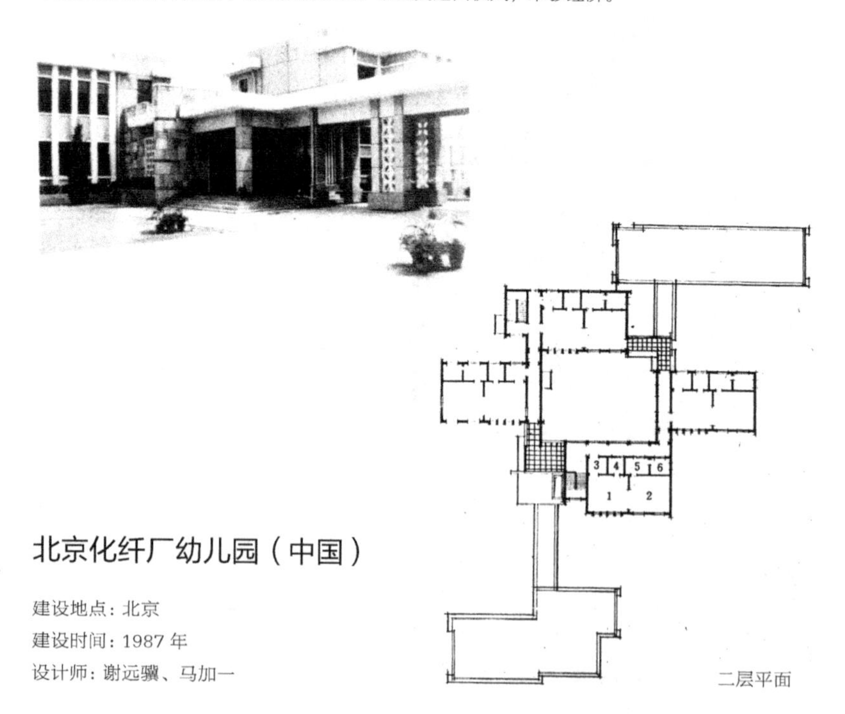

北京化纤厂幼儿园（中国）

建设地点：北京
建设时间：1987 年
设计师：谢远骥、马加一

二层平面

四个儿童分班活动的基本平面形，围绕内庭院形成组团。最南端的音体室与另一个基本平面形自成一体。 它们通过间断的点做不完全连接。连接借助顶板和铺地，巧妙地将幼儿园主入口和室外活动场地入口组织在一起。这种通透的连接方式，也成为幼儿园外观形象的重点。

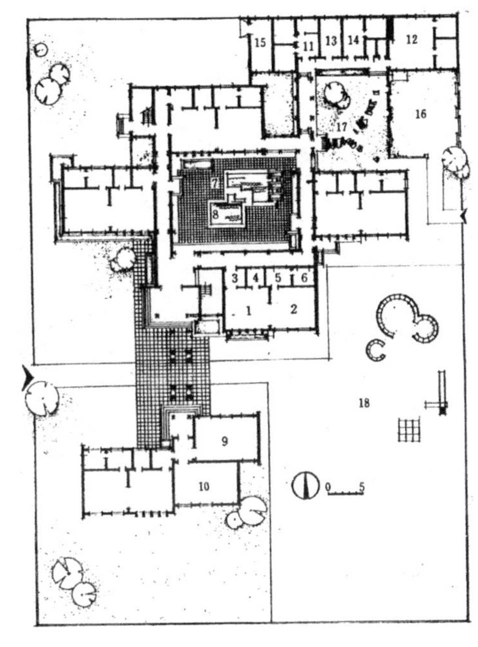

一层平面

1- 活动室；2- 卧室；3- 衣帽间；4- 储藏室；5- 盥洗室；6- 卫生间；7- 庭院；8- 涉水池；9- 音乐室；10- 体育舞蹈室；11- 隔离室；12- 厨房；13- 医务室；14- 办公室；15- 烧水间；16- 杂物院；17- 后庭院；18- 游戏场

旧韦斯特伯里住宅（美国）

建设地点：纽约

建设时间：1969—1971 年

设计师：理查德·迈耶

地面层平面

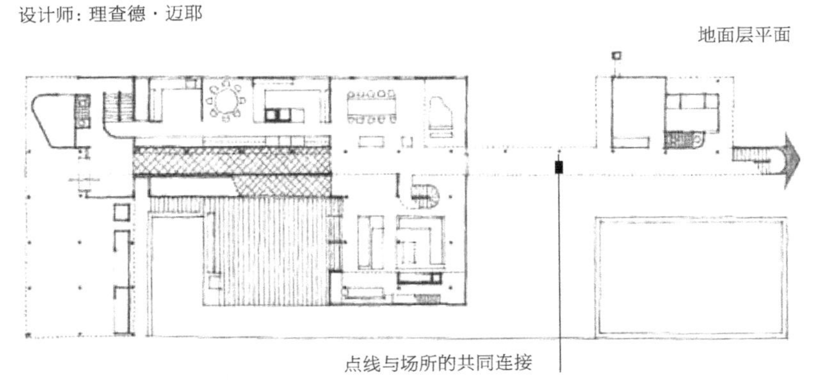

点线与场所的共同连接

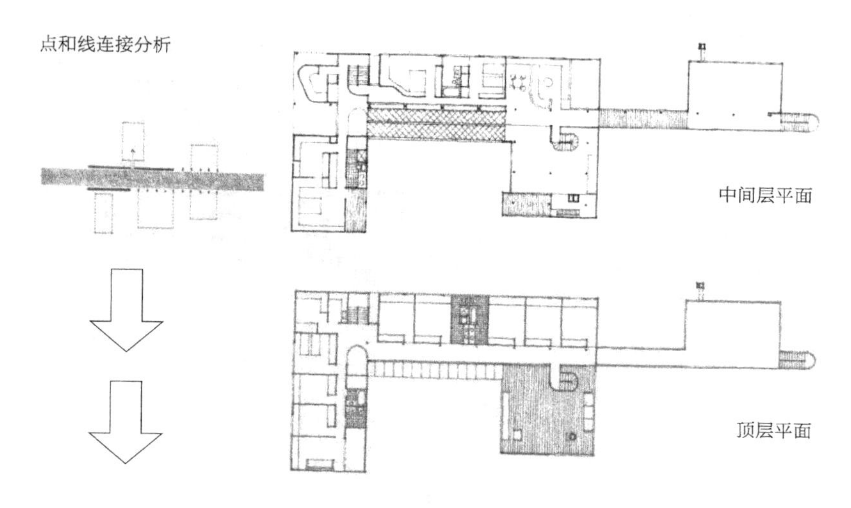

点线形成的直线交通廊特性差异

1. 交通廊与平面形接触的界面，是完全封闭的实体墙线。墙线密实、不透明（为平面形空间提供良好的私密性，也为运动路径的空间提供私密性）。

2. 交通廊与平面形连接，由一系列的点代替实墙，可以一边借助于点，也可以两边全部借助这些点，使这些平面形向一面或者两面都能开放，与自然环境沟通。自然环境与间断的点线融合于一体，交通廊不仅是交通空间的一部分，也是建筑平面内部与外部自然景观沟通的窗口。

簇群平面

簇群平面是多平面形组合的一个特例。其特点是复杂的功能平面，通过基本形的功能分解，以组团形式结合在一起。不同类型组团，表现出不同的构成模式，形成不同簇群特征。簇群平面，总体结构清晰、节奏感强。空间形态和建筑外观与一般多平面形组合相比，体块更加分明，韵律更加突出。

- 条带簇群
- 单元簇群
- 母题簇群
- 同胚簇群

建筑平面的整体是由诸多能够保持相对独立的、完整的基本平面形组成。这些基本平面形由于形式和结合方式的不同，成为不同类型簇群平面。其中包括：数量不等的条带形平面集聚，若干相同或相似平面形的重复以及几个不同平面形在同一个平面形内的相互依偎等。簇群平面是多平面形组合的一个特例。其特点是将集中成大片复杂的功能平面，通过局部平面类型同构，形成整体。这种平面组合，图形结构更清晰、功能分区、流线更明确。不同的簇群平面，对于提高建筑总体平面空间组合的灵活性、艺术性、经济性以及对自然环境的适应性，都有独到之处。

条带簇群

所谓条带平面形，是一种众多微小单一功能平面形（进深大体相同、尺度较小，数量较多），单一方向排列。平面形狭长，长宽比例差异明显。不同长短条带连接在一起，共同完成着建筑所担负的全部功能内容。尺度略大的矩形平面，沿一定方向重复排列，将形成具有公共性功能特征的条带。条带簇群常见的结合方式有：主干

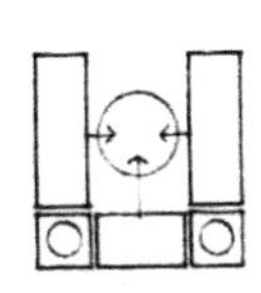
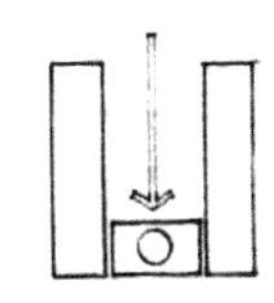
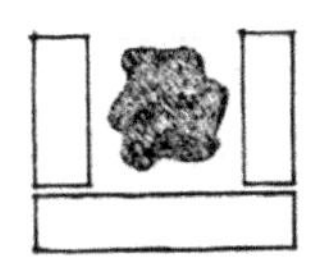

条带组成不同 U 形围合特性

式结合、枝干式结合、鱼骨式结合、蛛网式结合以及自由结合、围拢等。结合中的各条带边界线，除多见的直线和折线外，也有各种曲线形式。采用条带簇群构成的建筑平面，突出了平面形排列的方向性。在特定方向可自由延伸、转向，增长、缩减等。因此，这类平面对地形，朝向变化的适应性强。便于组织各种适宜的室内外空间环境，建立不同类型人文景观与自然景观的互动。两片条带限定的范围，可以形成夹景。结合成 U 形的三片条带，有内在的集结能力，可以控制和界定室外具有某种确定意义的空间。U 形条带底部是视觉空间延续的对景，中轴线的终点（图）。纵横条带交接的角部，有可能成为相对独立的部分，做特殊处理。因为角部表现生硬，内部自然通风和自然采光受到阻碍（特别是阴角部分）。建筑物外部转角常常形成部分视觉盲区。为了克服上述弊端，常常削减条带结合处的进深或采用特殊平面形式过渡。一段条带也可以成为一个连接要素，将分离的、孤立的图形连接成一体，将别具特色的重点图形或其他簇群图形连接成整体。

条带组合应扬长避短，避免方向单调，对位关系单一，组合长度过长，缺乏适度变化等。采取如图所示的几种基本变换，可提高条带平面组合的功能质量和形体组合的艺术性。在普通条带转折结合处、条带的端部，以局部突出的造型，强调建筑立面的起伏，获得生气。

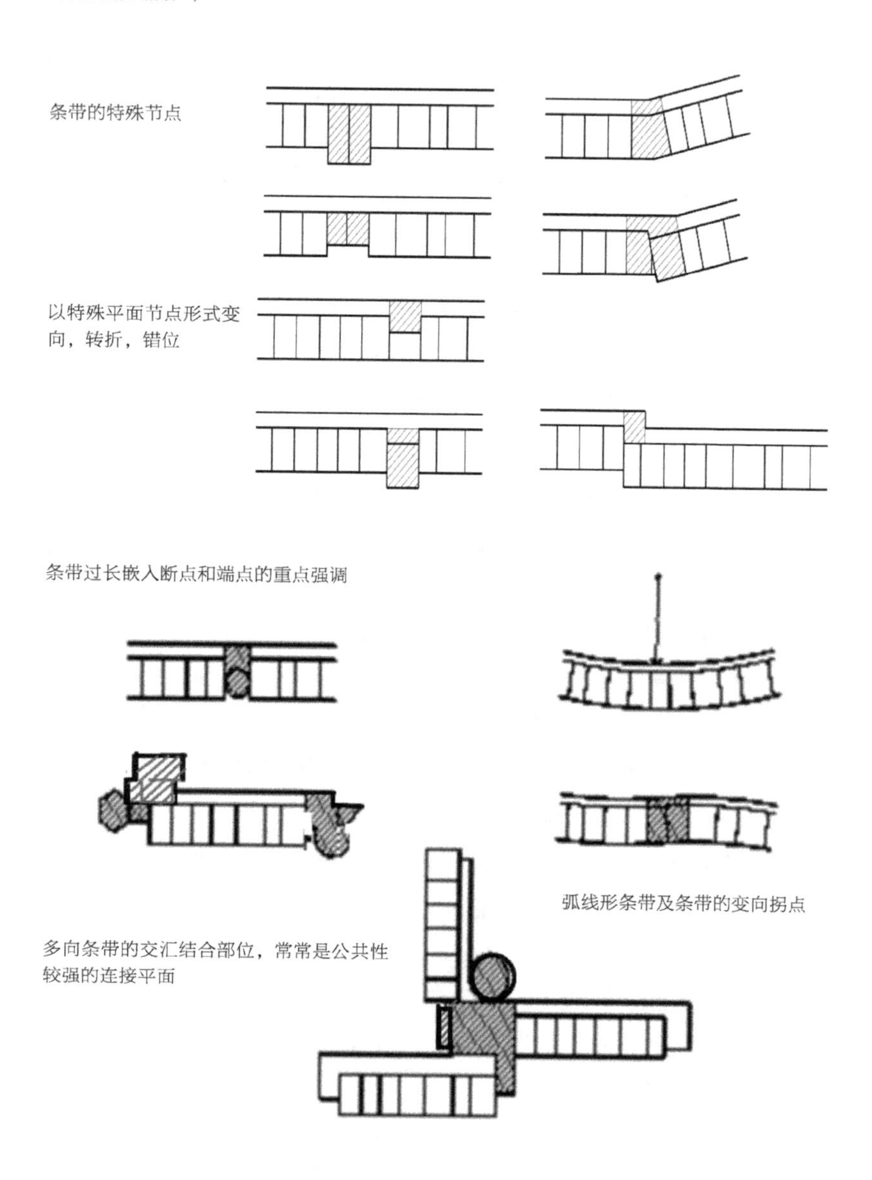

在条带的竖向叠摞组合过程中，宜充分运用外界面的活性，改变外界面的拘谨形象（参见本书“点线动态——局部位移”）。

单元簇群

单元——原指修道院中，修道士独居的庵，是真正意义上的最小建筑。单元是具有独立功能和结构的基本建筑形式。现代建筑的许多单体、群体或群落平面是由这样的单元组合而成。下图表现了赖特以户型作为建筑平面组合单元，由单元组成建筑单体和群体的基本设计思想。

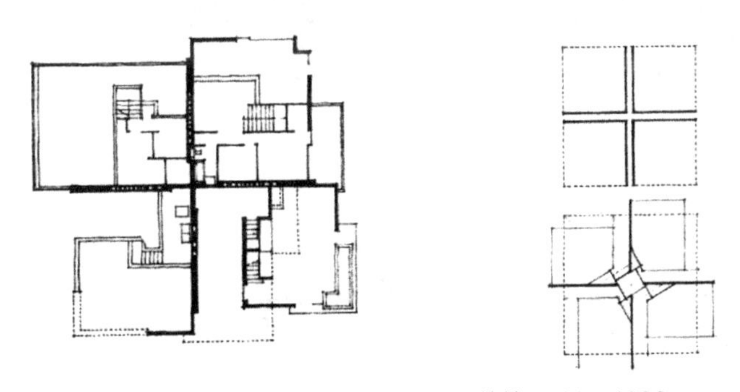

以户为单位组成的居住单元——赖特 1929—1939

单元形式选择的好坏，对建筑标准化、多样化、组合的灵活性和功能质量具有很大影响。大批量的住宅建设，多以优选的居住套型为基本细胞，不同细胞结合成单元，由不同形式、不同数量的单元，拼接成单体住宅。从套型选择中，不难发现：套型平面形式越少，或平面形趋于对称。组成的单元平面越趋于单一、平淡。由这样的单元拼接的单体也将变得毫无个性，千篇一律。如果能采用非中心对称的基本组合元素（套型或单元形），将有利于元素拼接后实体形式的多样化（图）。

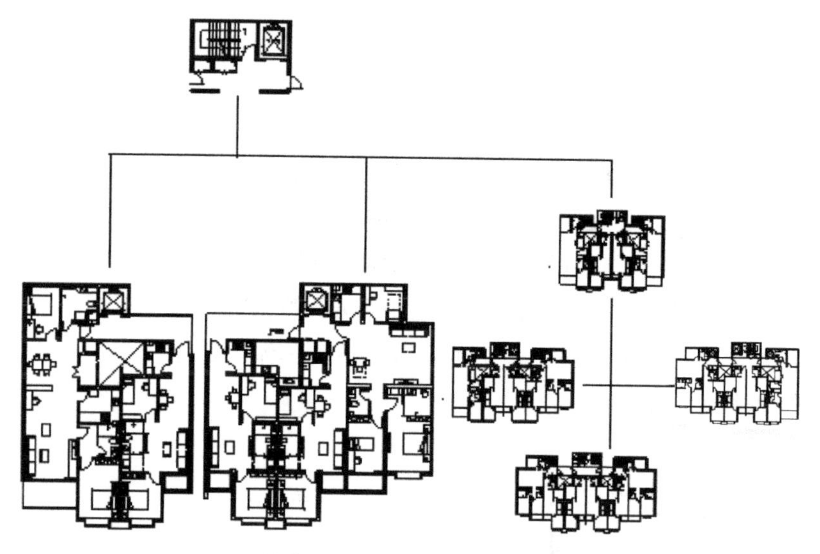

非对称套型拼接的居住单元

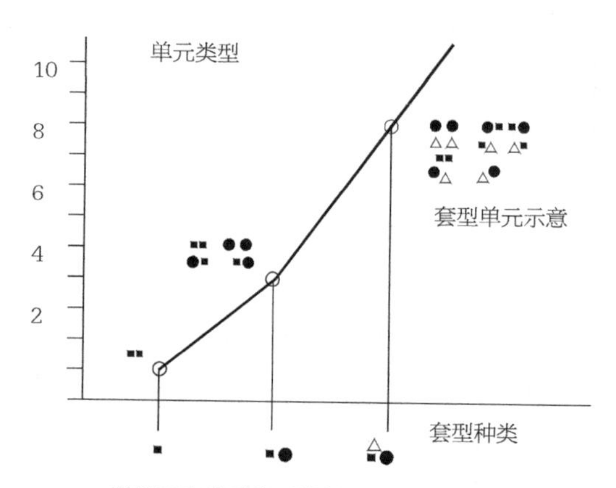

拼接元素的种类对拼接单元类型的影响

母题簇群

下图是以正方形为主要构成单位的建筑平面图。图形大小、形式相似或相同。在按某一规律组合成建筑平

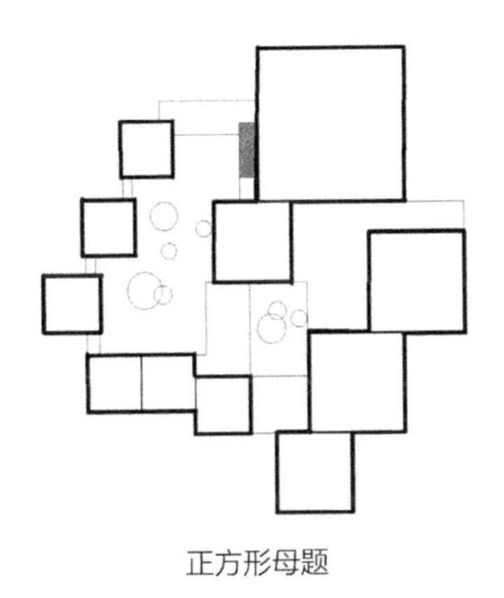

正方形母题

面过程中，平面形有时可以带有一定微差，相同形主要是概括形相同，根据承担的不同功能内容，概括形内部的平面再分方式有所不同。这些概括形形式，是平面组合设计中运用的母题（图）。通过母题平面形数量的增减、组合方式的演变，塑造变化多端的建筑空间。较为多见的基本母题平面形有：长方形、正方形、梯形、圆形、三角形等。母题建筑平面具有较强的秩序感、节奏感和表现不同形式的韵律。大量性建设的住宅，通常也把标准单元作为建筑平面设计的母题重复再现。母题平面的组合设计，是以某一图形作为基本平面形，在不同的图形拓扑关系控制下进行的。正如图中显示的那样，作为某一固定题材的图形，通过复制、镜像、阵列，或将上述新生的图形放大、缩小、移动、旋转、重组，再形成系列簇群平面。在这些平面形中，根据功能需要，确定各自的内部空间划分形式，以实现整体平面功能对建筑物特性的适应。母题平面形表现了简单、相同或相似形的重复。简单形式的重复，削弱了简单形式的单一性，为建筑整体空间形式的多变，提供了更大的自由发展空间。

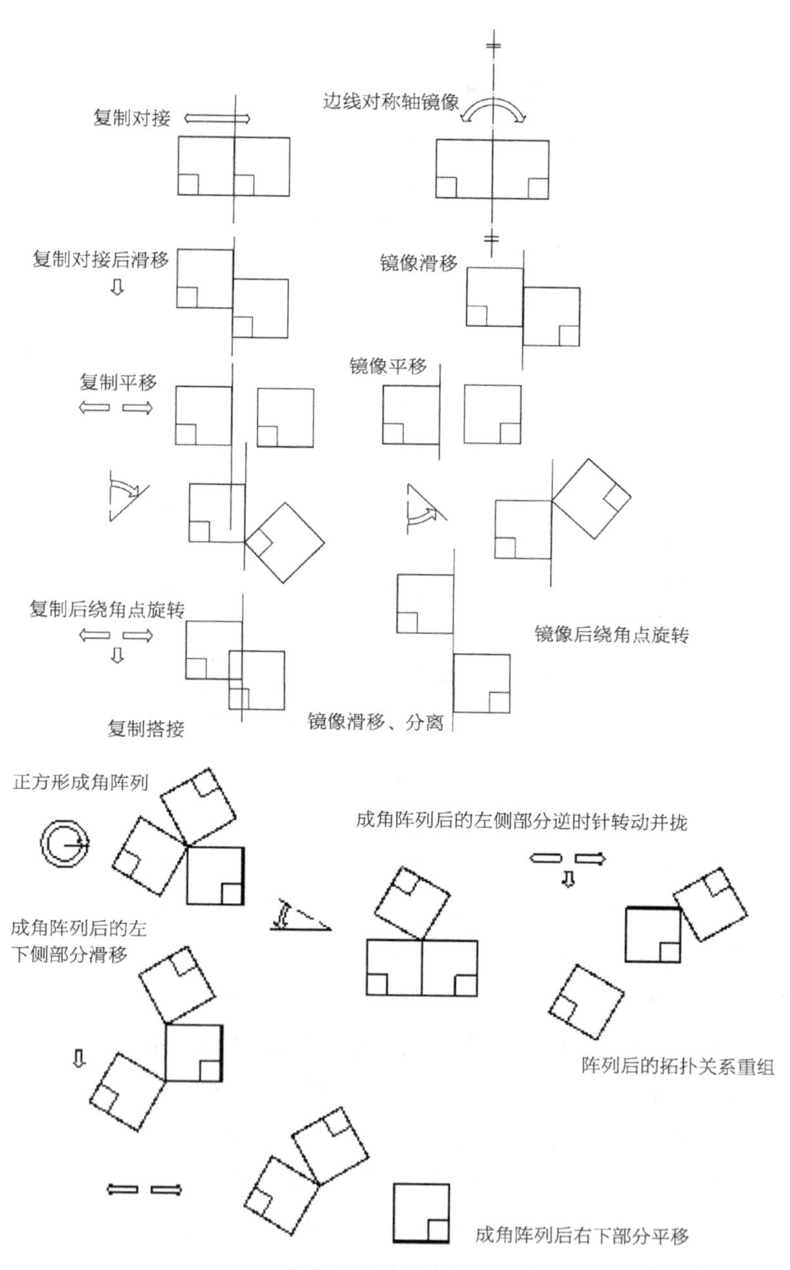

欧式循规演变形成相同形母题簇群

同胚簇群

若干功能相互独立的平面形，被聚拢于一体，融入一个大型主题建筑平面内。各平面是这个主题建筑平面的有机成分。主题建筑平面形的外边界，成为各独立平面形覆盖的外壳。聚合在一起的平面形之间的间隔，成为它们共有的交通联系空间、共享公共活动空间。主题平面形所围合的空间，具有两重性。它既是被包容平面形的外层空间又是自身的内部空间。人们能够在观赏主题建筑物内部景象的同时，环视被覆盖建筑物的外形。从城市环境的角度看，被聚拢的建筑，显示自身独立外形为辅，显示包容它们的外皮形象为主。例如中国国家大剧院，在市区无论哪个角度看，主体建筑类似卧在地面上的一颗明珠，明珠内部却又有三个各自形象完整的剧场。它们担负着自己完全独立的功能作用。只有走出各自的特定功能空间，才能体验到没有隶属区别的休闲、娱乐、购物等环境意境。同胚关系的空间结构示意，如下图所示：

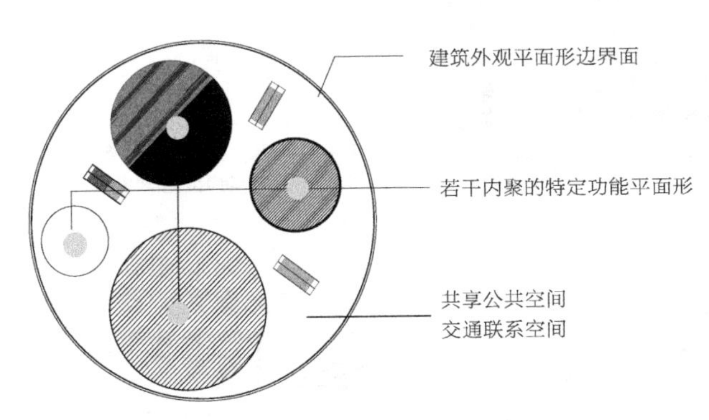

同胚簇群的平面空间结构示意

半圆环形条带和重点花瓣状单一形的结合。

阿勒瓦高尔夫俱乐部旅馆（日本）

建设地点：宫崎市
建设时间 1989—1991 年
设计师：黑川纪章

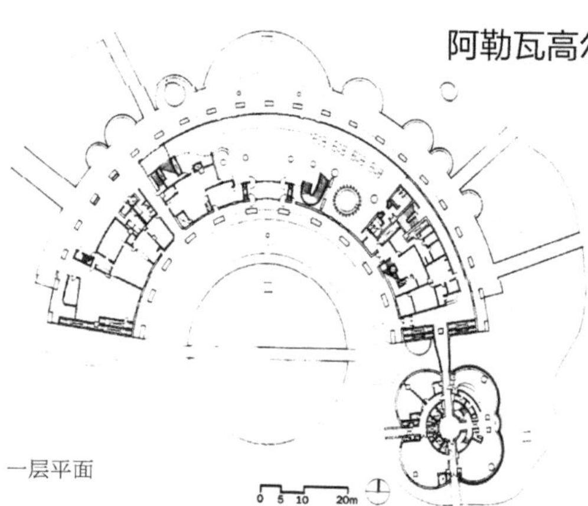

一层平面

LF1 园艺展览馆（德国）

建设地点：维尔城
建设时间：1997—2000 年
设计师：扎哈·哈迪德

流畅的曲线与直线结合的流线形，展示了条带的一种转向运动和速度。

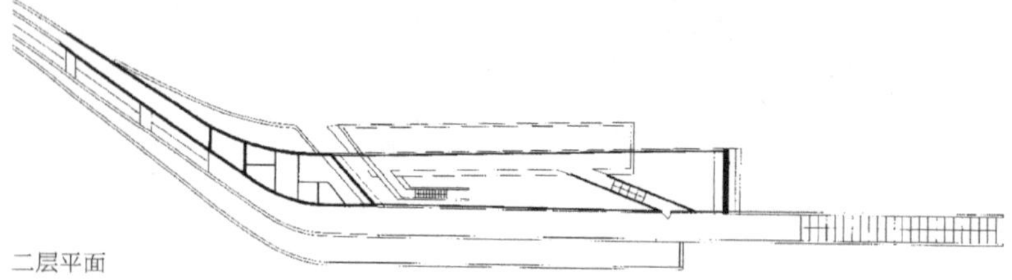

二层平面

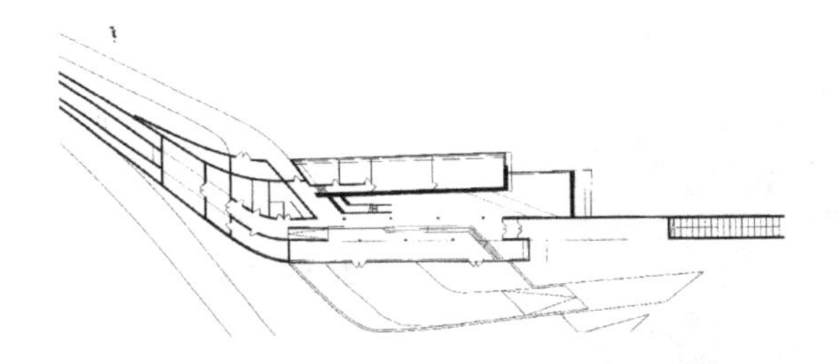

二层平面

天野制药岐阜研究所（日本）

建设地点：岐阜县

建设时间：1999 年

设计：黑川纪章建筑都市设计事务所、理查德·罗杰斯日本合作事务所

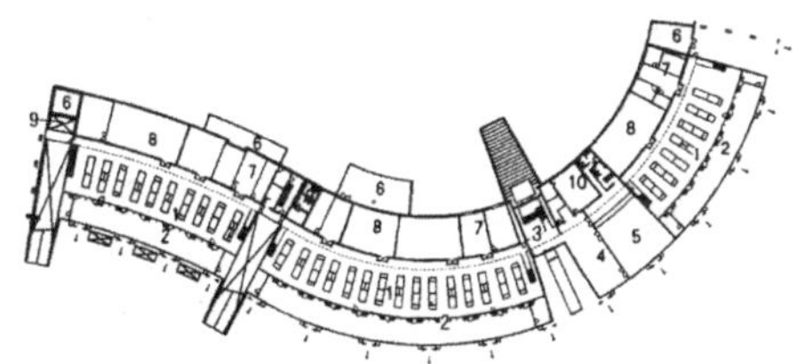

一层平面

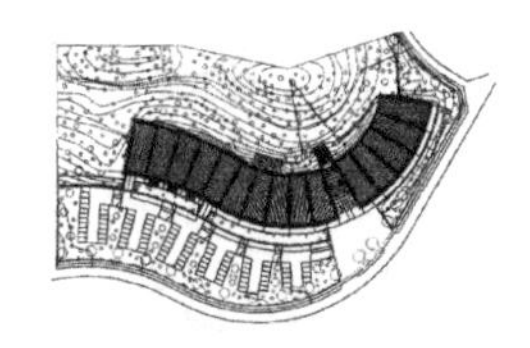

总平面

二层平面

1- 实验室；2- 研究室；3- 入口大厅；4- 休息厅；5- 会议室；6- 仓库；7- 器具室；8- 设备用房；9- 电梯；10- 办公室；11- 食堂；12- 总经理室

顺应地势，正反圆环相连续的曲线条带，表现出形体的自然、圆滑、流畅。曲率较大的部分适应比较规整的房间划分。

犹太人博物馆（德国）

建设地点：柏林

建设时间：1992—1999 年

设计师：丹尼尔·里勃斯金

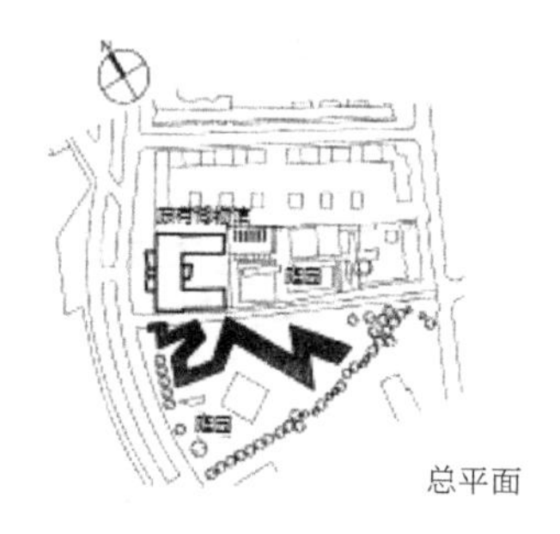

总平面

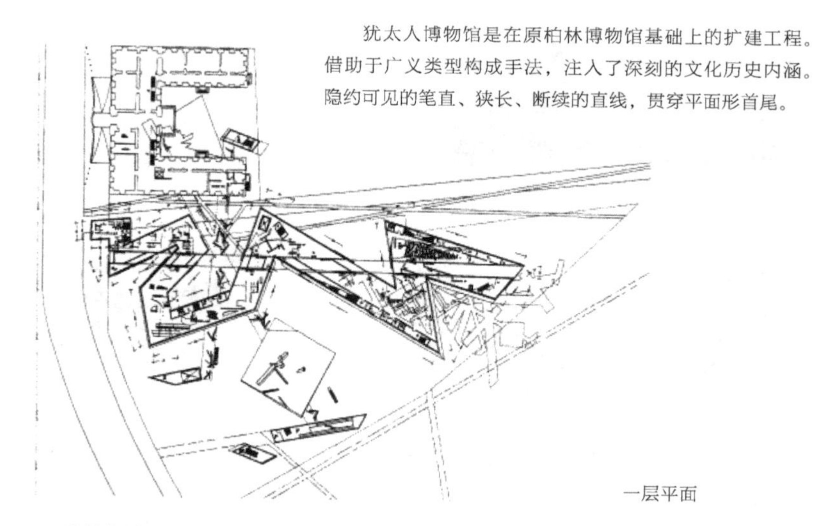

犹太人博物馆是在原柏林博物馆基础上的扩建工程。借助于广义类型构成手法，注入了深刻的文化历史内涵。隐约可见的笔直、狭长、断续的直线，贯穿平面形首尾。

一层平面

连续的折线形成多转折的条带平面形，内部做完全不规则的划分，自由流畅，开敞多样。平面空间的塑造表现了犹太人在柏林的历史和犹太人与德国人的特殊关系。

平面中多次弯折的条带平面，象征着破碎的大卫之星，并与在柏林死难的犹太人的生活场所相关联。条带的转折处，不做任何处理，更加表现了扭曲破规的建筑主题。

世嘉堡学院（加拿大）

建设地点：西安大略省

建设时间：1964 年

设计师：约翰 · 安德鲁斯

以折线形式对接的多段条带，使建筑内部空间极具方向变化。条带平面的转折，消除了房间排列狭长单调的弊端，减少不必要的相互干扰，维护各部分功能的半私密性。条带端点和结合部平面，通常赋予特殊的公共功能属性。

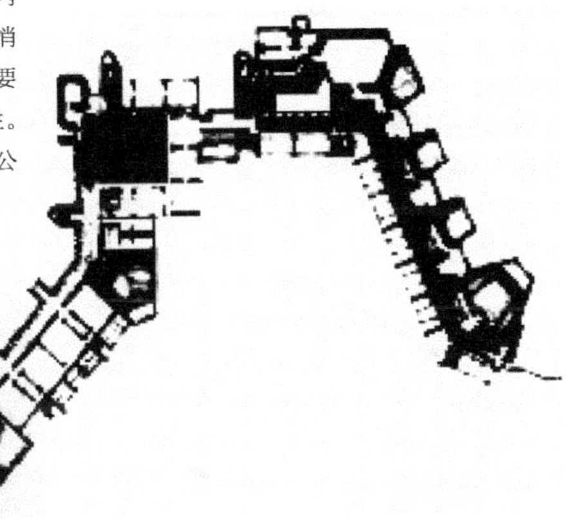

赫伯特·F.约翰住宅（美国）

建设地点：威斯康星州拉辛市

建设时间：1937 年

设计师：弗兰克·劳埃德·赖特

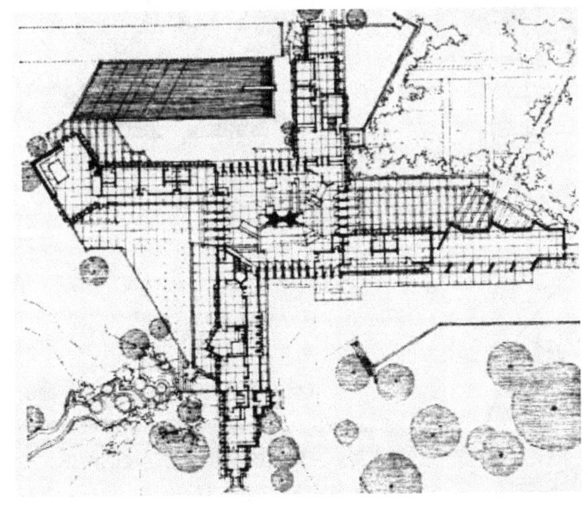

一层平面

条带与矩形变向对接呈现的风车形平面组合。矩形平面是各条带平面相互联系的枢纽，也是公共活动的核心平面。

汉诺威历史博物馆（德国）

建设地点：汉诺威
建设时间：1966 年
设计师：迪特·欧斯特伦

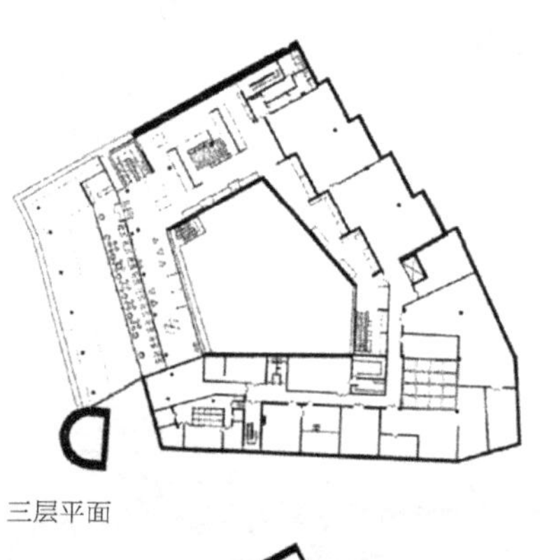

三层平面

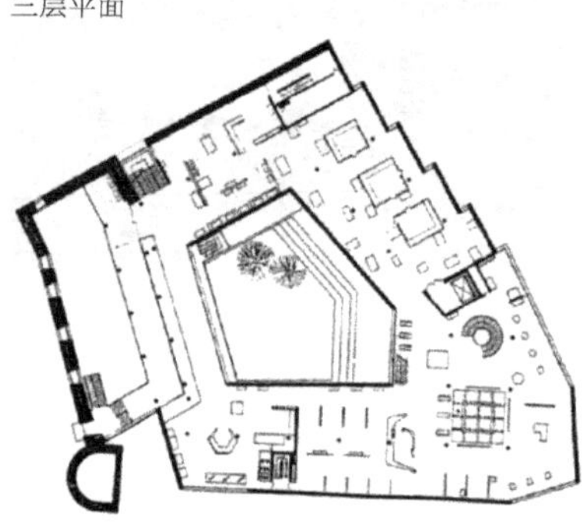

二层平面

总平面

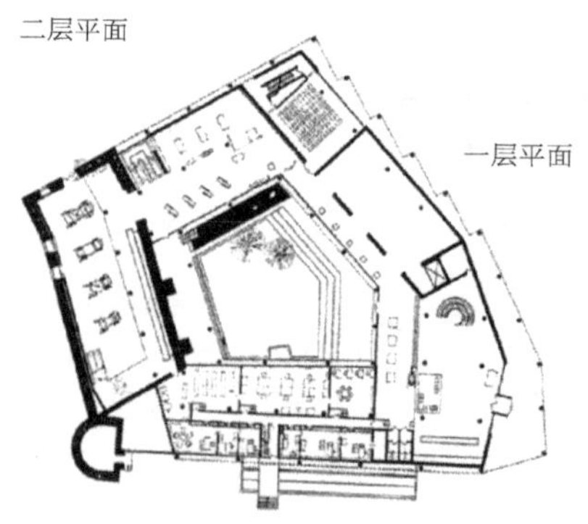

一层平面

条带顺应道路和不规则的室外场地的四面围合。围合圈定了自己半私密、半公共室外空间。各段条带的连接的端部，相互融通取得空间的自然过渡、转折。上下变化。表现了建筑平面与环境的密切关联。

草垛山工艺美术学校（美国）

建设地点：缅因州鹿岛
建设时间：1960 年
设计师：爱德华・拉华比・巴恩斯

建筑各部分功能以不同形式的条带分区，各条带平行等高线分层布置。踏步廊把它们从上到下连接。沿地势分层排列的条带，相对独立、方便联系，减少了相互干扰和对外视线遮挡。

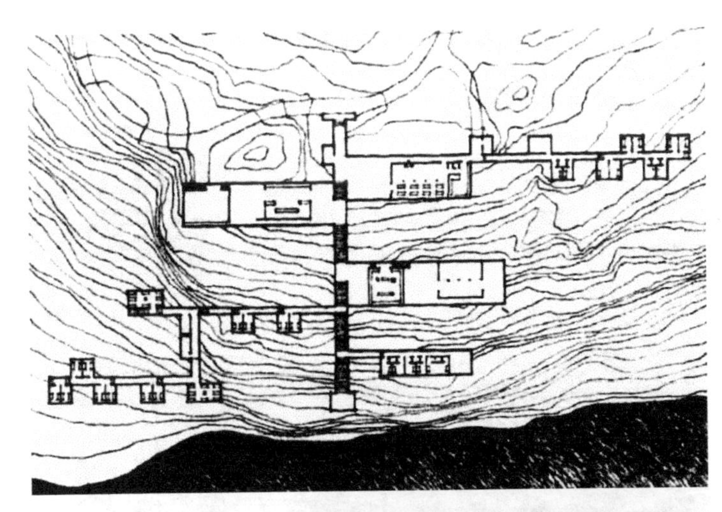

HUK 科堡保险公司总部（德国）

建设地点：科堡
建设时间：1993—1998 年
设计：HPP 建筑事务所

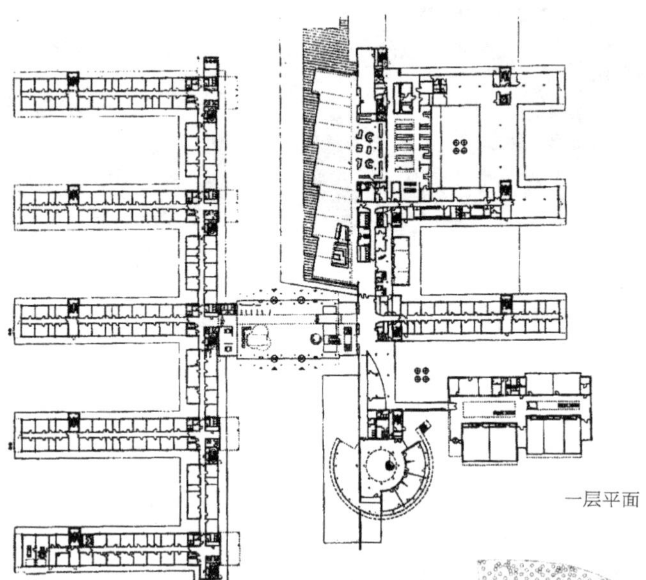

一层平面

总平面

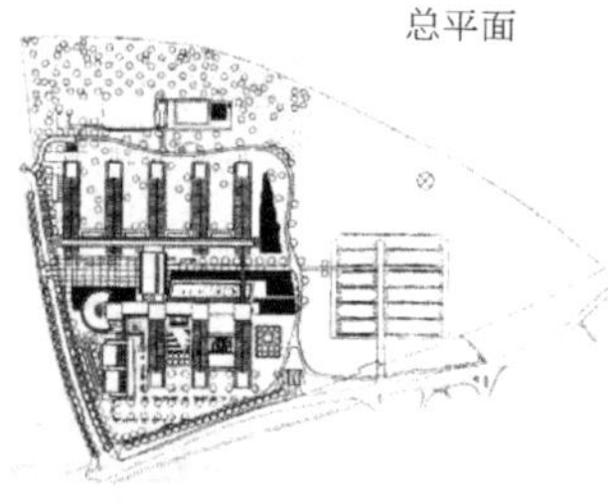

条带纵横相互垂直呈鱼骨状组合。外部空间被划分成若干具有归属感的围合空间。建筑内部空间与其附属的外部空间的积极互动，改善了房间排列的单调感。

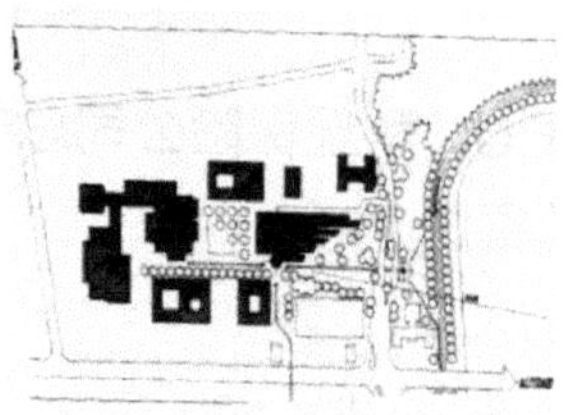

总平面

哥廷根州立大学图书馆（德国）

建设地点：下萨克森州

建设时间：1985—1993 年

设计：德国盖博建筑设计事务所

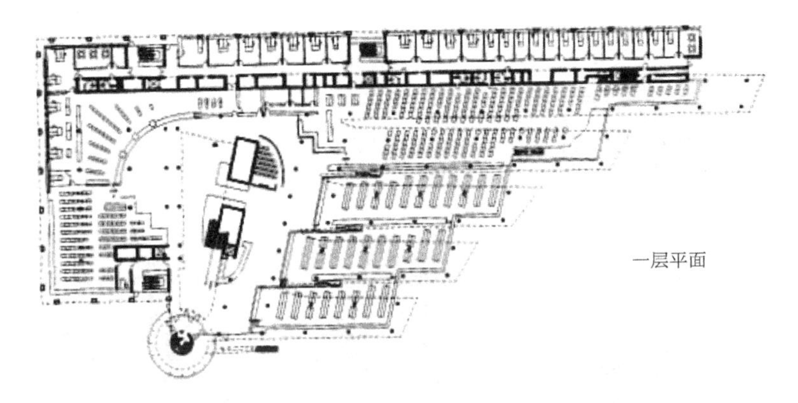

一层平面

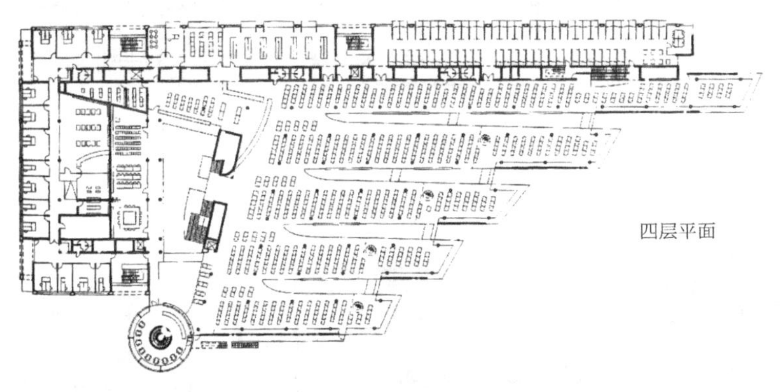

四层平面

由倾斜柱网结构骨架形成的平行错位的点，与阶梯式错落排列的条带取得默契。条带展现了空间的方向感和由小变大的秩序。全馆平面同时表现了在剔除细小间隙后所呈现的轻便态势。

国际建筑展——柏林城市住宅（德国）

建设地点：柏林

建设时间：1979 年

设计师：麦哈德 · 冯 · 格康

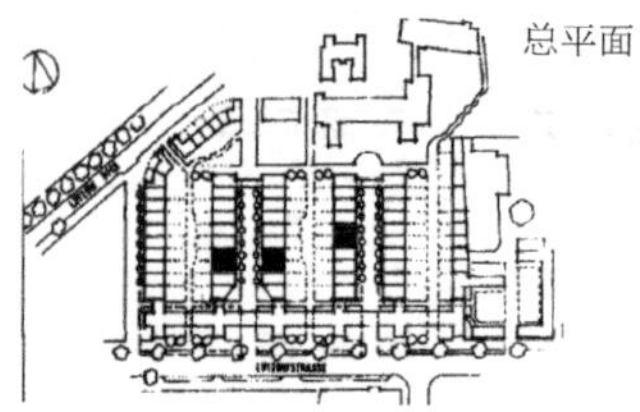

总平面

左右对称、竖向分户的套型作为基本单元。由若干基本单元排列成建筑单体。

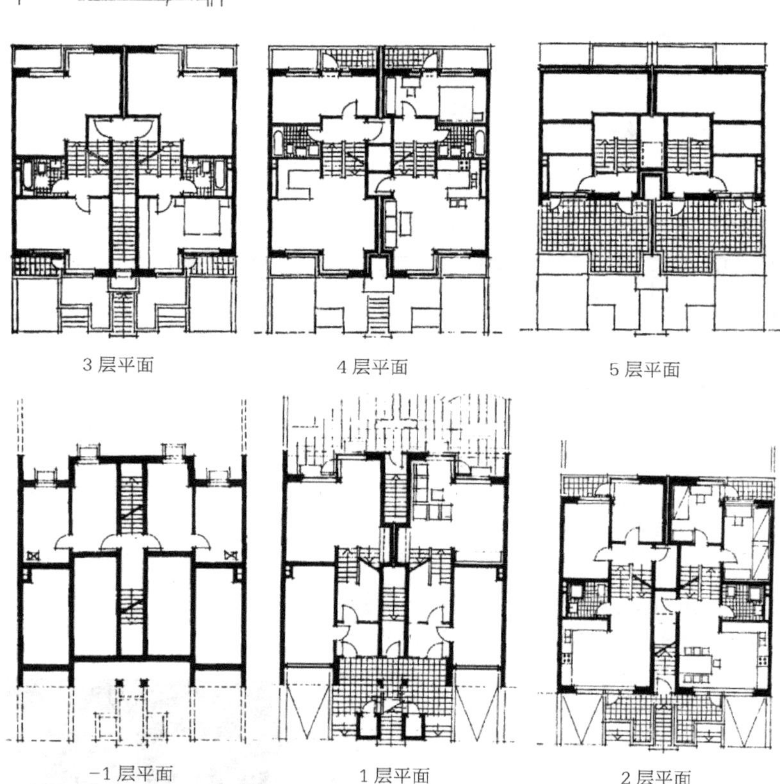

3 层平面　4 层平面　5 层平面

-1 层平面　1 层平面　2 层平面

艾哈迈德巴德印度管理学院（印度）

建设地点：艾哈迈达巴德
建设时间：1961—1974 年
设计师：路易斯·康

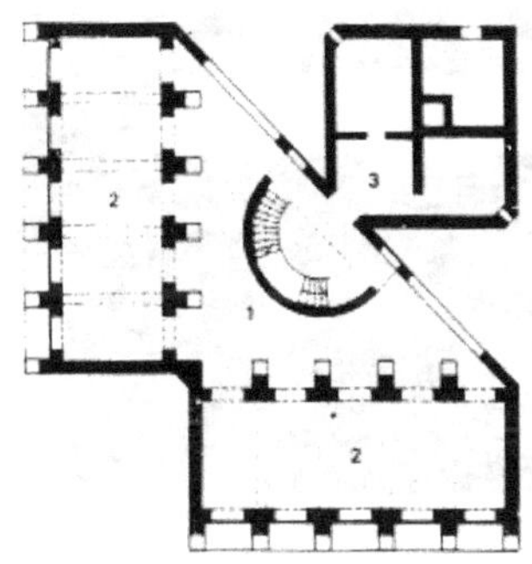

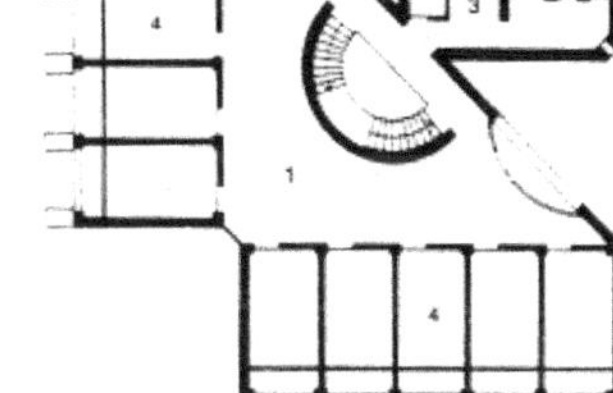

一个居住单元

一层平面
1- 过厅；2- 公共用；
3- 厨房及服务用房

二层平面
1- 休息厅；3- 厨房及服务用房；
4- 卧室

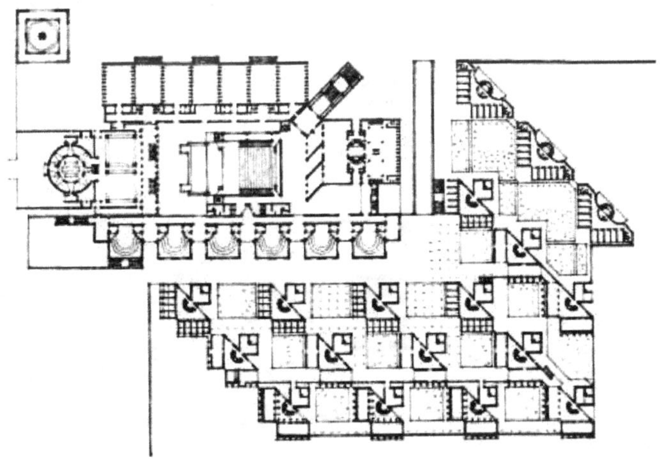

单元排列

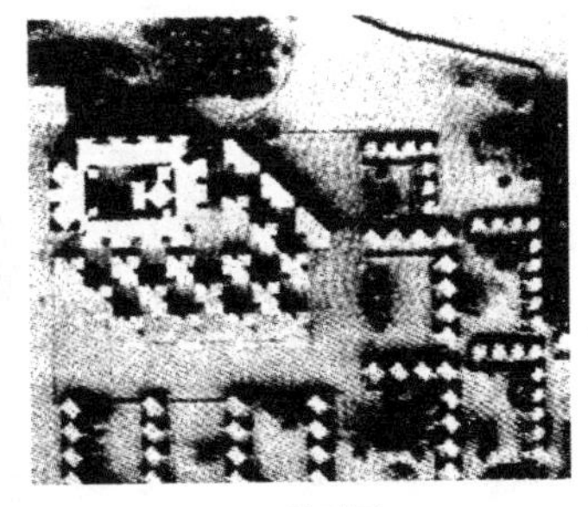

总平面

由单元平面为基本单位拼合的学生宿舍。相同单元相对集中的对角排列，组成一个建筑整体。单元相邻的外部空间，具有明确归属感和私密性。

胡瓦犹太教堂（方案）（耶路撒冷）

建设地点：耶路撒冷
建设时间：1967—1974 年
设计师：路易斯·康

由两种 U 形围合墙体构成的简单母题平面形。三面封闭一侧开口。开口朝向一个宽大的公共空间。公共空间成为各母题空间交通联系、信息沟通、人流集聚的内向核心。U 形平面可以控制和界定与自身关系更加紧密的特定区域。组合平面的四个转角，成为独立部分，或者被归入正方形的组织系统内。中心区的点，暗示正方形母题的内部结构。由于设计者病逝，这一不朽的杰作至今未能建成。

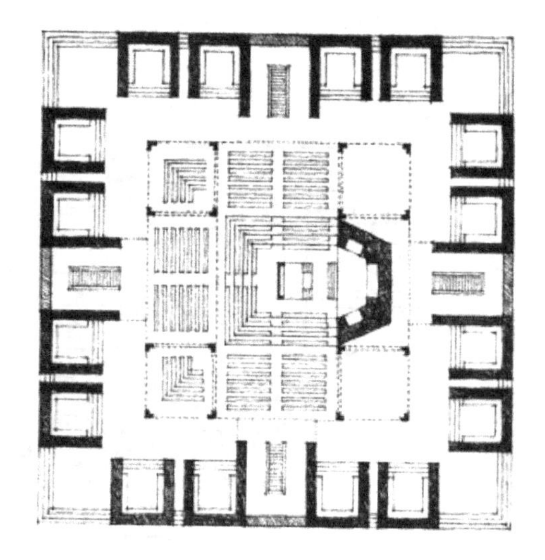

二风谷阿依奴（族）文化博物馆（日本）

建设地点：北海道沙流郡
建设时间：1991 年
设计师：特利尔、博恩克

不同功能房间的平面，以休息大厅为共享空间，采用梯形母题。放射组合。

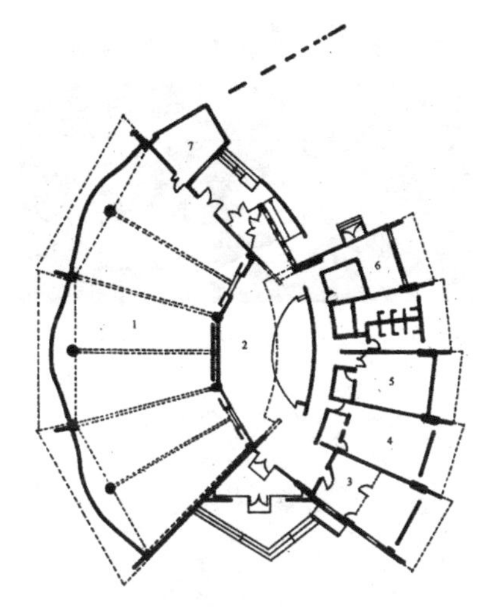

平面

1- 阅览室；2- 休息室；3- 管理用房；
4- 视听室；5- 研究用房；6- 设备间；
7- 仓库

犹太社区中心游泳更衣室（美国）

建设地点：新泽西州特伦顿
建设时间：1954—1959 年
设计师：路易斯 · 康

相同的正方形母题，十字交叉紧密拼接。根据不同功能可封闭，可开放。

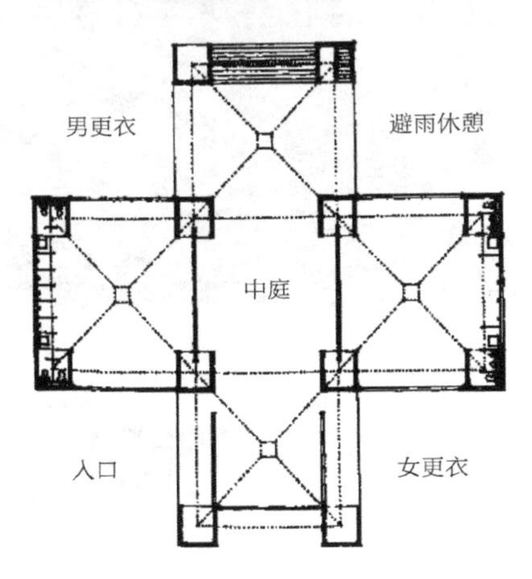

布鲁塞尔国际博览会德国馆（比利时）

建设地点：布鲁塞尔

建设时间：1958 年

设计师：埃贡·艾尔曼、赛普·鲁夫埃冈·埃尔曼

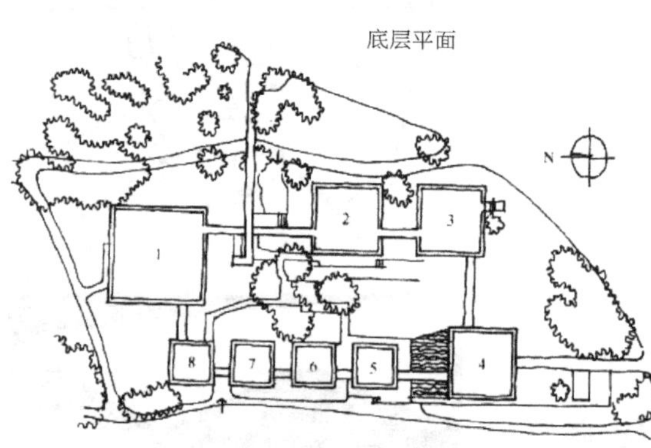

底层平面

1-（首层）指导情报，（二层）会议；
2-（1～3层）餐馆、农展厅、手工业厅；
3- 工业厅；
4- 居住与城市规划厅；
5-（1～2层）酒吧、服务用房；
6、7-（1～2层）娱乐、社会福利厅；
8- 保健福利厅

8 个大小不等的相互独立的正方形，成为建筑平面构成的母题。这些正方形逐步抬高，分散布置，通过交通廊连成整体。

理查德医学研究大厦（美国）

建设地点：费城宾夕法尼亚大学

建设时间：1957—1961 年

设计师：路易斯·康

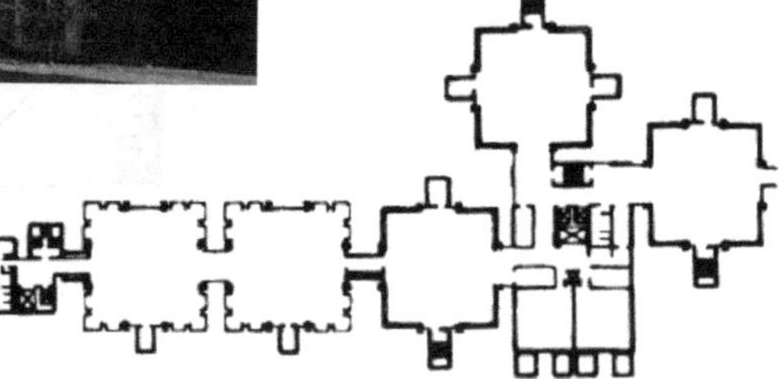

底层平面

相同正方形的平面由连接廊过渡连接，组成母题序列平面空间。

正方形母题由点和线共同限定。其中包括三个标准工作室和一个附属用房。竖向交通枢纽将它们紧密连接在一起。

楼层平面

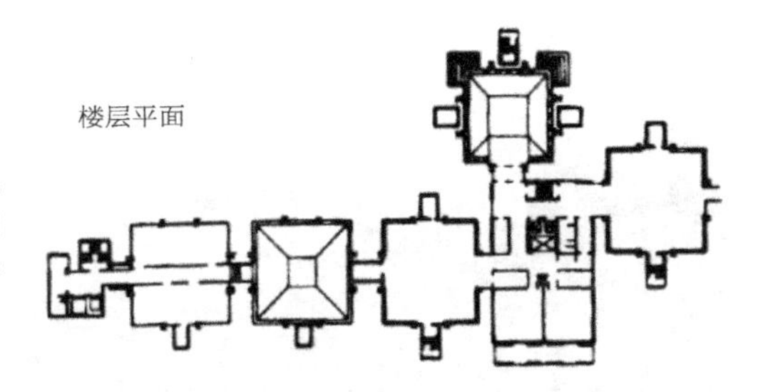

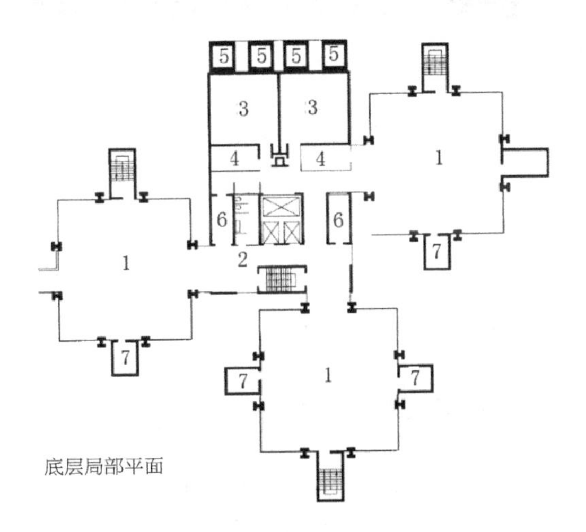

底层局部平面

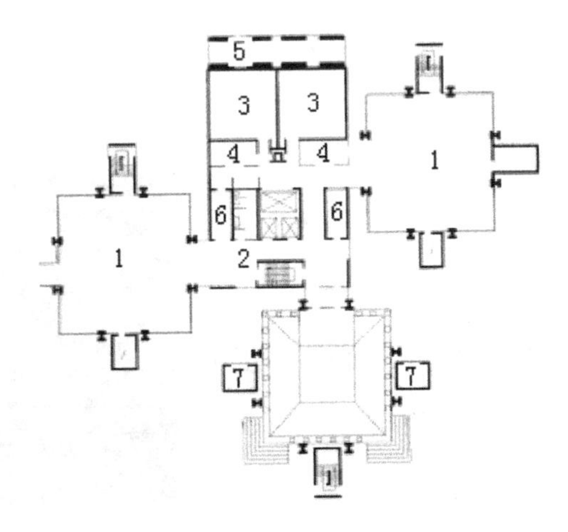

楼层局部平面

1- 工作室；2- 楼电梯；3- 动物区；
4- 动物服务间；5- 新风通道；
6- 排风道；7- 烟道

明兴格拉德巴赫市博物馆（德国）

建设地点：明兴格拉德巴赫
建设时间：1982 年
设计师：汉斯·霍莱茵

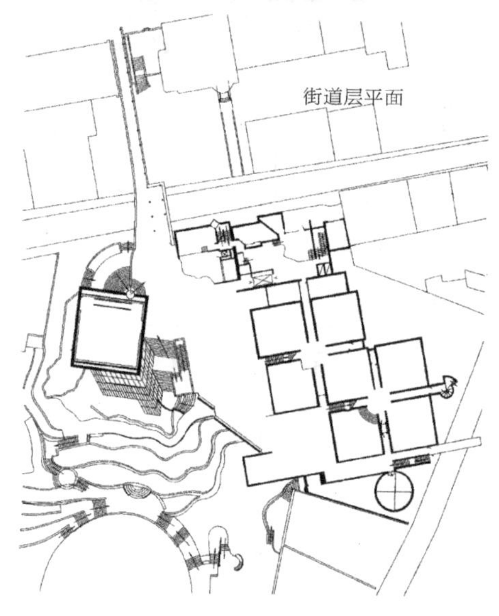

博物馆由多个正方形组成。其中 7 个小正方形成组靠拢。小正方形封闭边线对应的角部开口。花园中的自由平台是它们联系的纽带。功能相对独立的报告厅和临时展览厅，位于游离在外的大正方形内。大正方形的位置和尺度是对相邻母题组群平面整体关系的平衡。

斋普尔艺术中心（印度）

建设地点：斋普尔拉贾斯坦邦
建设时间：1986—1992 年
设计师：查尔斯·柯里亚

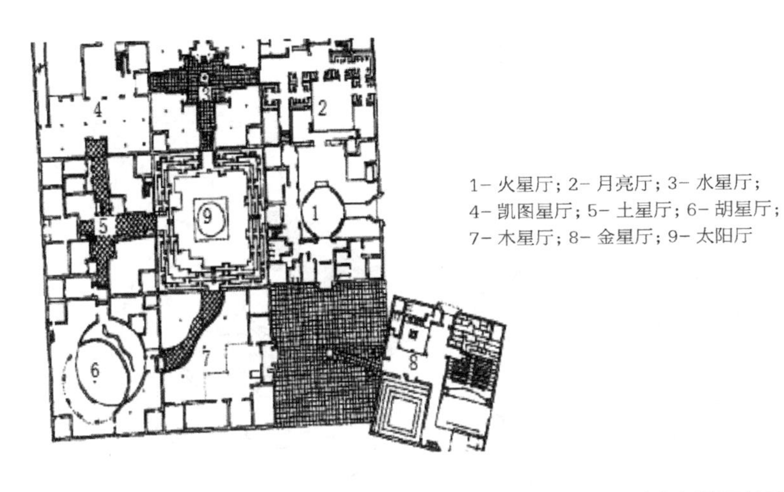

1- 火星厅；2- 月亮厅；3- 水星厅；
4- 凯图星厅；5- 土星厅；6- 胡星厅；
7- 木星厅；8- 金星厅；9- 太阳厅

建筑的基本设计思想表现了过去现在与未来共生共存的延续性。平面由多个相同正方形组成。正方形内部的细节各异。每个细节代表一个星体，它们分别以火、月、水、土、木、金、太阳、凯图和拉胡命名。不同的细节力求表现它们所代表星球的神秘特质。

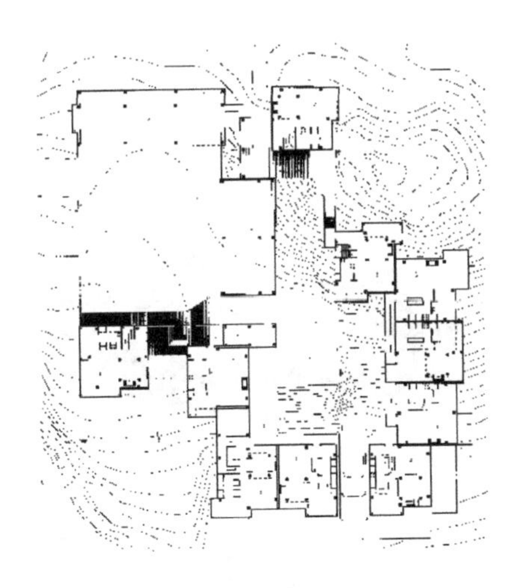

海滨牧场公寓（美国）

建设地点：加利福尼亚州索诺玛

建设时间：1965—1966 年

设计：MLTW 事务所

以正方形为母题作为建筑平面的基本组合单位。根据功能和空间环境变化的需要，对母题平面做了细微刻画。平面内可以看到点的结合秩序，每个正方形在保持独立安静的前提下，有分有合，联系自然，富有情趣。建筑外观形象犹如自然生成的岩石，层叠错落。

克拉玛儿童图书馆（法国）

建设地点：巴黎

设计师：勒诺迪、特里布莱特

1- 门厅兼存衣间；2- 故事室回廊；
3- 借书处；4- 阅览室；5- 庭院；
6- 平台；7- 小院；8- 采编室；
9- 书库；10- 馆长室；11- 活动室

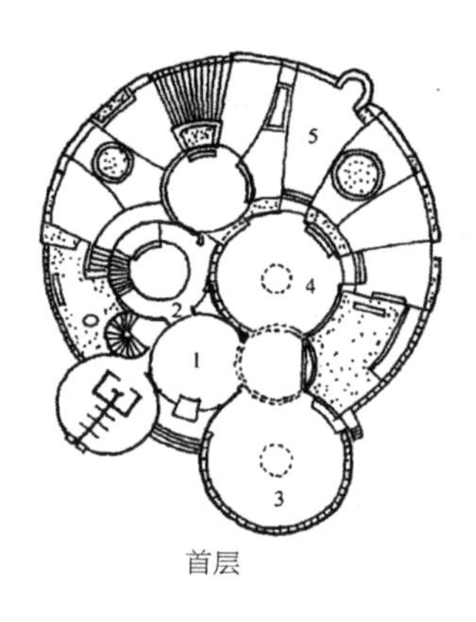

首层

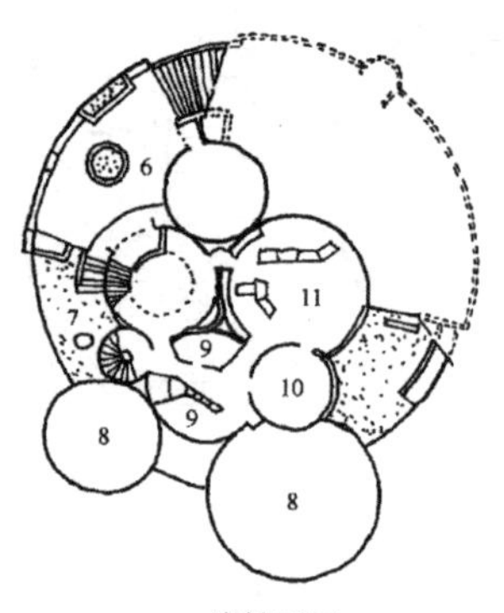

半地下层

一个两层高的建筑。各功能空间由大小不等的 8 个圆形平面组成。其中包括门厅、阅览室、书库、活动室，卫生间和楼梯，甚至外部围墙都是由圆形组成。围墙的大圆涵盖 7 个小圆。圆成为建筑平面构成的母题。

圣玛丽医院（英国）

建设地点：威特岛

建设时间：20 世纪 80 年代末

设计师：阿闰兹、本顿、克拉里克

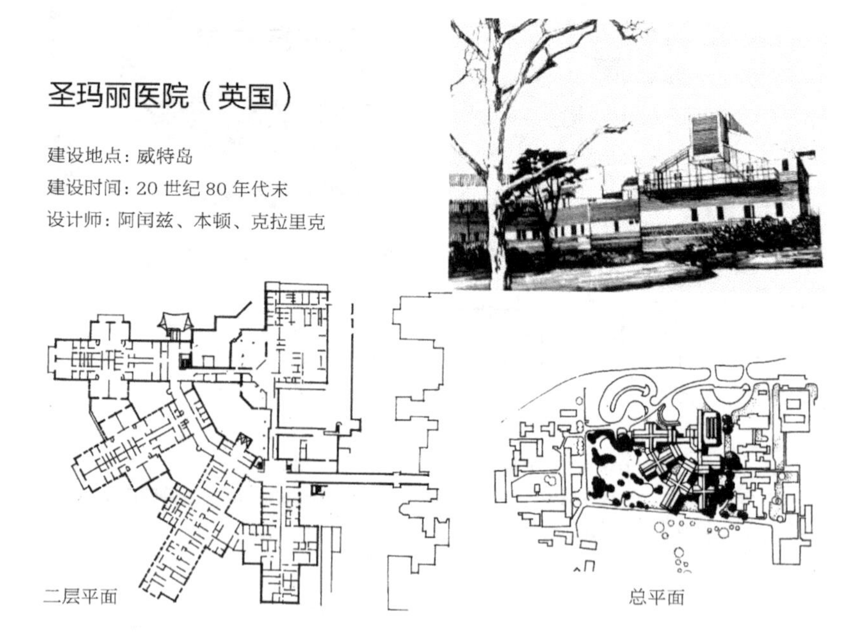

二层平面

总平面

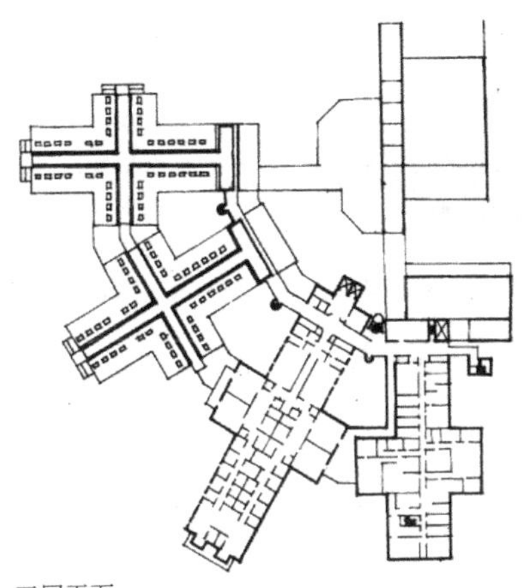
三层平面

略有差异的十字形母题平面，做1/4圆弧拼接。端部与交通廊连接。建筑平面保持了母题之间最便捷的联系，并有效减少各不同功能区间的相互干扰。

上海国际医贸会议大厦（中国）

建设地点：上海浦东

建设时间：1993—1997年

设计师：卢济威

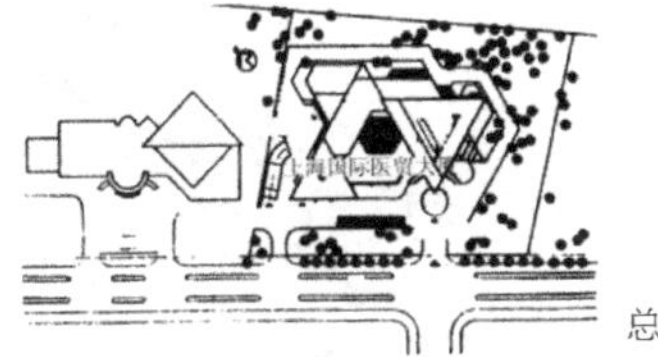

总平面

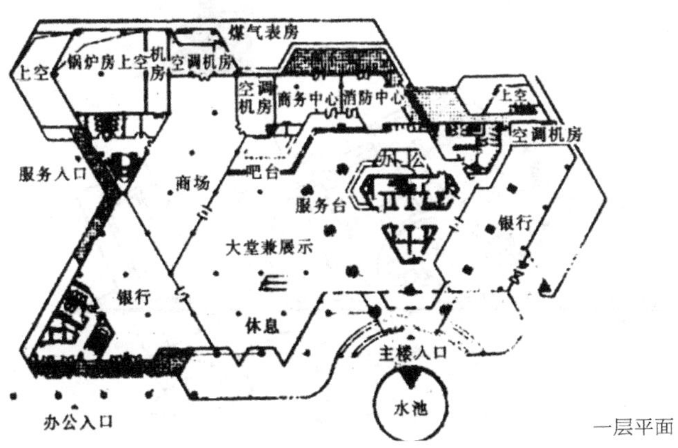

一层平面

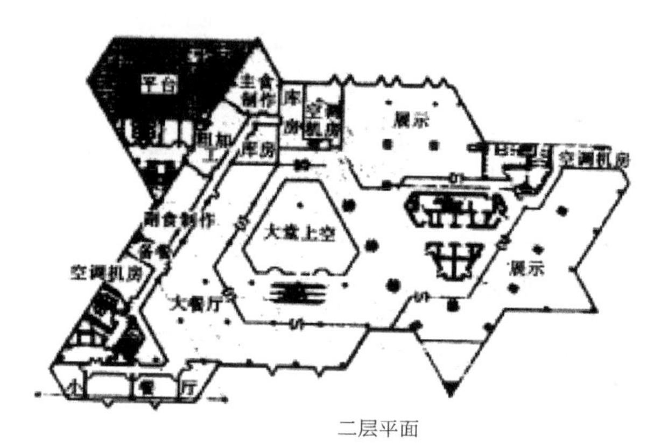

二层平面

正三角形为母题的平面叠摞和融合。正三角形时隐时现，联结成一个大面积覆盖的不规则多边形。正三角形的结合，使得内外空间界面复杂多变，平面形在隐秘中穿插流动。

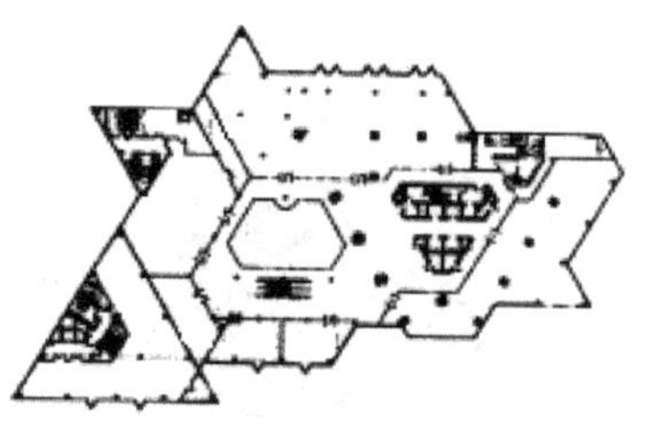

三层平面

标准层平面

渥塔尼米科技中心（芬兰）

建设地点：赫尔辛基市郊

建设时间：20 世纪 90 年代

设计师：卡里纳劳夫斯佐姆、诶斯波

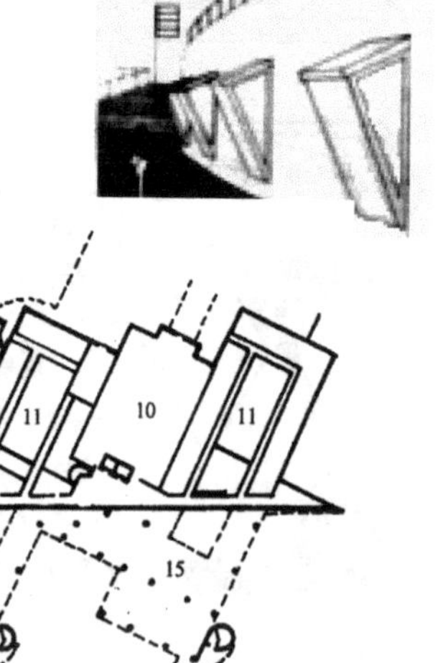

一层平面

二层平面

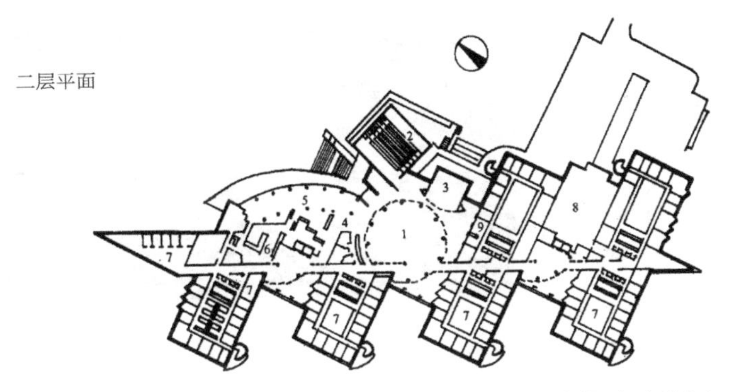

倾斜排列的长方形母题平面，由非规则平面形和断续的直线穿越，部分融合在一起。内外空间表现出独特的科技与时空的聚变。

1- 休息；2- 大讲堂；3- 小讲堂；4- 自助餐厅；5- 餐厅；6- 厨房；7- 研究室；8- 车间；9- 服务用房；10- 机械设备；11- 库房；12- 俱乐部；13- 运输交货；14- 芬兰浴；15- 停车场

上海东方艺术中心（中国）

建设地点：上海

建设时间：2002—2004 年

设计师：保罗·安德鲁

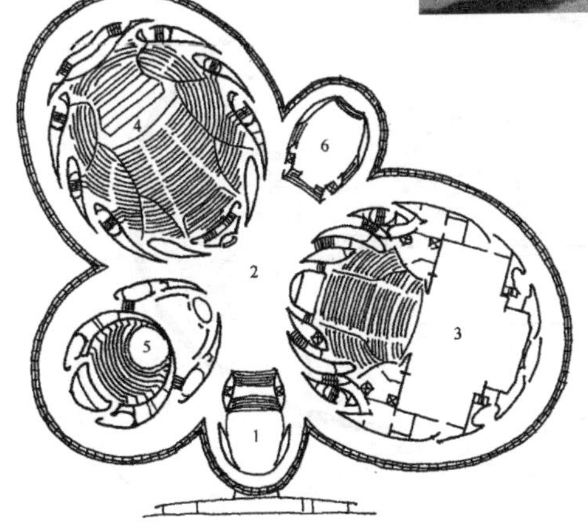

相对独立的、不同规模、不同形式的表演厅，被一个花瓣平面形围拢包含，形成同胚关系。被围拢的平面形之间的空缺是它们的共享空间。平面布局紧凑、经济，空间形态丰富、流动性强。

1- 入口大厅；2- 休息厅；3- 歌剧厅；4- 音乐厅；5- 演奏厅；6- 展览厅

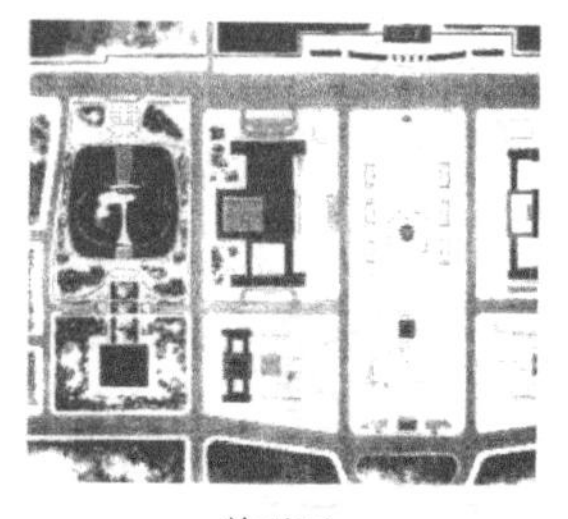

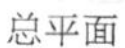

总平面

剖面

中国国家大剧院（中国）

建设地点：北京

建设时间：2007 年

设计师：保罗・安德鲁，清华大学协助

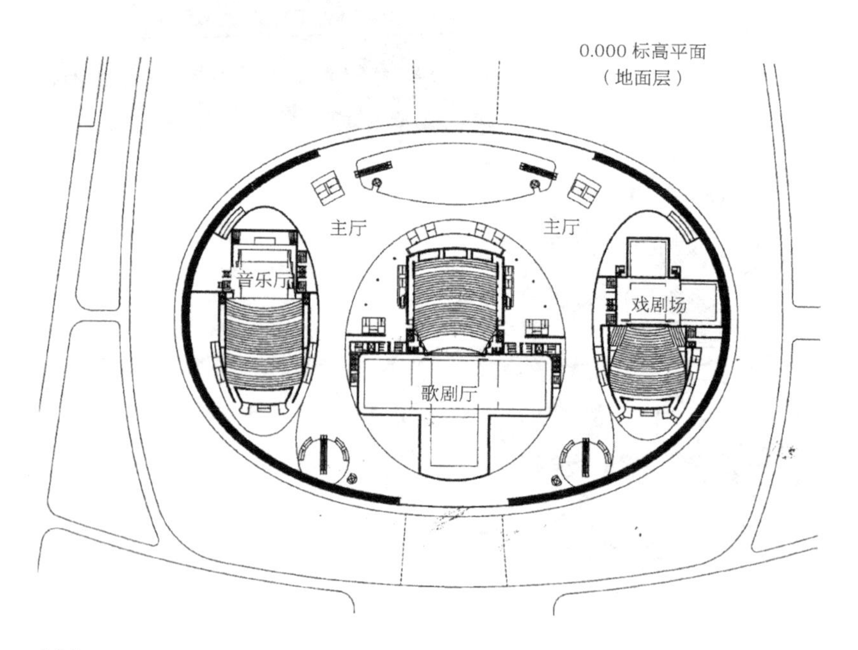

0.000 标高平面
（地面层）

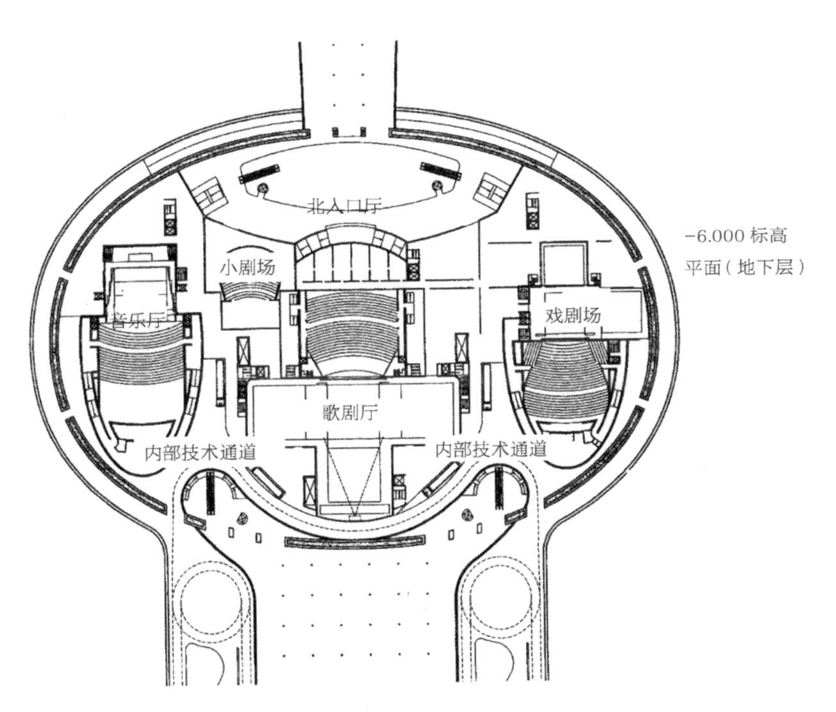

-6.000 标高
平面（地下层）

三个观演建筑平面，位于同一个椭圆形平面内，处于同胚状态。各自相对独立。椭圆形平面被剧场占用后的剩余部分，是它们的集散、休闲、展示、交流、联系的共享空间。

再分形

再分形是概括形平面内部功能、领域的再划分和深入细化；也是对概括形实用性、科学性的检验。平面形的不同再分方法，一方面揭示了建筑平面形的内在关系，另一方面体现了建筑内部空间艺术形态创作更加理性的表达。

- 再分形几种方式
- 随机分形
- 再分形的赘余
- 再分形分布态势

分形理论在建筑领域的应用，改变了平面与建筑表面形态。分形起源于对某一不断趋于缩减的尺度单位，对复杂边界线取得更加准确的度量。建筑平面的再分形表现了对建筑平面概括形内部功能区域不断的细化，这种细化是以适应特定的使用功能为前提。具有时效差异。因此，建筑平面中的分形，会导致平面再分的极限标准产生变化。这一点与应用于地域边界线的分形是有区别的。前者定义域小，后者定义域大。对于一个概括形，无论是以不断趋于减小的尺度再分边界线，还是以不断趋于缩减的面积单位进行内部区域的再分，都是有限的。这个限度就是适用和可鉴别的限度。下图所表示的是平面图形外边线不断趋于分形细化的过程，这个过程不能无休止地持续下去，而是有限度的。

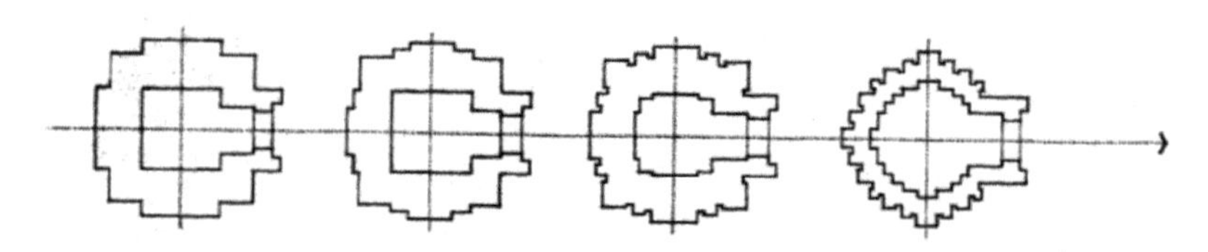

表现在建筑平面内外边界线上有限度分形

概括形是建筑物总体功能区域，外边界所围合的图形，也称建筑类型平面的基础平面形（详见本书“构成元素——平面形”）。再分形是指概括形内部功能领域的再分配，建筑内外空间的更深层的塑造，是一个由整体到局部的创作过程，是局部与整体“谐和关系”的验证。因此，再分形既要受到已有概括形的制约，又将根据功能和多方面适应的深层加以考虑，以求二者取得最佳的依存关系。人们经常发现:既有建筑平面内部功能的改变、更新，或者保持建筑外观形象基本不变的前提下，去变更建筑内部的使用功能及新的内部空间结构形式，同样涉及再分形的划分和分布问题。

再分形几种方式

显而易见，不仅同层建筑平面中各部分存在着差异，不同楼层建筑平面中，更是存在着差异，特别是高层建筑裙房及外观形象突变的塔楼楼层之间存在着差异。这种差异主要表现在：各区域功能不同，再分形的形式也不同。不同再分形形式，会有不同空间环境质量变化。点元素结构的平面形中，由于内部空间的分隔完全是轻质隔断墙，所以相同楼层、不同楼层的再分形会更加自由，变化更大。为便于对照，这里所涉及的概括形的再分，仅限于同一楼层，同一功能区域的某些内容。

相似划分。平面形再分，包含着正多边形的再分和任意多边形的再分。再分形与被划分的概括形（或称基础平面形），保持着形的相似。大家所熟知的划分方法，就是在多边形的某一边线或多边形内任意两角点的连线上进行若干等分，从而获得一系列与概括平面形相似的、

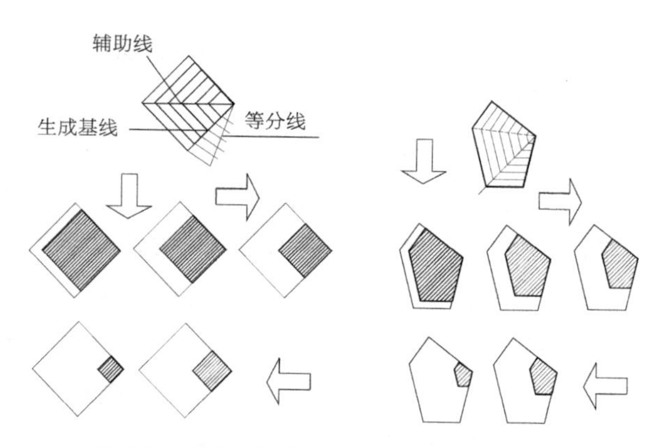

正方形、任意多边形按等分级差缩减的系列平面

缩小的图形。当然也可以通过计算机辅助设计的手段，直接获取这样的图形。一个边长为 a 的正方形，以某一直角边作为再分形的生成基线。假设基线划分为六等份，划分出的正方形边长，分别比前一个正方形边长缩减1/6。每个正方形边长，依次为 $5a/6$、$2a/3$、$a/2$、$a/3$、$a/6$ 等。

任意多边形的再分，类似上述正方形，如图所示。

另一种方法是：在确定的平面形中，基础平面形与再分形的基线是各自独立的。任一再分形以相同等分规则标定的边线，作为后续再生平面形的控制依据。一个正多边形，以其中一个边长为再分形的基线，做 n 等分（n 为大于 2 的正整数）。以 k/n 的尺度对该多边形持续再分。为简化起见 k 为正整数，且 $k<n$。例如：边长为 a 的正三角形，$n=4$，$k=3$ 第一个再分形边长为 $3a/4$。再以边长 $3a/4$ 的三角形以相同方式再分，得到边长 $9a/16$ 的正三角形。依次类推，接续的再分形边长分别按 3/4 的几何级数关系缩减，而不再是前者算术级数关系的缩减。由此可见，两种方法的基础平面形，划分的次数相同，后者再分形大小变化比较缓慢。再分形划分的次数和差异

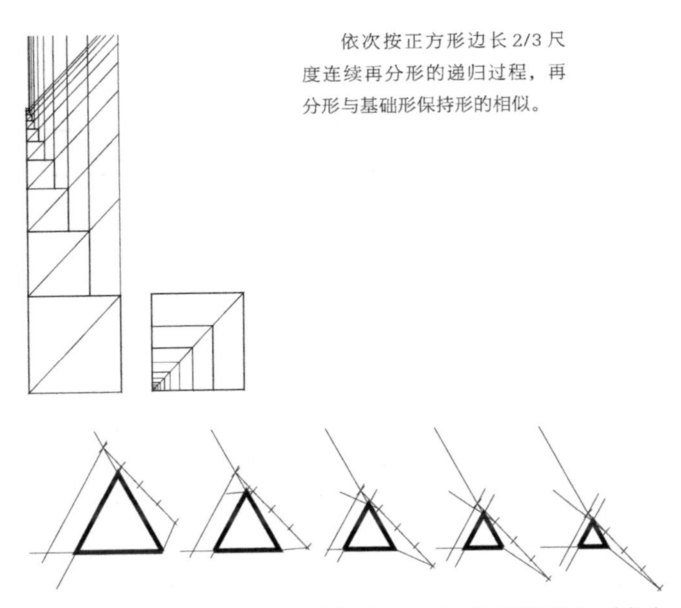

依次按正方形边长 2/3 尺度连续再分形的递归过程，再分形与基础形保持形的相似。

边长 a 的正三角形，依次按 3/4 比例关系，5 次持续缩减的再分形。边长分别为 $a(3/4)$、$a(3/4)^2$、$a(3/4)^3$、$a(3/4)^4$、$a(3/4)^5$。

依次按相同比例缩减的正多边形

程度与 n、k 的取值有关。矩形平面按某一比例关系的等进深划分比较简单。但最小开间应具有实用意义。

界格划分。在类似矩形平面中，通常利用大小适合于某一类功能区域的正方形、矩形，作为平面再分形界格。界格可以完全相等，也可以不完全相等；它们保持完全对位或微小错位。界格内的形，不仅仅是最终确定的再分形，有时会是关系密切的组合形（可以看作分隔墙对界定形的再划分）。也就是说，某一个界格，如果尺度足够大，格子内可容纳多个再划分的微小平面形。界格可以增减合并或减缺。这样一来，就给建筑平面设计增添了更大的灵活性。平面形的界格划分，常常用于功能相对单一、简单的平面设计，如别墅平面设计的四分

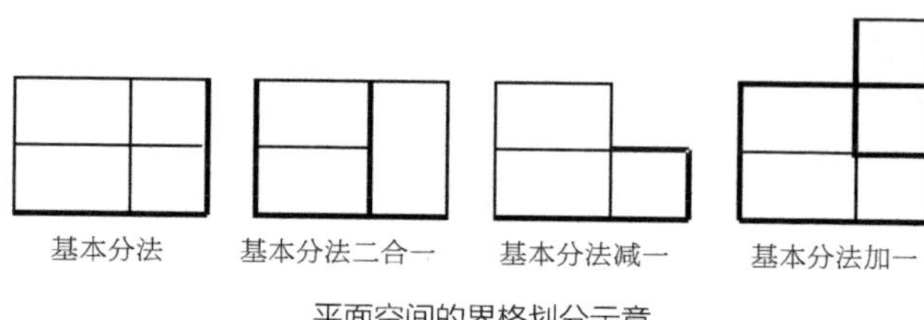

平面空间的界格划分示意

法、六分法、九分法等。下图是四分法的几种形式示意。界格大小不完全相同，有加、有减、有并。

模数网格划分。对于适应建筑构配件的标准化与定型化的工业生产，人们早已熟悉了以模数网格为基本单位的再分形划分方法。根据模数网格的数量，确定再分形的大小（或称基本间的大小）。为简化建筑构件种类，方便生产，再分形（基本间）多呈规整的矩形。矩形平面的开间、进深采取统一的模数单位或分别采用不同模数单位，构成不同模数平面系列（图）。多数情况下，生成的若干再分形（基本间）的开间、进深是有一定模数关系限制的。对一般建筑平面设计来说，开间、进深只要满足一个选定的扩大模数的倍数，也就够了。显然，随着开间进深模数的增减，再分形面积就会增加或缩小。模数小的变化缓慢，模数大的变化迅速。模数网格再分形多用于大量性民用建筑中。依据不同的比例关系，再分形在连续生成过程中，并非都能恰好适应我们的特定功能需要，应当根据实际情况，对其大小进行必要的筛选（图）。

自由混合划分。建筑平面设计中也常常流行另一种再分形的划分方式。再分形与概括形之间以及再分形之间并不完全遵循确定的数字和严格的几何比例关系。它们的大小、形式是凭借建筑师对多方面影响因素的综合

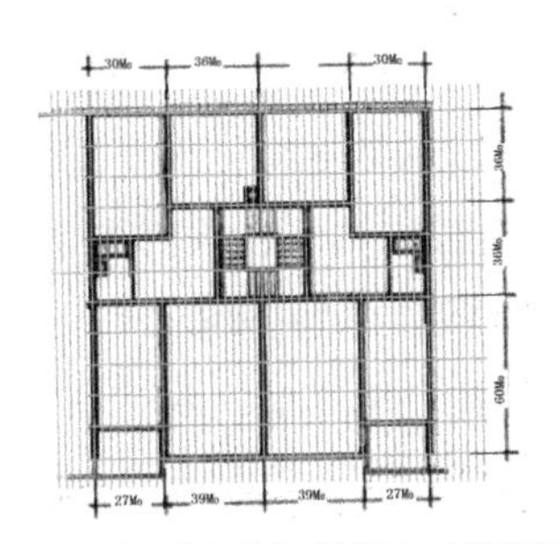

住户内房间开间 / 进深 1：4 关系的模数网格划分（苏联）。

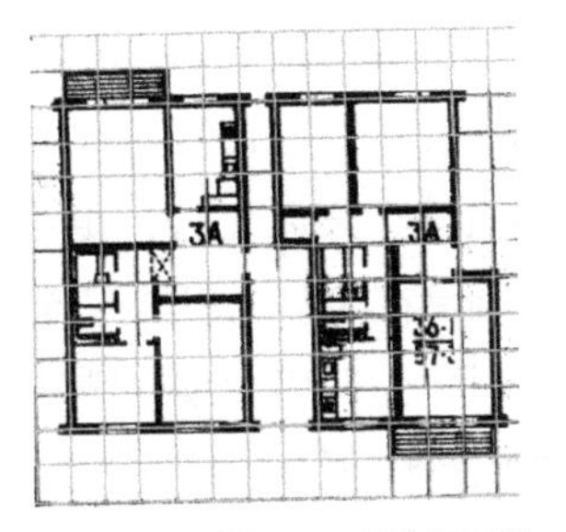

住户内房间进深、开间按相同模数网格的划分（丹麦）。

采用扩大模数网划分居住空间

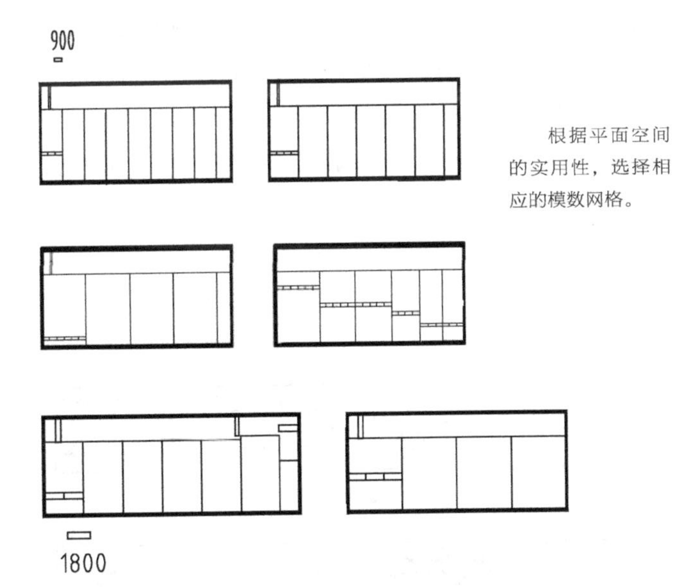

根据平面空间的实用性，选择相应的模数网格。

模数选择对平面再划分的尺度影响

判断，通过视觉感受、功能—形式的理性分析得来的。当然不排除特殊情况下，对某些重点图形遵循某种法则的划分。在某一图形中所形成的破碎、裂变的形态，表现了再分形的随意性。

自由和混合划分的再分形，虽然包含着一定的视觉比例关系，但它们基本不具备分形的普遍特征。不过形的快速、灵活划分，更容易被相对成熟的建筑师应用。特别是在建筑构思的图解分析和建筑方案快速设计阶段，表现更为适用。某些特殊功能的再分形平面，并不恪守与大量的再分形形态保持一致的情况下，也常常以自由形式出现规则形、非规则形、任意多边形、圆形、任意曲线形等，例如楼（电）梯间、门厅、过厅和景观休闲场所，它们更多的是受建筑内部交通流线，人员滞留、疏散及相应技术方面的影响，而没有形的清规戒律限制。自由划分的特殊再分形，在一个类型平面中的具体位置没有硬性规定，应结合有关建筑设计规范和建筑造型实际需要灵活确定。线对空间的再划分表现形式更加活泼、更加多样，如下图所示。

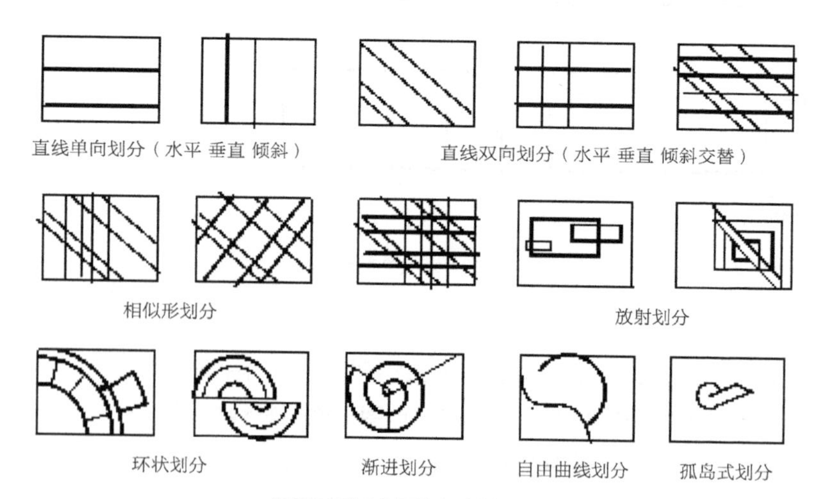

线段对平面空间的自由划分形式

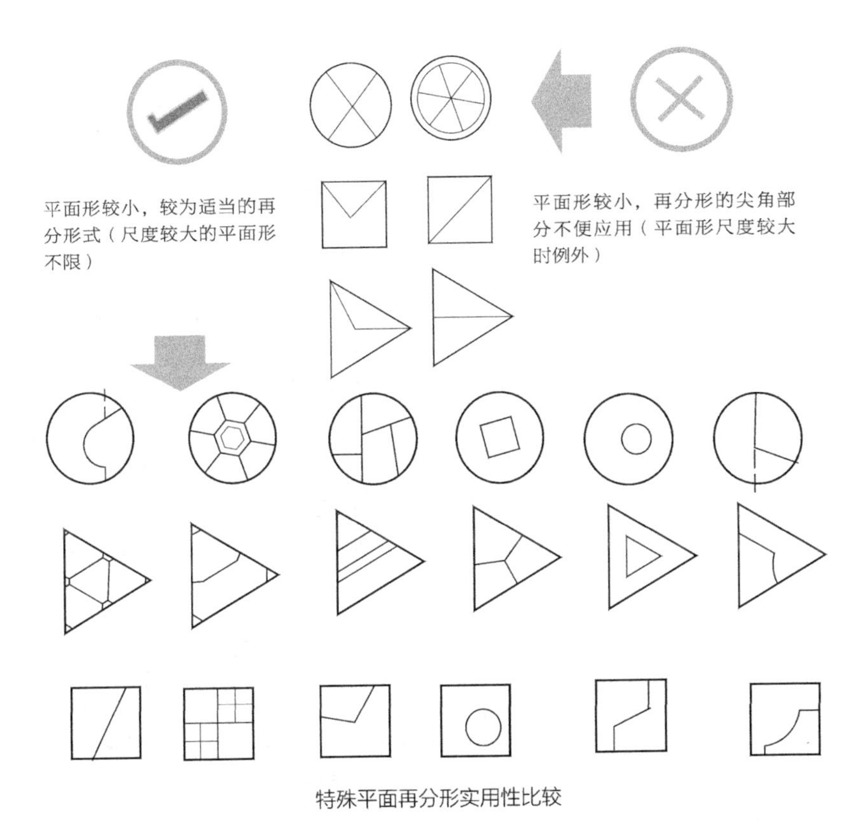

特殊平面再分形实用性比较

自由混合再分形的划分，应注意划分后平面空间使用的均好性。下图是以正多边形、圆形为例，再分形不同划分方式的对比。上半部分平面划分，内部尖角出现较多，平面不便利用，下半部分平面划分，减少内部平面的尖角，能较好地加以利用。

随机分形

如上所述，再分形在基础平面形内部，表现了再分形连续的、相等级差生成关系，同时受到基础平面形的

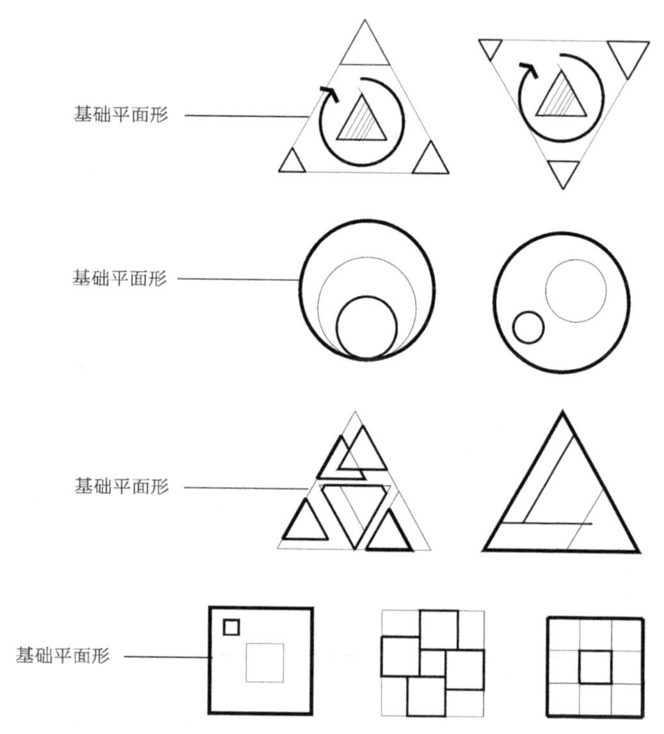

平面形按内侧生成规则的再分形（相似的圆、三角形、正方形）

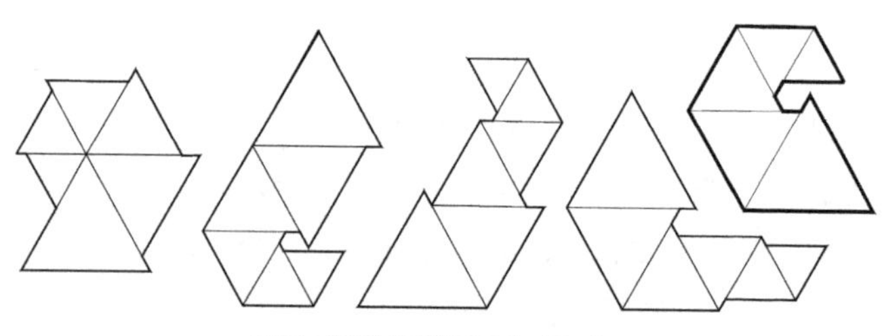

正三角形按外侧规则生成再分形

控制。无论保留多少个再分形平面，从总体上看，它们的结合都是位于基础平面形内侧。另一种情况是，使再分形位于基础平面形的外侧。位于基础平面形外侧的再

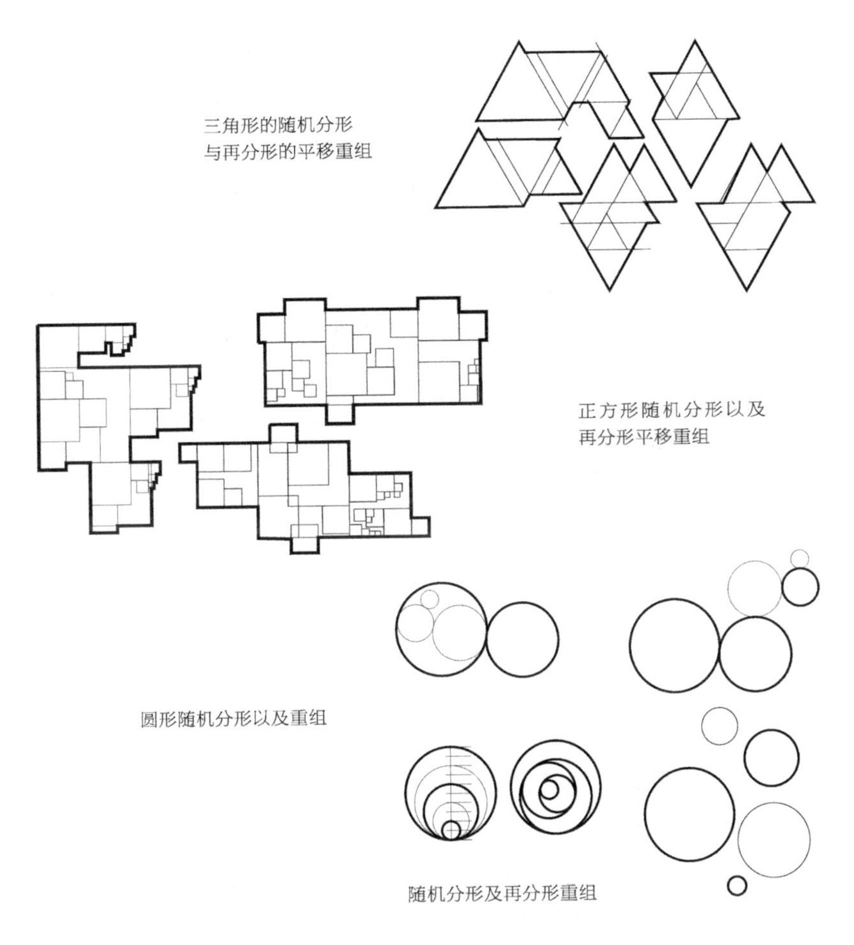

三角形的随机分形
与再分形的平移重组

正方形随机分形以及
再分形平移重组

圆形随机分形以及重组

随机分形及再分形重组

分形，表现了大小不同的相似形按一定规则向外扩展。扩展的结果使概括平面形覆盖面积增大，外边界复杂多变（图）。但是由于遵循一定的规律，这种变化还是有限的。如果再分形生成的位置不是局限于概括平面形的内侧或是外侧，而是内外随机生成，甚至可以随着基础平面形的边线做有限的滑移，那么，即便是根据功能需要，再分形进行了一定的筛选，建筑平面构成形式的变化和适应能力也会大幅度增加（图）。如形演变所述，随机生成经过筛选的再分形，再通过复制、镜像、平移、迭代、削减、融合的多种演变手段，取得诸多再分形的重新组合。再分平面形的重组，提供了母题簇群更加多样化的平面构成和随之而来的丰富的建筑外观形象。这一现象引起我们一个反向思维，即建筑类型平面的构成并不一定是首先确定概括形的形式，然后才是在概括形控制的范围内作更加深入的划分。而是可以围绕一个或几个核心平面形依据功能、流线、建筑形态构思、基地地形等综合条件，完成一系列再分形的衍生和重组。这一现象如同富有生命的肌体，不断“向外生长”。平面和建筑外观的这种灵活、自由的契合方式，使空间环境和建筑形态彰显出更加独特的效果。再分形平面的相似、相近特性，使建筑平面整体易于保持一致，取得统一，形成较强的韵律。它们在功能上相互呼应，有助于建立良好的空间序列。

再分形的赘余

在研究平面形式构成过程中，会看到以下几种现象：一个平面形在加工演变过程中或组成复合形过程中，主要功能平面区域被圈定，留下了一些剩余的边边角角；不规则的概括平面形，在规则再分形划分过程中，会剩余一些不规则零星碎片；平面组合过程中，由于图形的成角结合或错位搭接，平面出现不规则部分，不规则部分进行规整形再划分后，剩余部分难以应用；在建筑外观形象构想先于平面形式设计的过程中，出于形式需要，平面功能组织的某些部分成为“多余”和“累赘”（图中阴影部分）。平面形中这些不完整的、可有可无的所谓

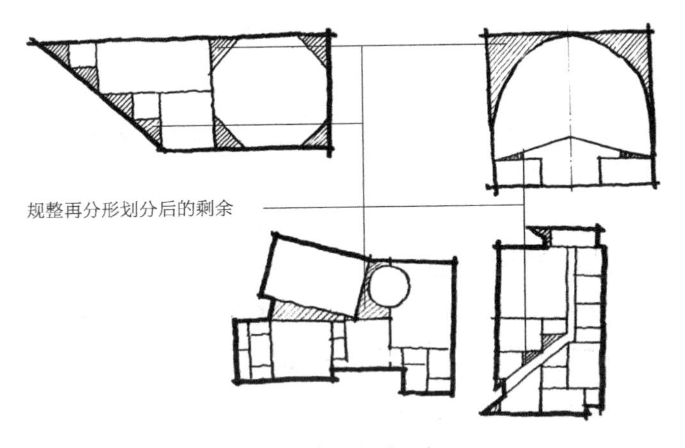

平面的赘余部分示意

“多余”和“累赘”部分，如何科学合理地赋予相应功能，是一个不容忽视的话题。目前建筑设计较普遍的处理手法是:①通过调整平面外围护界面，扩大规整形部分，缩小非规整形部分。②对非规整形平面划分，宜优先集中划出小规模规整形，缩小不规整部分的覆盖面积，减少非规则形种类和数量。规整形用作常规使用房间。非规整形用作服务房间、储藏室、卫生间、楼电梯间、通道、过厅、设备用房、井道等。这类附属空间往往对自身平面形的规整程度要求并不高。③平面形避免过于琐碎的划分或避免将平面形划分到极致状态。保持规整形划分后的赘余部分形态自然，具有独力承担某一特定功能的特性和能力。保留它们和主要平面形的自然结合关系。它们就会成为覆盖面较大的，便于有效利用的空间领域。④适当改变再分形划分的尺度或概括形的外边界线，将平面中琐碎的赘余部分黏结在一起，补充“能量”使之成为具有更大利用价值的新的平面空间形式。上图是平面再划分后的赘余部分，表现为连续排列的三角形。

如果适当减小矩形的划分尺度或对概括形边线做微小移动，原三角形就会成为公共交通空间的一部分，起到丰富空间的良好作用。安德鲁设计的北京国家大剧院，三个椭圆形剧场从卵形平面划出后，剩余平面主要用作共享空间，回避了对平面赘余部分的再度划分，从而取得了更加新奇的空间艺术效果。

应当指出，平面再分形相对于概括形来说，并不是绝对的被动行为。根据平面设计的综合考虑，某些再分形允许在概括形控制下，对其边界做出微小突破或收敛。由此引起的概括形在红线控制范围内的调整和局部突破，是完全正常的。概括形内再分形不同的划分方式，也会一定程度影响到它们的结合关系。

再分形分布态势

对于不同目标的功能平面设计，进入概括形平面内部再划分阶段，将涉及多数再分形平面集结的方式和区域分配问题，根据大量统计，一种情况是概括形（基础平面形）无须再分；另一种情况则是功能要求应对概括形（基础平面形）加以再分。被划分的概括形与再分形，保持着以下几种主要关系：

条带排列关系。再分形以交通廊为导向，占据概括形的单边或双边，形成边廊、中廊、复廊结合方式；再分形的进深基本保持一致；相同再分形重复量较大；大多垂直于概括平面形的外边线；规则形居多，非规则形较少。再分形大多与极限面积（可供一般正常使用的最小面积或模数网格）具有一定连带关系。

依附关系。以主导平面为核心，小尺度再分形穿插依附于单边、双边、三边或四周（图）。首先确定主导平面的恰当位置（概括平面形留出空白区域）。在概括形外边界线和主导平面形之间，完成辅助平面的再分。围绕的再分形，开间进深以及位置关系相对比较自由。再分形之间，再分形与主导平面之间，可以直接联系，也可借助中介平面、交通联系平面建立联系。例如：幅面较大的单一平面形，当位于概括形内的主导平面不止一个时，小尺度再分形与大尺度主导平面相互交叉、融合渗透。主导平面周边的围合，不局限于独立分散再分形的围合，必要时会发展为有组织的再分形组团围合。

核心聚拢关系。再分形集中在概括平面形的中间部位，集聚成数量较少的组团或单一的核心平面。再分平面形的周边保留着平面形的原状。再分形在概括平面形的位置，类似于孤立的半岛或全岛。这种分布的再分形平面，带有较强的公共性（图）。

多形式交织关系。概括形幅面较大，主导平面不明显。再分形可多边靠拢相互依偎。由多条通廊（复廊）或多向转折的通廊进行有序联系。再分形的开间，进深方向比较自由；再分形数量、规模、形式均较多并且没有统一的开间和进深限定，保持相互自由穿套的结合。交错、穿插、叠合、聚拢，充斥着整个概括形；根据不同功能区域，决定不同的再分形式及结合特点，形成不同的组团。这些组团的出现，实际上表现了再分形多种形式分布的综合应用。为了较好地控制再分形的功能组团关系，平面划分可以分两步进行：首先进行功能区域分形，再进行区域内部细化分形。下图就是单元式住宅套形功能分区划分后套内平面功能分间再划分实例。

再分形组织过程中，越是强调平面空间之间的流通，

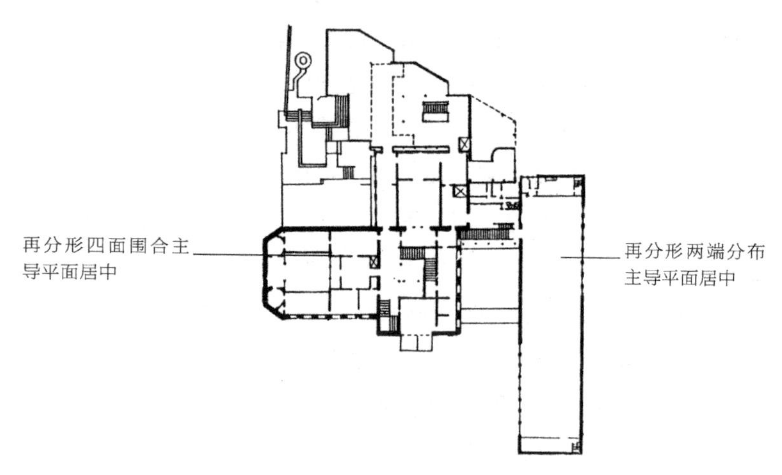

瑞士苏黎世艺术馆二层平面

再分形核心聚拢

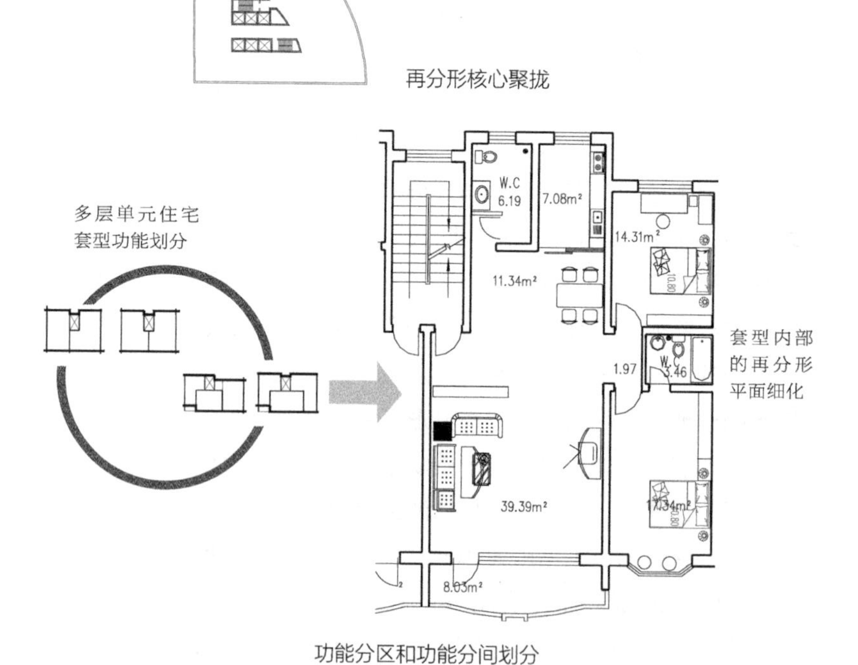

功能分区和功能分间划分

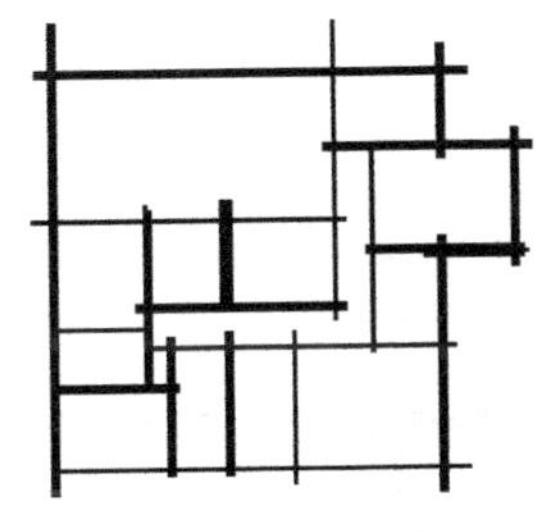

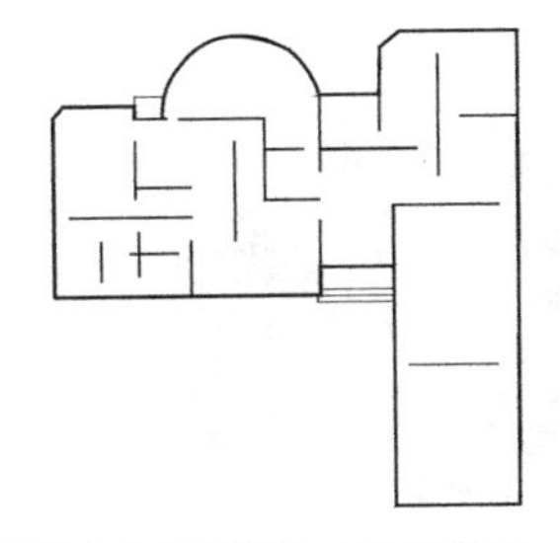

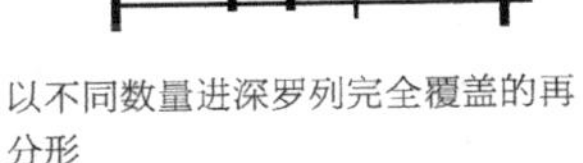

以不同数量进深罗列完全覆盖的再分形

以线为主纵横交织，不明显的再分形形式

形划分与线分隔再分形形式

再分形的轮廓线则变得就越发含糊，甚至转化为线段对平面的自由分隔关系（图）。

当概括形幅面更大时，由于各微小平面形之间的相互依偎，使得位于中心地带的平面常常难以获得直接的自然采光和通风。为了改善上述状况，需要在其内部适当的位置留出空缺，形成院落、中庭或天井。再分形平面将围绕这类与外界沟通的空缺灵活分布。空缺的形式及边界线，可与楼层平面的组合关系相互协调，以改善平面空间生态环境质量和平面空间组合的艺术性（参见本书“演变——竖向空间流动”“局部细节——内部细节”）。多形式交织的再分形分布，有效使用面积密度大，各功能平面组织紧凑；平面整体稳定、端庄；重量感强，方向感偏弱。

再分形无论是哪种划分方式，在某一功能区域的形式都应力求简洁、统一，不宜繁杂。平面参数相近的再分形宜归类集中。这是平面组合建立良好秩序的基础。

圣伏特河别墅（瑞士）

建设地点：提契诺
建设时间：1972—1973 年
设计师：马里奥 · 博塔

概括形的持续再分：第一、二次再分，在正方形内角点上。第三次再分，在第二次再分正方形的外角点上。其中包括：附带生成的没有实体边界的隐形。这些正方形中，最终保留两个相似正方形，与进行再分的正方形建立叠合、内含和大小包容关系。

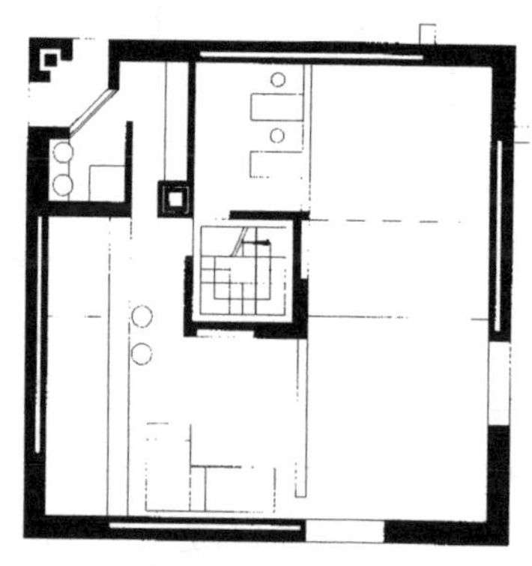

中间层（二、三层）

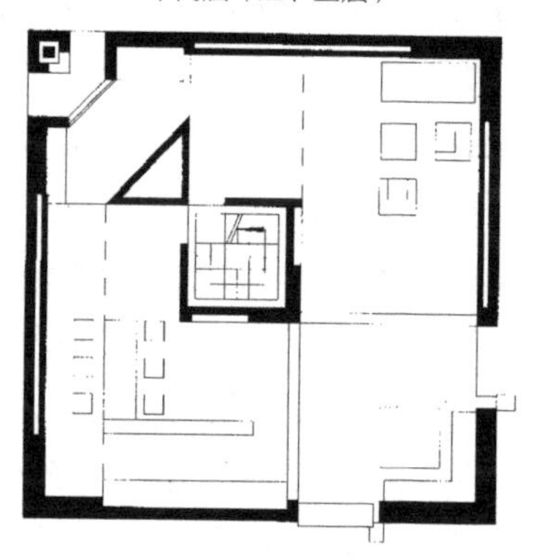

底层（一层）

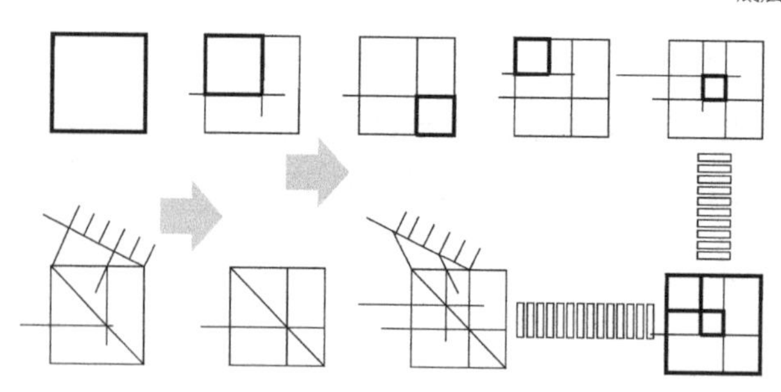

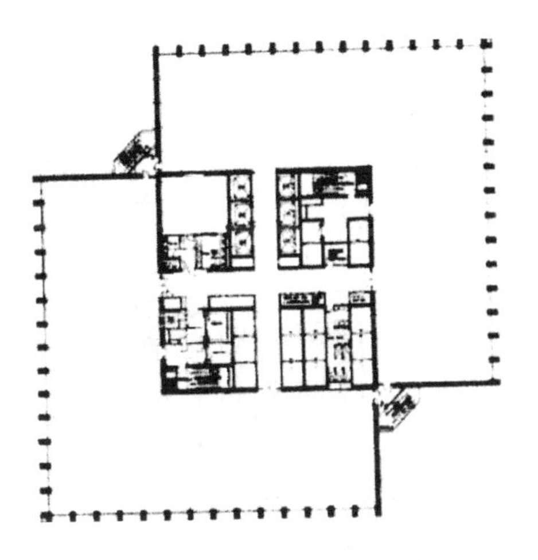

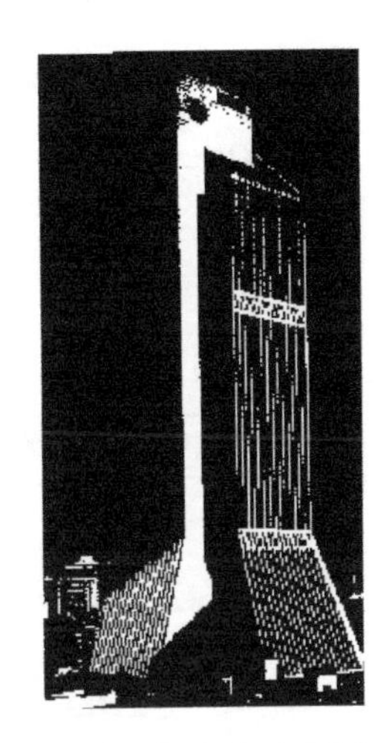

马来西亚银行（马来西亚）

建设地点：吉隆坡

建设时间：1984—1987 年

设计：Hijjas Kasturi 联合公司

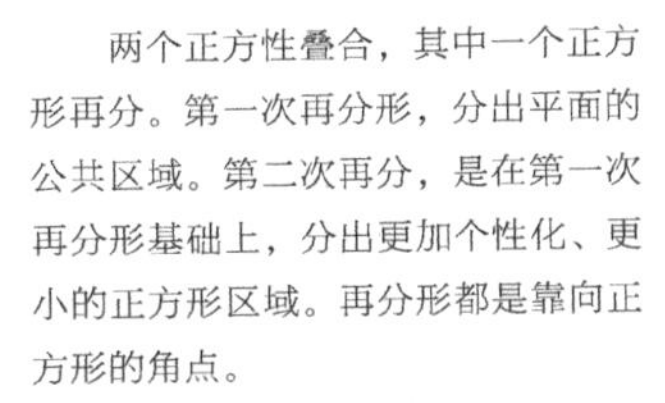

两个正方性叠合，其中一个正方形再分。第一次再分形，分出平面的公共区域。第二次再分，是在第一次再分形基础上，分出更加个性化、更小的正方形区域。再分形都是靠向正方形的角点。

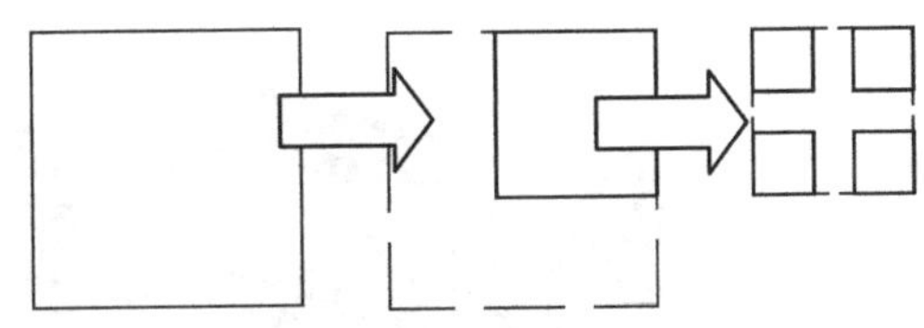

正方形相似，连续向内再分

等等力邸（日本）

建设时间：1975 年

设计师：藤井博巳

以正方形内角点为基点（对应变换）的随机分形，再分形比例基本相同。再分形大小的筛选，由主要功能、联系方式确定。

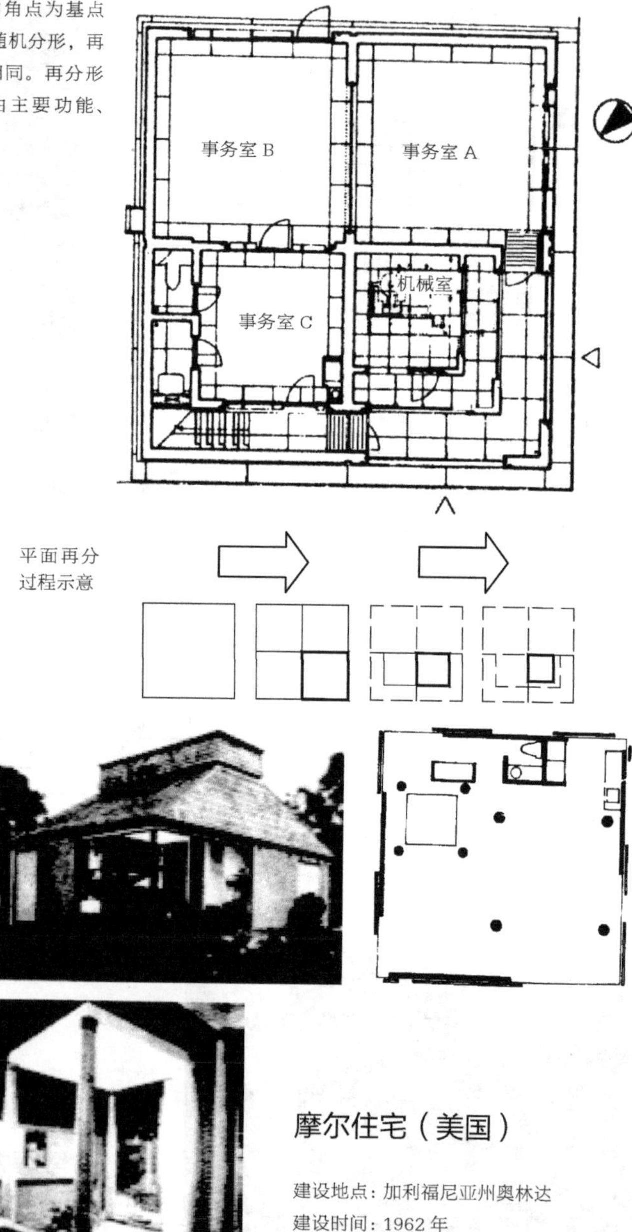

摩尔住宅（美国）

建设地点：加利福尼亚州奥林达

建设时间：1962 年

设计师：查尔斯 · 摩尔

点隐喻的正方形两次随机再分。第一次再分形位于正方形内侧。第二次再分形位于第一次再分形的外侧。再分形的位置没有严格距离限制。

木岩美术馆（韩国）

建设地点：京畿道高阳市

建设时间：1997 年

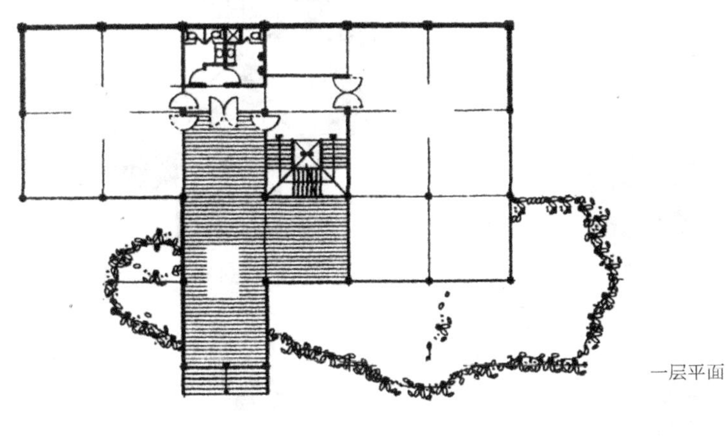

一层平面

二层平面

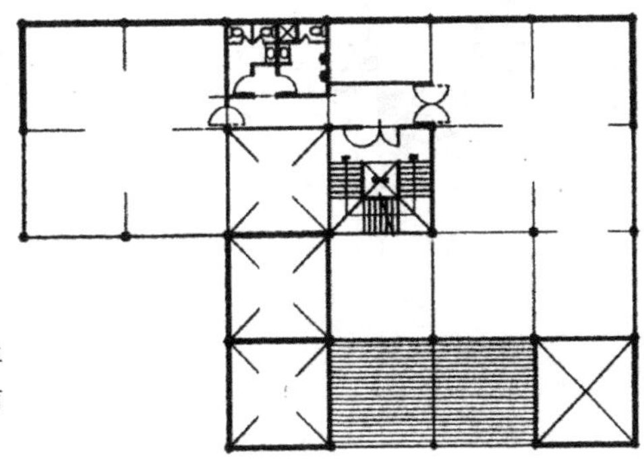

以正方形作为再分形的基本单位，由基本单位外延扩展，形成具有模数关系的平面网络系统。

集合住宅（美国）

建设地点：阿肯色州

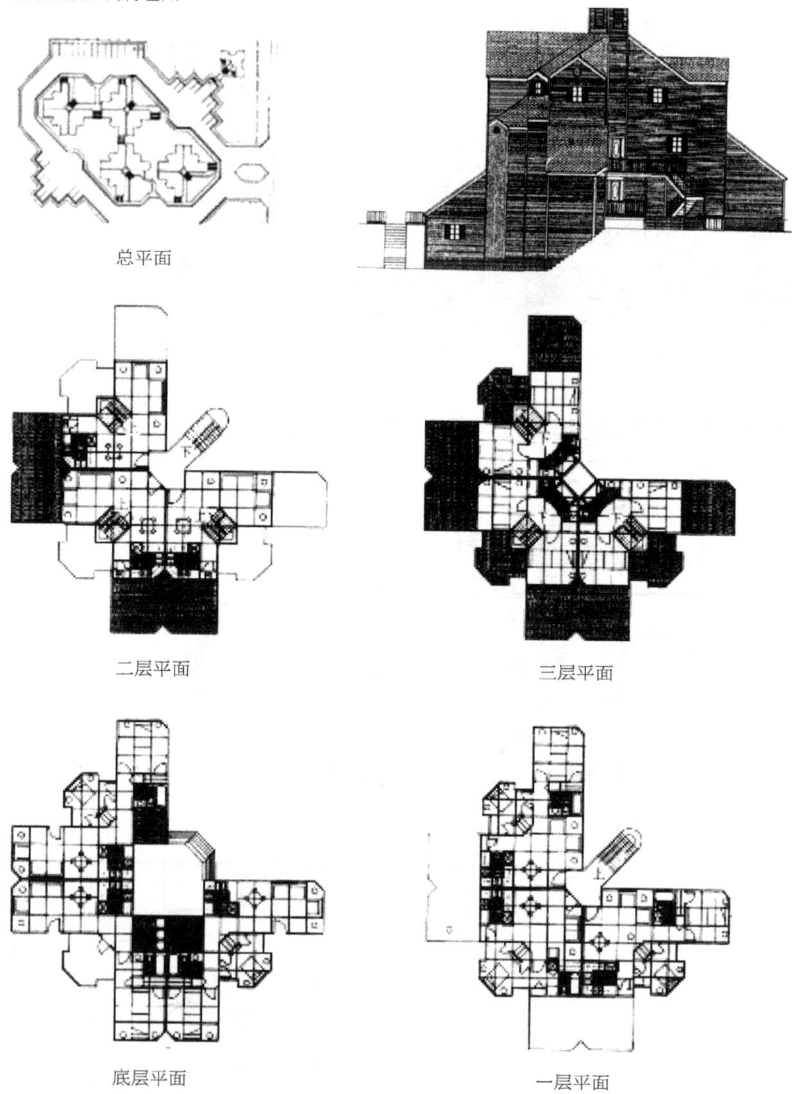

总平面

二层平面

三层平面

底层平面

一层平面

建筑平面以 3.6 米 ×3.6 米组成建筑平面的基本网格。再以这些网格作为确定各功能房间平面参数的基本单位，完成对房间的再划分。

马库斯住宅（方案）（美国）

建设地点：得克萨斯州达拉斯
建设时间：1935 年
设计师：弗兰克·劳埃德·赖特

一组模数网格，是平面中主要支承体控制依据。房间的开间、进深，大多符合模数网格的倍数。

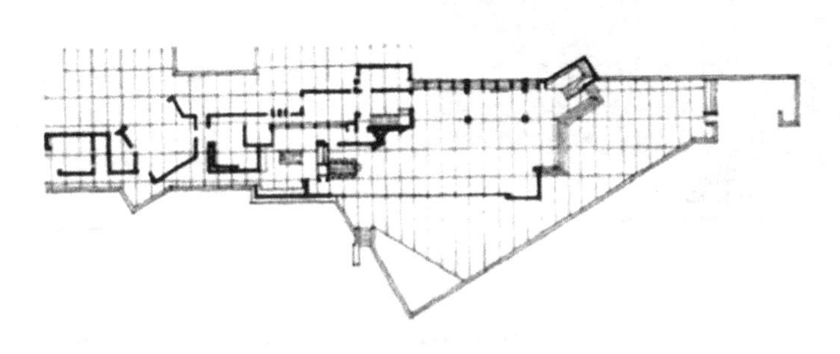

相模女子大学七号馆（日本）

建设地点：神奈川县相模原市
建设时间：1981 年

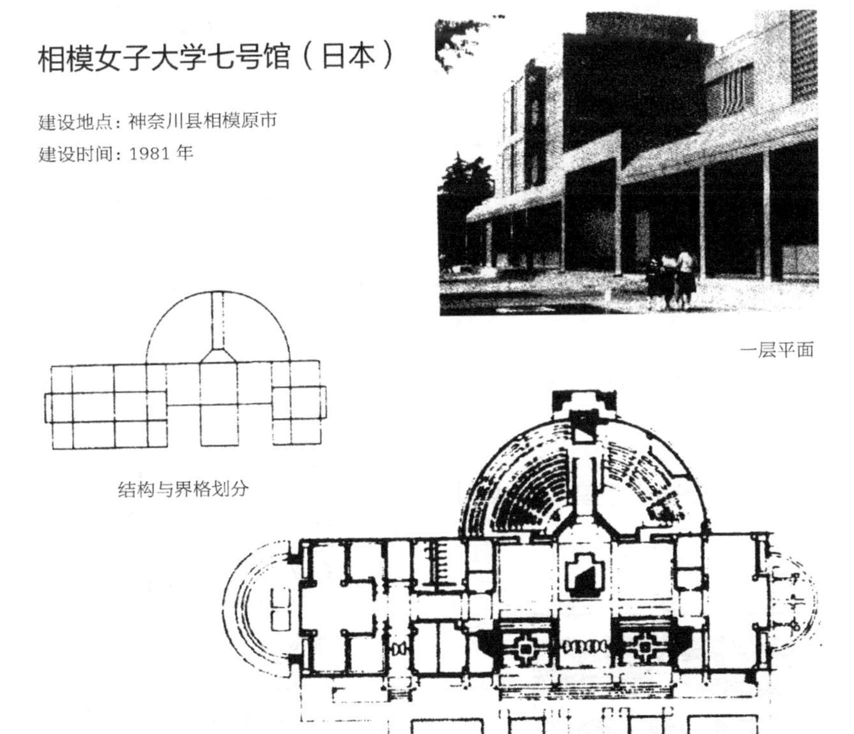

一层平面

结构与界格划分

剧场及部分平面自由划分，其他部分遵循结构网格划分规则。结构网格不受统一尺度规定，从而形成建筑平面再分与承重结构系统关系的统一。

魏森霍夫住宅（德国）

建设地点：斯图加特
建设时间：1927 年
设计师：波尔齐希

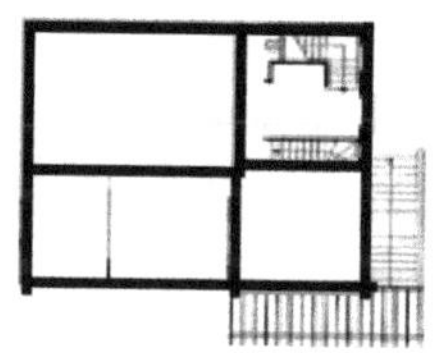

平面四分法示意

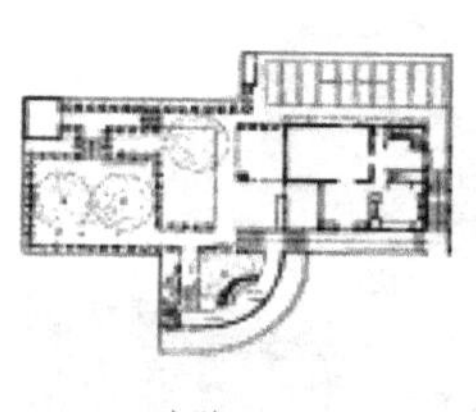

庭院平面

1- 入口门厅；2- 厨房；
3- 餐厅；4- 起居室；5- 日光房

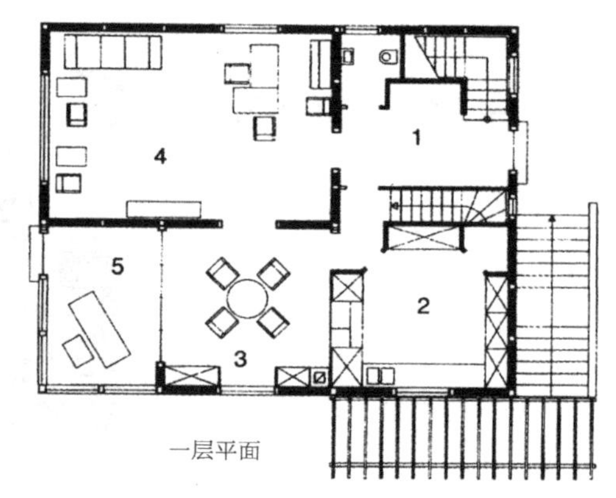

一层平面

规整的矩形平面，按四分法划分居室内不同功能房间。其中日光房与餐厅成为通视、可再分隔的合用空间。

意大利圣彼得小教堂（意大利）

设计师：马里奥·博塔

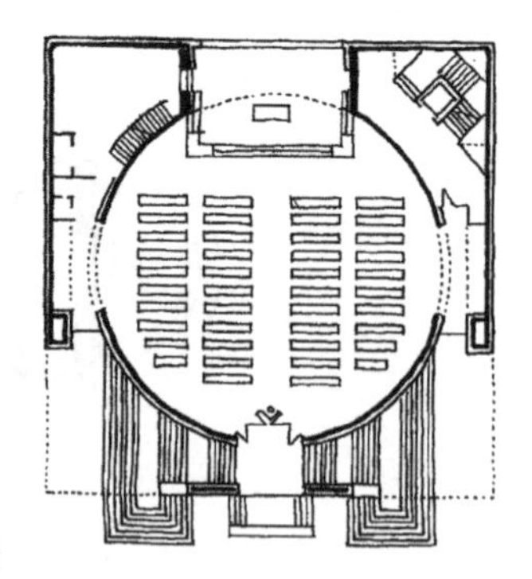

底层平面

圆与四边形叠合后，四边形的大部分被圆占据。剩余部分平面已不能为主要公众活动所用。通常用作楼梯间、卫生间和其他附属用房等。

日航金沢酒店（日本）

建设地点：金沢

建设时间：1994 年

设计：松田平田设计

1- 车道；2- 门廊；3- 大厅；4- 店铺；
5- 银行；6- 入口；7- 大堂；
8- 阳光花园上空

一层平面

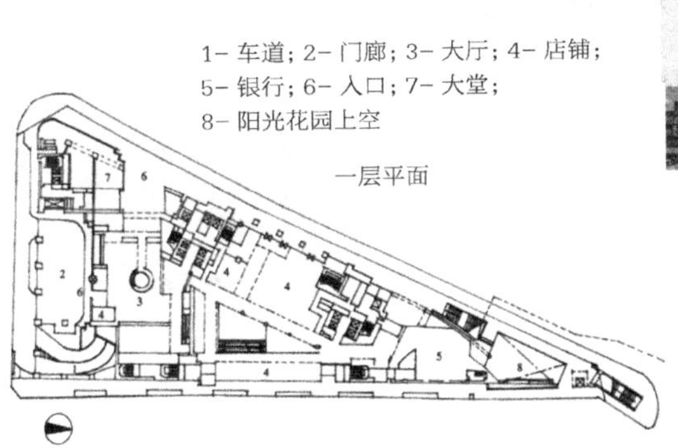

二层平面

1- 店铺；2- 吹拔；
3- 餐厅；4- 厨房；5- 菜园

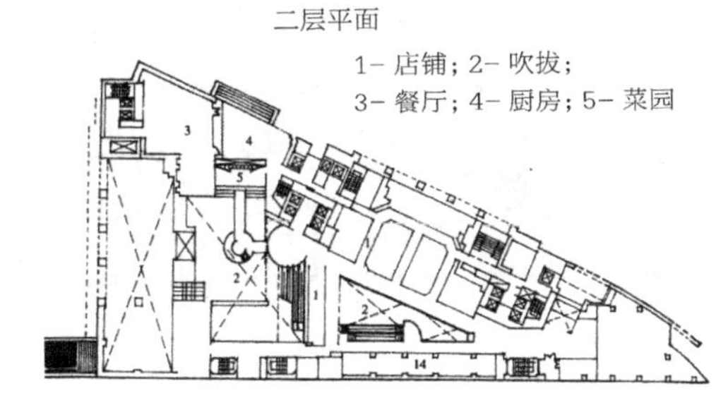

1- 休息厅；2- 多功能厅；
3- 办公室；4- 吹拔；5- 厨房；
6- 日式餐厅；7- 庭院

六层平面

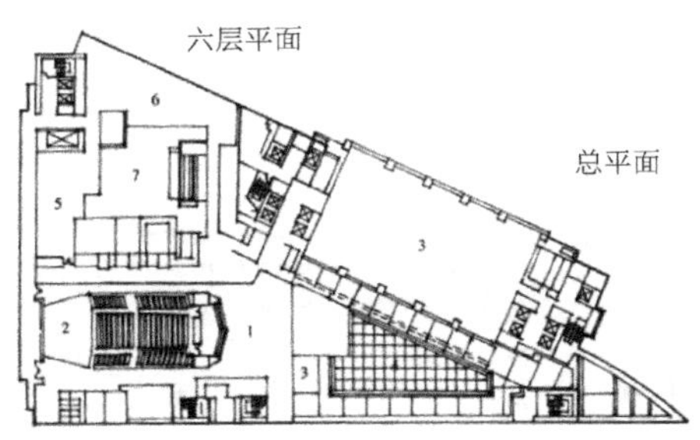

总平面

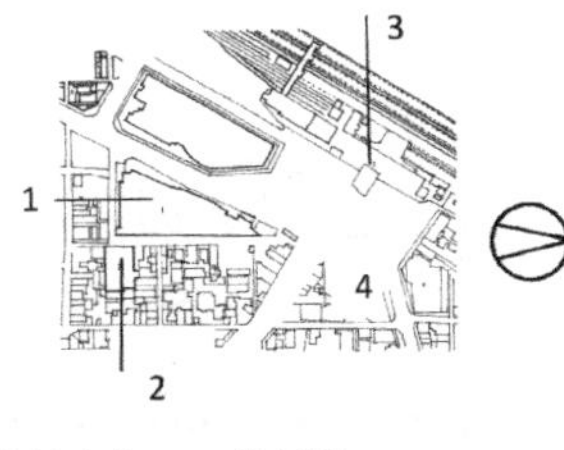

1- 旅馆主体；2- 停车场；
3-JR Kanazawa 研究所；4- 北陆铁道站

三角形划分出主要用途的矩形平面后，剩余部分，安排对平面形无严格要求的功能内容，如过厅、通道、设备间、卫生间、厨房、餐厅、营业厅、娱乐场、庭院、展示等。

海上日本研修中心（日本）

建设地点：东京

建设时间：1994 年

设计师：KAJIMA

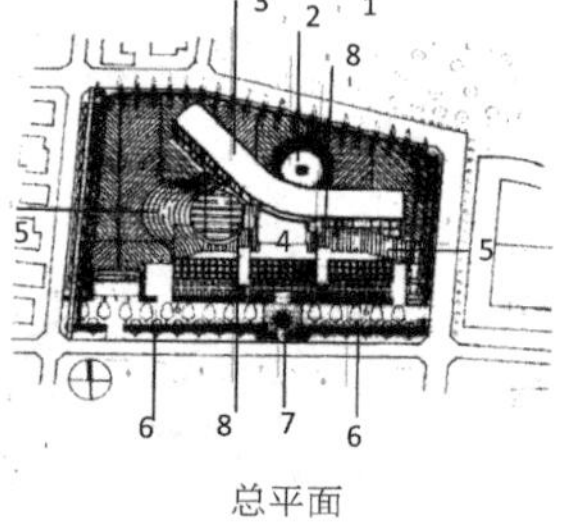

总平面

1- 公园；2- 花园；
3- 教学楼；4- 宾馆；
5- 条形草皮；6- 停车场；
7- 入口院；8- 屋顶花园

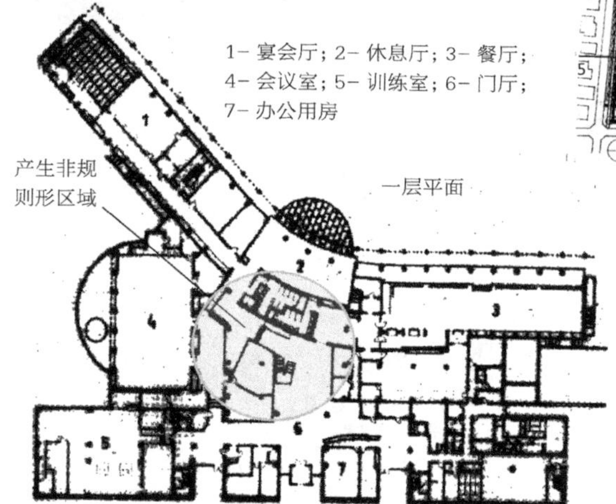

一层平面

1- 宴会厅；2- 休息厅；3- 餐厅；
4- 会议室；5- 训练室；6- 门厅；
7- 办公用房

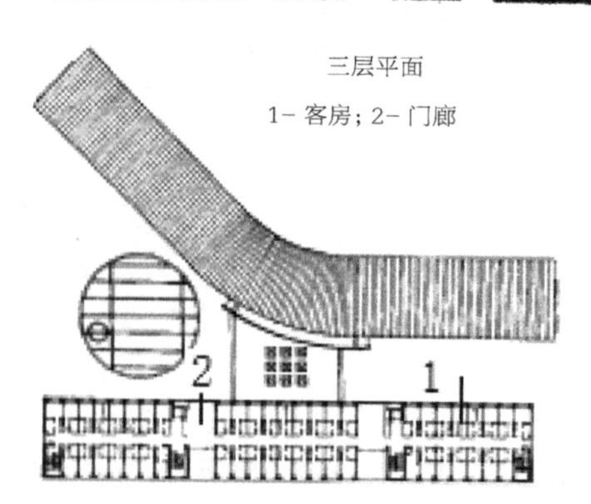

三层平面

1- 客房；2- 门廊

弧形条带平面与矩形平面的搭接。条带平面转折处的非规则平面形，以小尺度非规则形或线段，对平面进行自由再分。

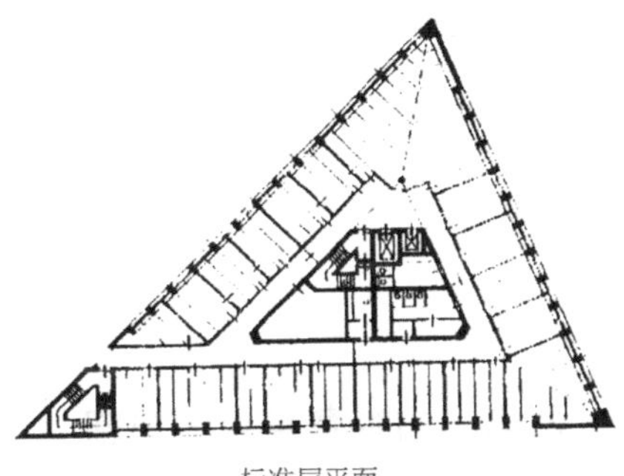

标准层平面

汉莎航空公司行政办公楼（德国）

建设地点：汉堡
建设时间：1982—1984 年
设计：冯·格康玛格建筑事务所

三角形内再分形的排列、分隔，与三角形外围护界面线的走向相适应。

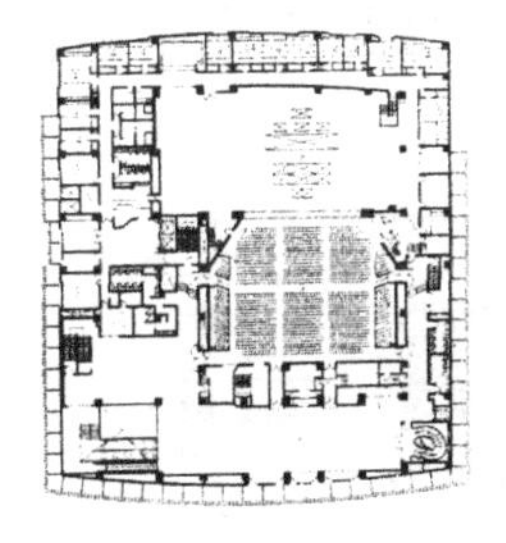

首层平面

大阪国际文乐剧场（日本）

建设地点：大阪
建设时间：1983 年
设计师：黑川纪章

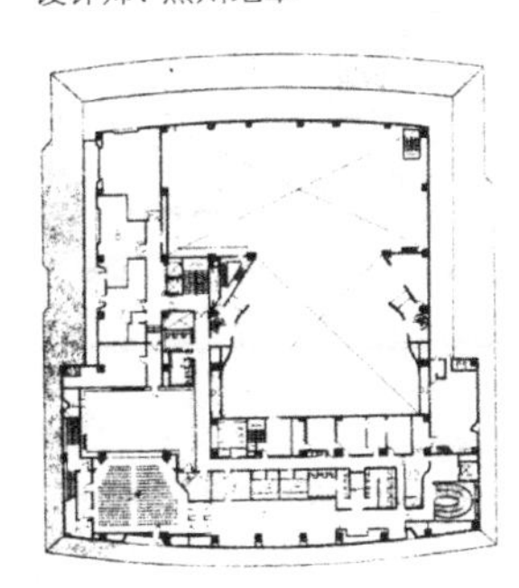

二层平面

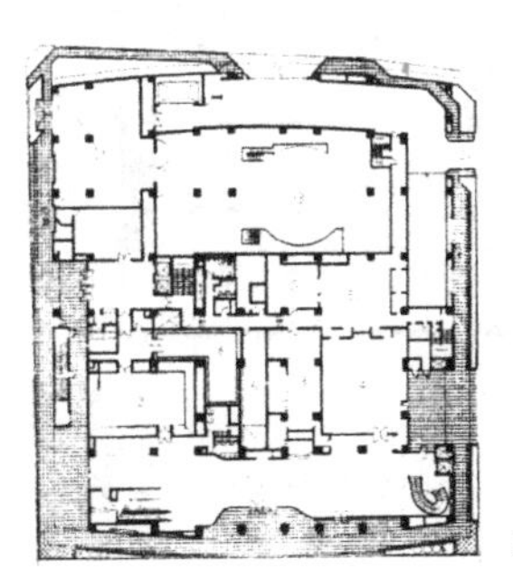

三层平面

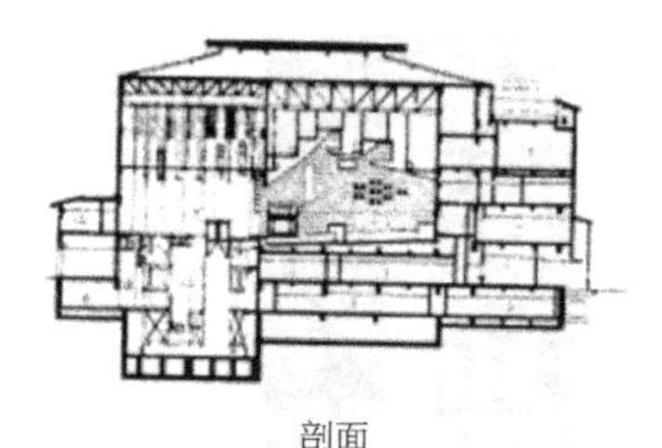
剖面

包含多种功能于一体，以主导平面为核心，再分形平面沿周边分布。内部不同功能平面相互穿插，衔接紧密。组合形式多样，包含厅式组合、廊式组合、穿套式组合等。

恩索·古特蔡特公司总部大楼（芬兰）

建设地点：赫尔辛基
建设时间：1959—1962 年
设计师：阿尔瓦·阿尔托

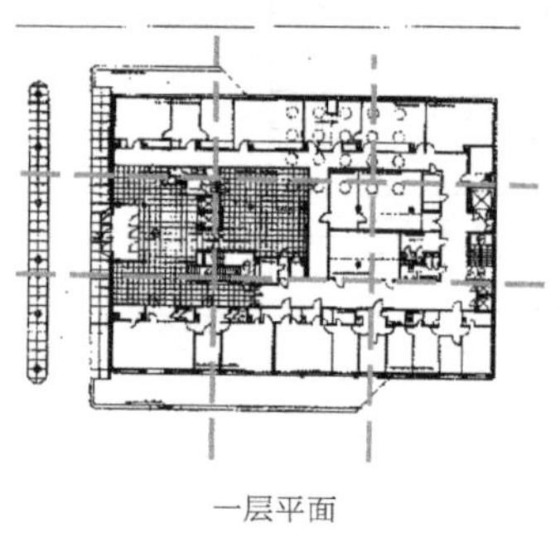
一层平面

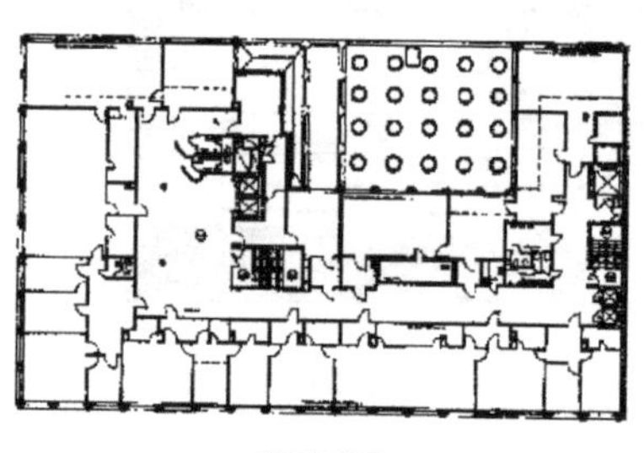
四层平面

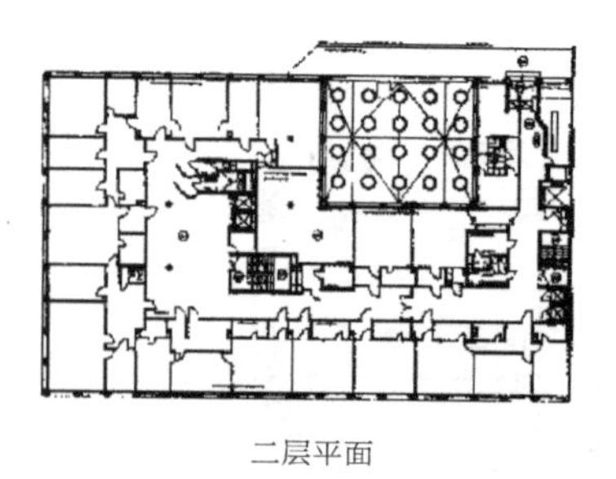
二层平面

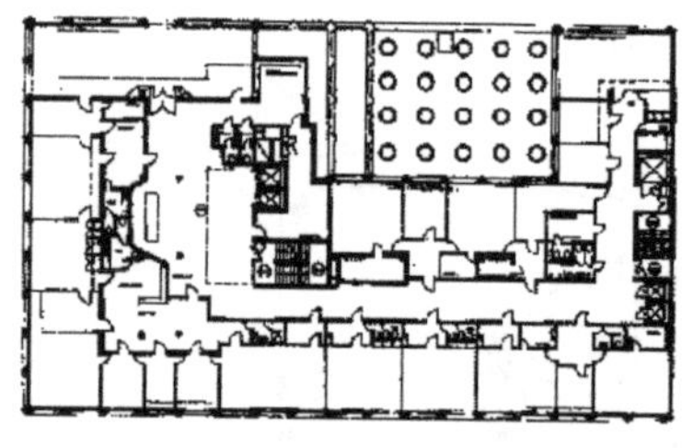
五层平面

较复杂或较大尺度平面形位于平面形黄金点的扩展区域。较小尺度、关系简单的再分形，位于周边。

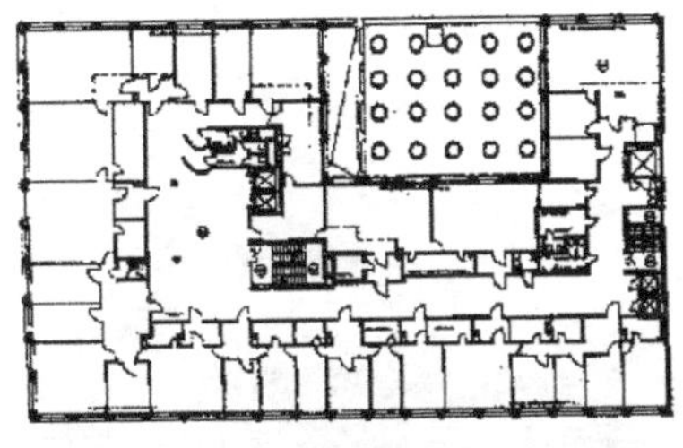

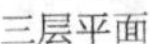

三层平面

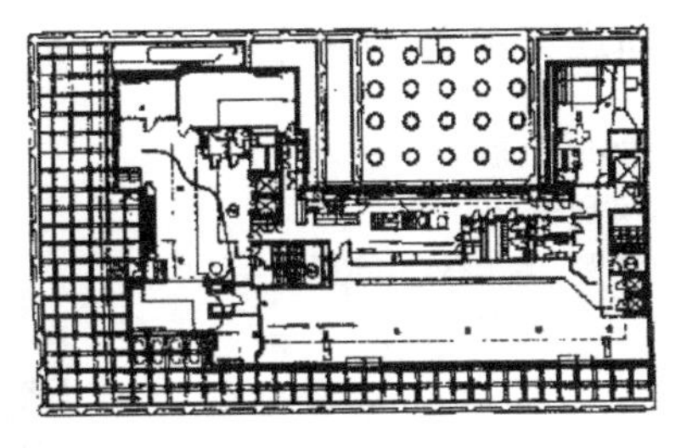

顶层平面

中国彩灯博物馆（中国）

建设地点：四川自贡

建设时间：1993 年

设计：东南大学建筑系、建筑设计研究院

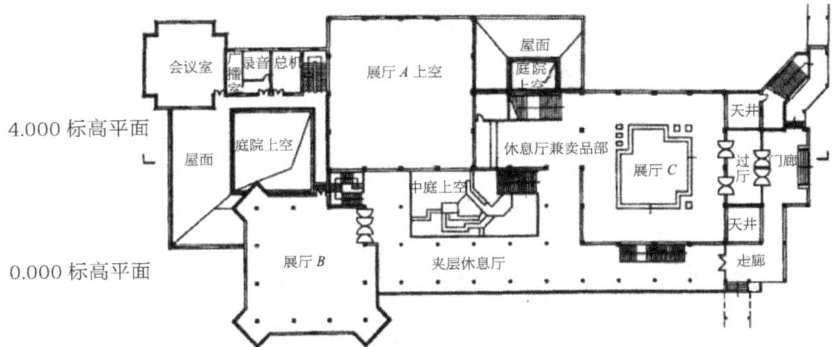

4.000 标高平面

0.000 标高平面

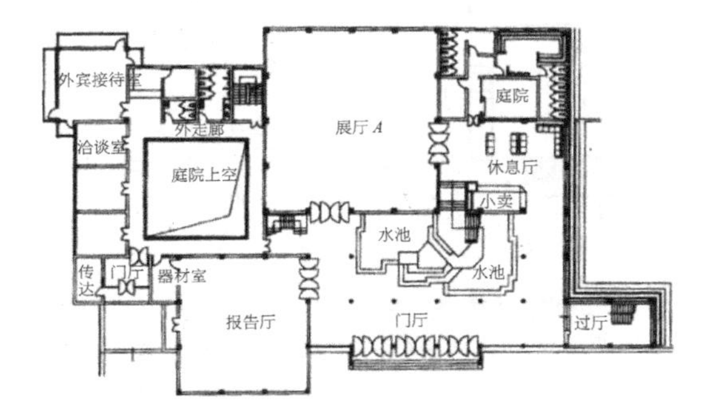

以开放型公共空间为主，再分形聚合成片。为了改善平面中心空间的环境质量，适当运用了楼层中空和嵌入内庭院的组织手法。

浙江美术馆（中国）

建设地点：浙江杭州

建设时间：2004 年

设计师：钱伯霖、王大鹏、郑茂恩、胡洋、郭莉等

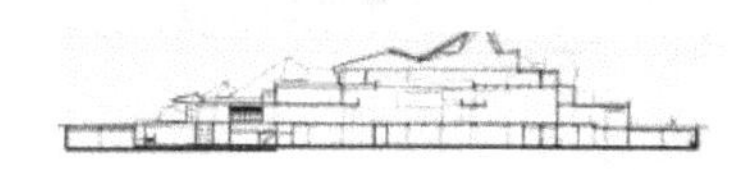

一层平面

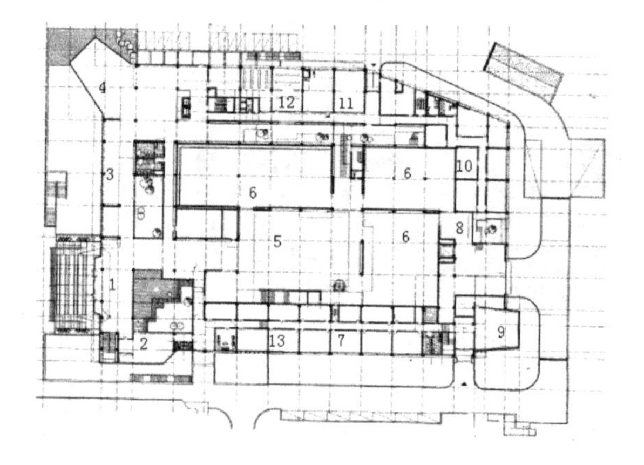

1- 门厅；
2- 贵宾室；
3- 休闲茶座；
4- 儿童天地；
5- 中央大厅；
6- 展览厅；
7- 办公用房；
8- 准备室；
9- 多功能厅；
10- 创作研究室；
11- 教室；
12- 资料室；
13- 馆长室

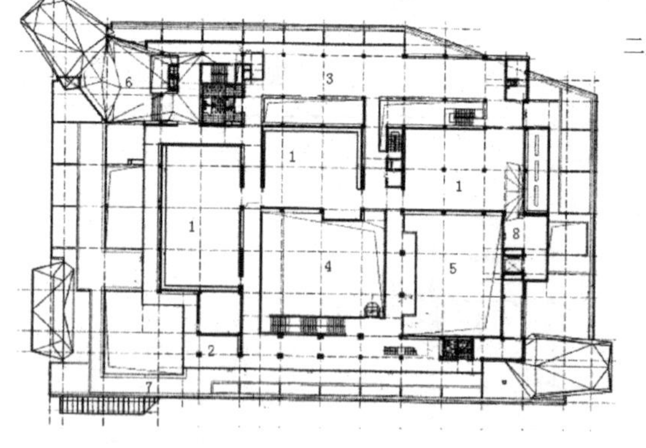

二层平面

1- 陈列厅；
2- 观众休息厅；
3- 专题陈列厅；
4- 中央大厅上空；
5- 展览厅上空；
6- 休闲茶座；
7- 绿化景观平台；
8- 准备室

大尺度再分形平面位居中部，统一在相同模数网格之中。小尺度再分形位居边部。交通、观光、休闲场地，穿插于再分形之中集聚成片。核心地带有贯穿楼层的中庭形态优美、色调典雅透明的屋顶把展厅、中庭与天空连接在一起。

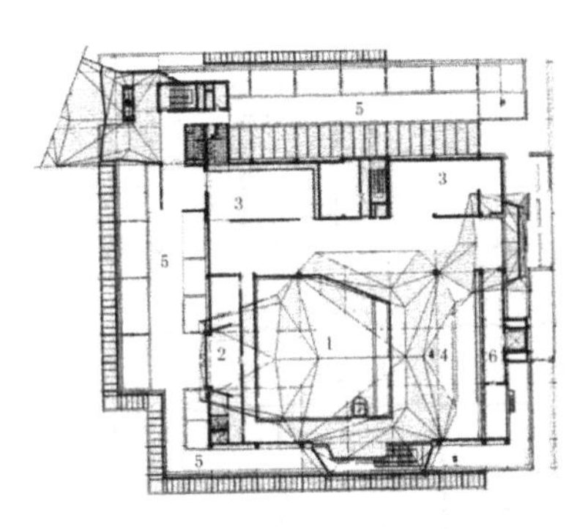

三层平面

1- 中庭上空；2- 接待室；3- 专题陈列厅；
4- 陈列厅；5- 绿化景观平台；6- 准备室

上海生物制品研究所血液制剂生产楼（中国）

建设地点：上海浦东
建设时间：1988 年
设计单位：上海建筑设计研究院

总平面

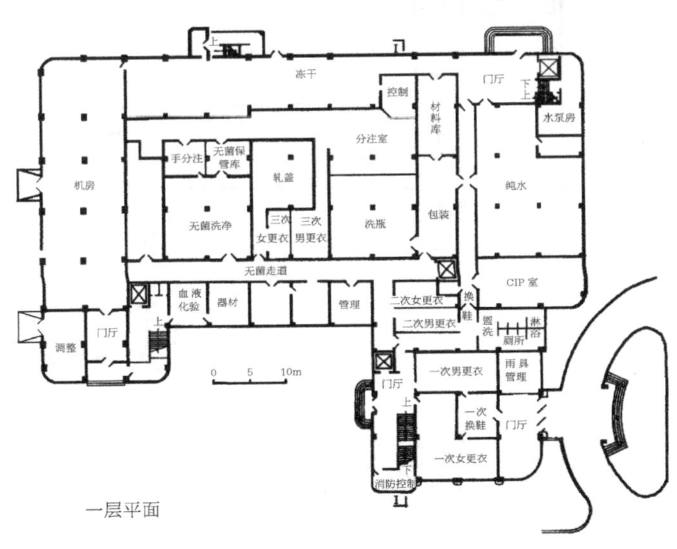

一层平面

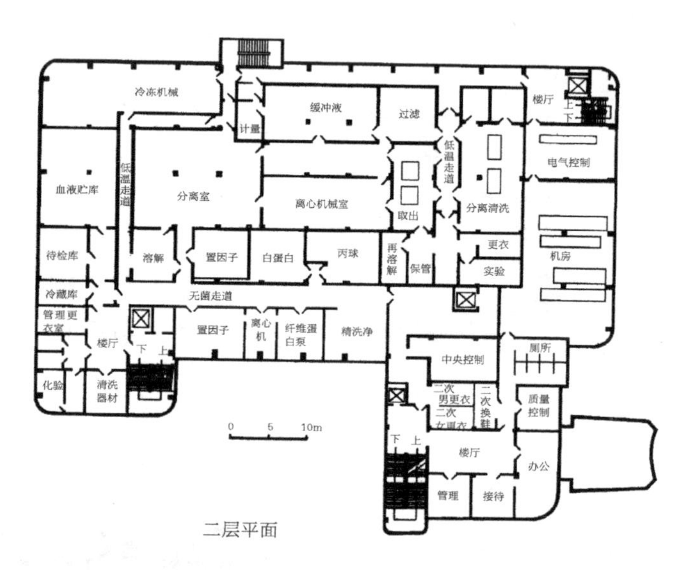

二层平面

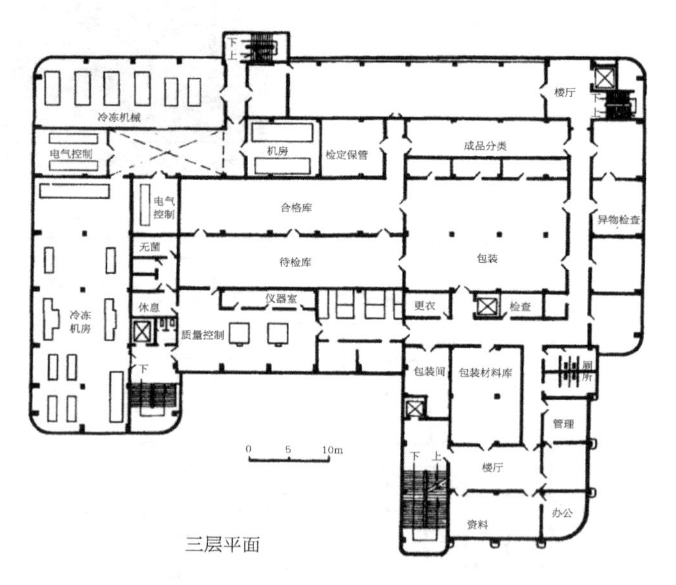

三层平面

生产车间洁净度分别为10万级、1万级、1000级、100级四个级别。平面根据不同工艺需要，进行多进深再分。再分形成片铺开，相互穿插，穿套为主。核心处不留天井或中庭，以利于对无菌、洁净、温湿度的控制。

局部细节

平面元素不同的结合，图形的一般演变，满足了平面功能逻辑关系的需要。建筑内外空间构成形式，更加细腻的情感表达以及人性化的体验，更多的是由构成元素以及它们巧妙结合的细节完成。局部和细节设计，是建筑设计不可缺少的环节。将细微的变化融于建筑平面设计的整体环境，是这一环节的具体体现。

- 重点形
- 贴挂
- 内部细节

重点形

任何一种类型平面，都会包含着大量的以不同方式结合的再分形。它们大多数是功能单一、平面形式相同或相似的简单封闭形。但是，在这些貌似平常的平面形的背后，由于建筑特种功能或复合功能的存在，有时也会出现特殊形。这就是一般再分形中，蕴藏的重点平面形。例如：酒店平面设计，大量重复出现的房间是平面形式单一的规整的矩形客房。然而，酒店的各楼层，特别是底层，都需要一定数量不同公众活动的场所和房间。从功能、技术层面衡量，它们的平面形式完全可以不拘一格。无论是圆形、三角形、梯形、马蹄形、钟形，还是其他任意多边形等，都可以对应某些公众活动内容。选择其中的任一种，与大量简单重复的客房平面形，形成明显对比，从而成为酒店建筑平面组合中的重点形。

重点形的应用，还表现在下列一些场合，即建筑平面组合过程中，出现图形局部残缺，图形之间的不连续，界面单调、狭长等。上述情况常常需要用适当形式和适当大小的平面形，进行填补和调节。填补和调节的平面形，由于位置特殊，成为平面实际功能或视觉感观的重点部位。

从建筑创作艺术的角度而言，无论是建筑平面，还是建筑外观的视觉影响，有时并不完全依赖于建筑平面的整体图形，而是依赖于它的局部和局部所处的位置。在一份完整的平面图中，大部分图形一般化，局部图形可以表现出建筑形式的亮点、内部的独特品质，激发人们的情感。这部分空间的重点刻画，表现到建筑形体上，就是建筑特性的集中显示。

重点平面，既可以是独立形，也可以以再分形组团形式出现。正是这样的重点平面形，增加了建筑设计的艺术含量和人性化内涵。平面组合的重点形，多位于公共性较强，人们易于通达、滞留的部位或需要突出建筑外部形象影响的部位。重点平面形的选择和布置应在体量上与主体建筑形成良好的呼应关系、对比关系、均衡关系和陪衬关系。

贴挂

表现平面形整体与枝节的另一种特殊结合关系，就是枝节在整体上的贴附外挂（图）。对于一个有型平面来说，总体是完备的，只是局部需要增加微小平面形，才能取得功能的细化和完全。如果由于增加微小平面形，干扰甚至破坏了有型平面整体组织结构、内部空间形态，削弱了诸多再分形之间的紧密关系，那就不如将需要增加的微小平面形（或再分形）贴附、外挂在这个有型平面的适当位置上，做到既免于大动干戈，触动建筑内部原有的整体组织关系，又能够使局部平面功能得到进一步完善。

贴挂并不是被动的建筑处理手法。很多建筑师有意利用这一手段，将一小部分平面，从整体中分离出来。贴挂在有型平面适当的位置，达到平面功能细化、丰富建筑立面形象的目的。根据功能特性，平面形贴挂的位置，宜选在与已有平面功能关系最密切的地方，如靠在需要扩充房间的外侧、紧邻外边墙通道旁、造型需要的适当部位等。表现最多的贴挂平面是各类辅助开放性空间、单一功能房间、楼梯间或电梯井道等。

平面形在演变和重组过程中，形与形之间也会出现断裂和间隙。为保证平面形的完整性、功能的连续性，通常需要对这些空缺地带进行平面形的填补、连接。特别是底层悬空部位的填补，仍可以采取贴挂的方式。不过贴挂平面的外露部分，应注意与被连接图形的外表界面保持平滑相接或凸凹错接。贴挂平面形与有型平面外部结合的特性可以归纳为：

1. 有型平面及主要功能结构关系保持完整而不被破坏；

2. 有型平面内部某一部位的平面得到外向扩展、延伸，增加空间层次；

3. 单一房间、成组房间都可能作为贴挂对象；

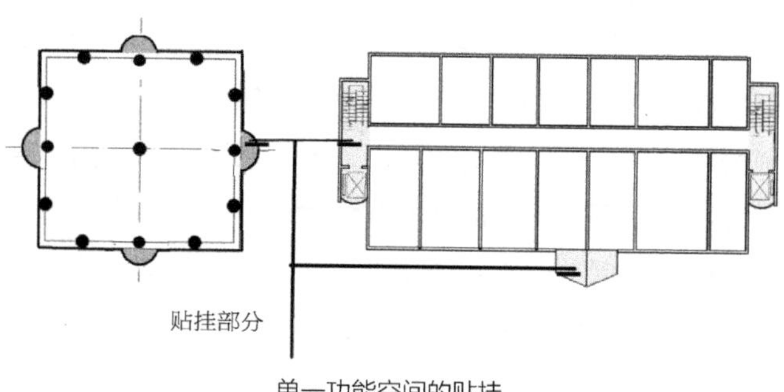

单一功能空间的贴挂

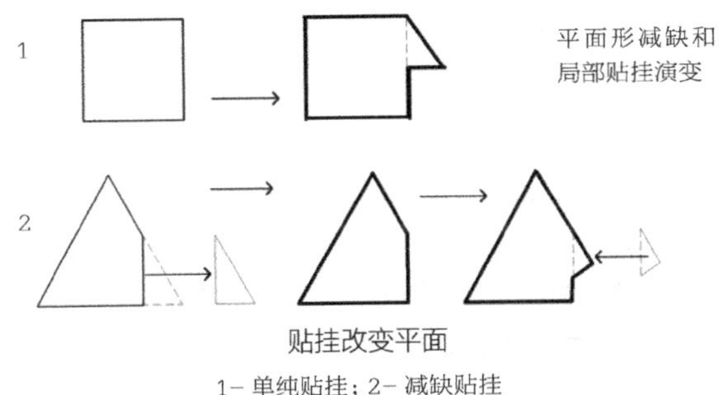

贴挂改变平面

1- 单纯贴挂；2- 减缺贴挂

4. 通过平面贴挂，改变有型平面形态。残缺、失衡的平面将变得丰满完整（图）。

贴挂的上述特性，平面增减的可逆性，对于研究楼层平面变化以及建筑平面及建筑形象一体化设计的掌控，具有十分重要的意义。

内部细节

感观差异是指平面组合作用于人们心理的一般影响和特殊影响差异。在建筑空间环境中，视觉所带来的心理差异比听觉、嗅觉、触觉更为敏感。建筑给人们的视觉差异，表现在建筑空间环境的对比。如空间形态对比、大小对比、开放与封闭对比、公共性与私密性对比、明暗对比、静态与动态对比等。除此之外，还包括它们各自的细节。

概括形内部平面空间划分以及结合方式的细节，是建筑平面的主要表达内容之一。平面划分，大多以矩形为主。为了取得同样结构的平面形的空间，具有不同的视觉感受（无论是外部还是内部），平面设计会通过不同的细节加以区分。例如大量出现的矩形、正

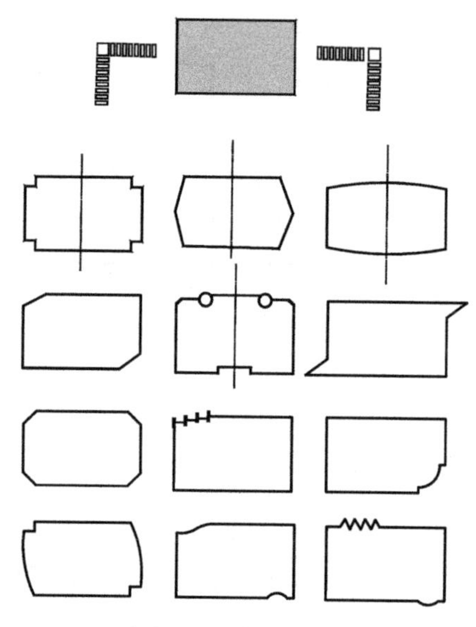

相同平面形的细部差异

方形平面，利用角部、边线微差，形成一系列的平面形。在这些平面形中我们看到，细节的出现并没有改变原有图形的可识别特性（图）。同样，每一个再分形大多包含有一处或几处与其他再分形共有的边界。因此，在确定再分形相互连接的边界线时，既要考虑它自身的合理性又要考虑它对邻近平面形的影响。在满足自身功能必要的规模、尺度的同时，力求为相邻形创造更加经济、便于应用的空间形式以及必要的界面围合细节。做到兼并、退让，有取、有舍。在条带成角结合的阴角部位，房间功能与形式都是细节要考虑的问题。以酒店客房为例：入口、交通廊、盥洗间、衣柜、管道井及结构构件结合十分紧密，平面形与形的连接只有做到精细组织，才能在有限的平面限定下，取得理想状态（图）。

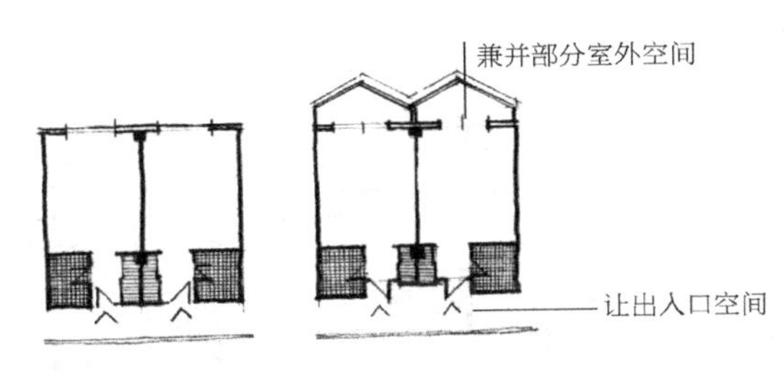

平面形对比邻空间的兼并与退让

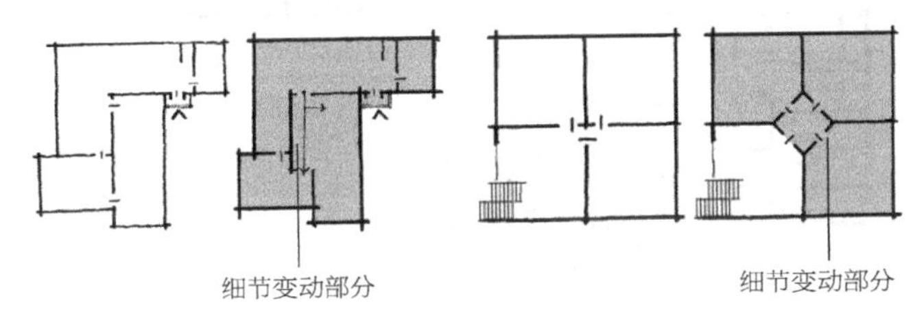

平面再划分的细节变化

平面形边线的局部形式和位置的微小变动，也是取得它与相邻平面形结合变化的细节表现手段。三个长方形贴靠在一起的平面形（如图所示）。移动其中一个图形的边线，则图形之间由封闭式的穿套联系，改换成开放式空间相互渗透的穿插联系；同样，一个正方形用相互垂直的十字线分成四个小正方形，小正方形相互穿套。如果在它们占据的共同点上切去一角，平面形出现细节变化，联系方式也有了本质差别。

针对一个工程项目的建筑设计，国内建筑师常常受到业主的观念影响。有些业主的一个习惯观念就是：建筑内部全部填满封闭的房间，越多越好。建筑被视为使用的“机器”。建筑师大多希望在优先满足功能分配的同时，留有一定的弹性空间（固定活动内容之外的行为空间），留有组织小气候的景观空间，可“呼吸”空间。日

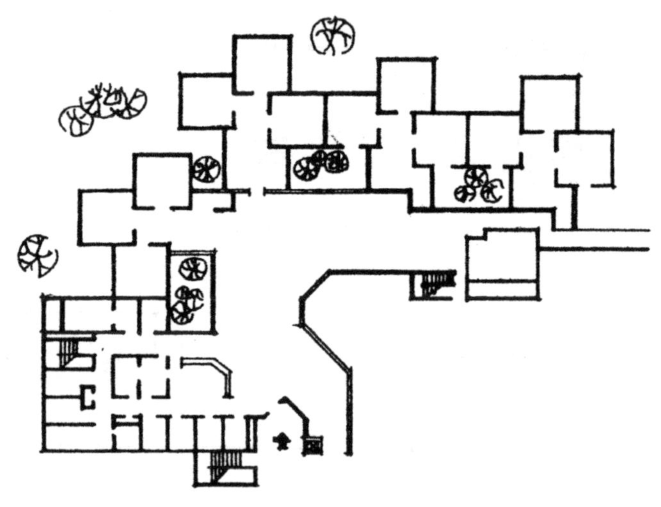

日本香川县立丸龟病院精神病房
（来源：《建筑平面快速设计图集》）

本香川县立丸龟病院精神病房，围绕半私密的人际交往空间和绿化景观空间，形成多个组团。这样的病房组合形式，无疑会有助于减少患者的相互干扰，获得人性化的自然关爱（图）。人们对建筑空间的心理、文化和交往愿望，是人类文明的体现。细节设计是实现这一愿望最为经济的手段之一。细节设计同时也反映出业主、建筑师的文化修养和精神品质。

建筑平面内部组织具有一定规模的中庭，庭院、藻井和各种竖向流动空间是改善平面内部环境质量的常用手法。在这些空间中，除了植被、水景、叠石、路径、小品、建筑内部表层肌理的精心配置之外，各种元素构成的边界轮廓、围合形式，墙体与洞口的虚实对比、高度和通透性等也是平面设计应精心考虑的细节（图）。

从平面总体状态来看，平面内外地面的特质表述体

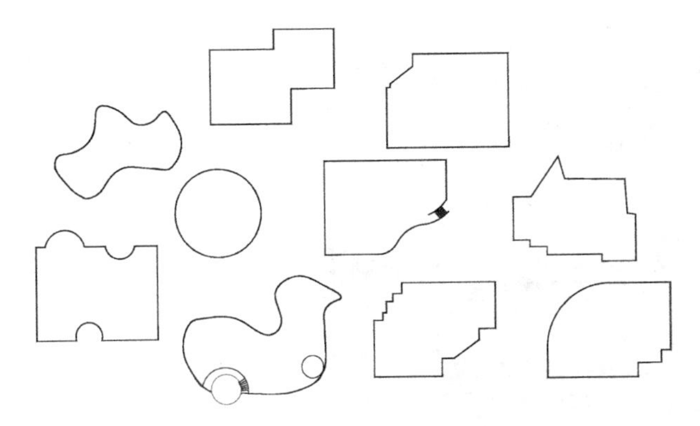

庭院开放空间、景园边界细节

现了建筑与地表环境总体关系的细节。其中包括：建筑边线与外界的划分和交流方式，地面表层材质的构造特性，地坪高差衔接过渡，竖向空间的流向等。上述细节均通过不同线型和特殊符号予以表达。

球面体育馆（瑞典）

建设地点：斯德哥尔摩
建设时间：1985 年
设计师：本特、柏格森等

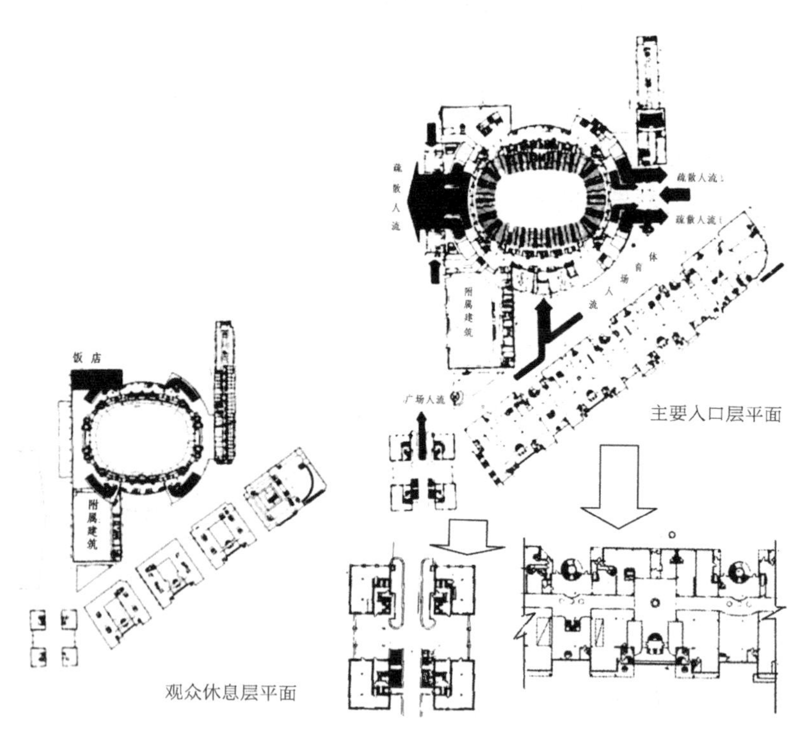

主要入口层平面

观众休息层平面

球面体育馆作为一组群建筑的重点平面，同时也是群体的重要建筑形象。该建筑从传统的单一形体育馆平面，发展为复合形的体育建筑综合体。

斯德哥尔摩公共图书馆（瑞典）

建设地点：斯德哥尔摩
建设时间：1920—1928 年
设计师：埃里克·贡纳尔·阿斯普隆德

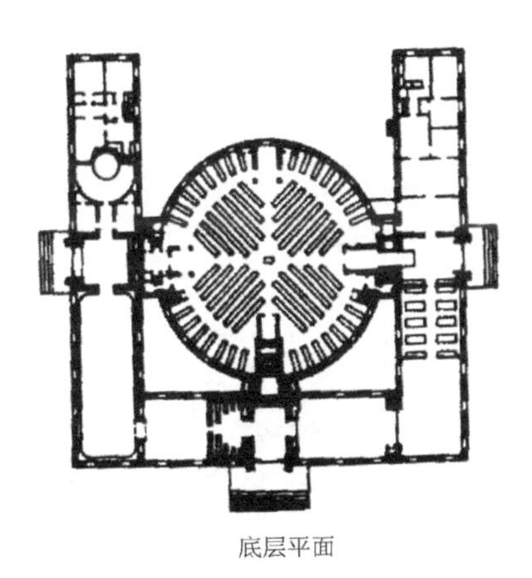

底层平面

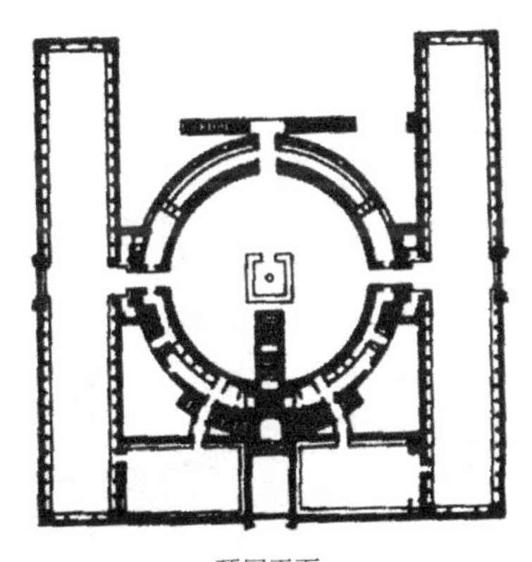

顶层平面

条带三面围合，圆形为重点的建筑平面组合。圆形位于建筑平面的中心。平面形式、空间形态都与狭长的条带平面形成对比。条带烘托圆形。圆形不仅作为公共性很强的共享空间，联系周边的条带，而且成为建筑物特征的主要标志。

斯图加特国立美术馆新馆（德国）

建设地点：斯图加特
建设时间：1984 年
设计师：詹姆斯·斯特林、迈克·韦尔福德

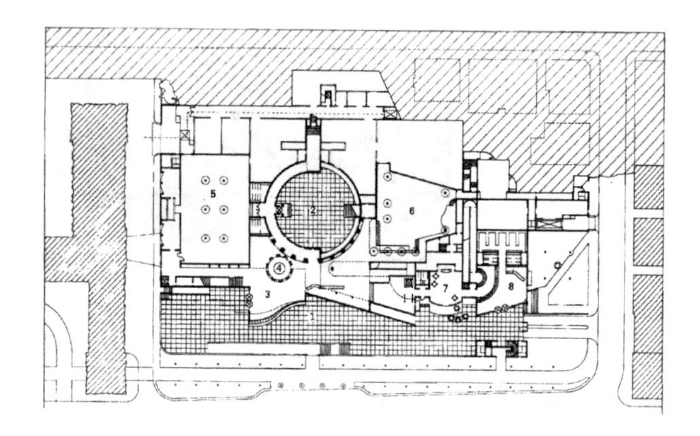

一层平面

1- 平台；
2- 内庭；
3- 门厅；
4- 书店；
5- 临时展览；
6- 报告厅；
7- 咖啡座；
8- 剧场前厅

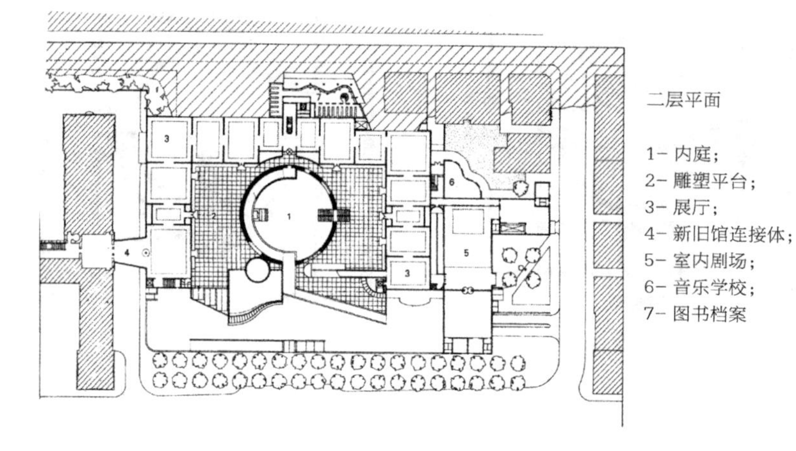

二层平面

1- 内庭；
2- 雕塑平台；
3- 展厅；
4- 新旧馆连接体；
5- 室内剧场；
6- 音乐学校；
7- 图书档案

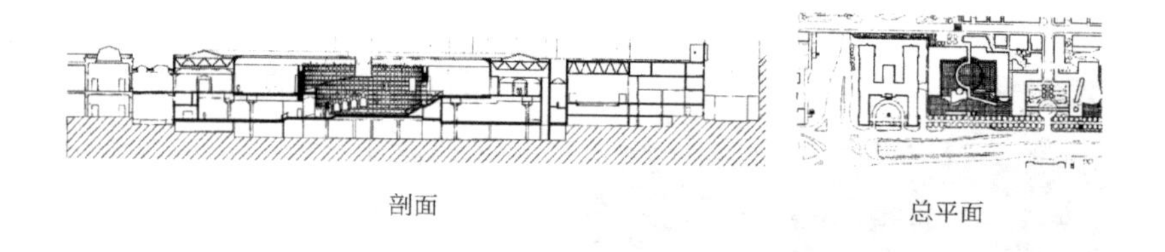

剖面　　总平面

底层各公共活动空间无间隙集聚成片。平面中部挖出的圆形内庭，成为建筑的重点平面形。特别是内庭的二层平面，圆形有别于周边尺度较小的矩形平面。其居中的位置，连同开敞的平台、突出的入口，共同表达了主导空间的重要性。

广西电力培训中心（中国）

建设地点：广西 北海 侨港

建设时间：1993 年

设计师：徐宗伟、兰波

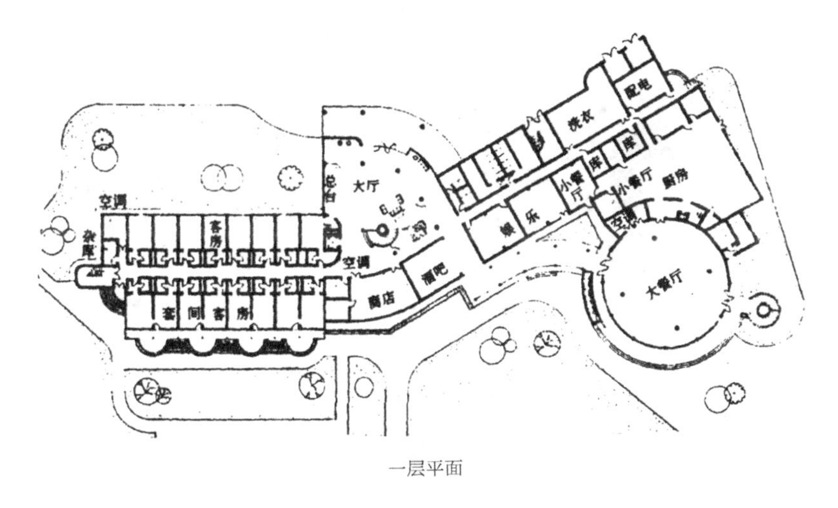

一层平面

矩形作为普通客房和服务房间的一般平面形。曲线形、圆形作为门厅、餐厅等公共活动空间的重点平面形。重点平面形为建筑整体平面注入了活力，形式上起到画龙点睛的作用。

奥塔涅米大学技术研究所（芬兰）

建设地点：赫尔辛基　奥塔涅米大学

建设时间：1955—1964 年

设计师：阿尔瓦·阿尔托

底层平面

二层平面

条带相互垂直交叉。扇形大跨度剧场作为重点平面。剧场充分利用了条带组合的阴角部位，过渡结合巧妙。重点平面成为塑造建筑形体的主要形象基础。

博尼范登博物馆（荷兰）

建设地点：马斯特里希特
建设时间：1990 年
设计师：阿尔多 · 罗西

以相互平行为主的条带，呈 U 形组合。中部主轴上是特殊圆形做重点形的强调。重点形和建筑物突出形象取得一致。

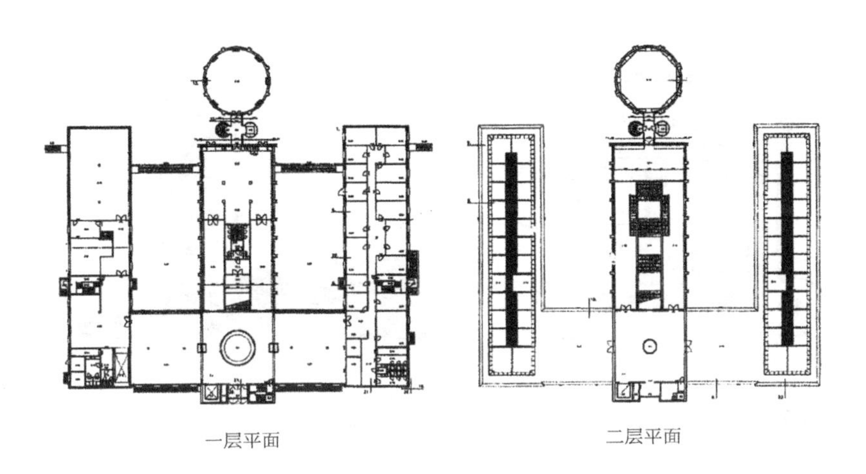

一层平面　　二层平面

澎湖青年中心（中国）

建设地点：台湾 澎湖

建设时间：1984 年

设计师：汉宝德

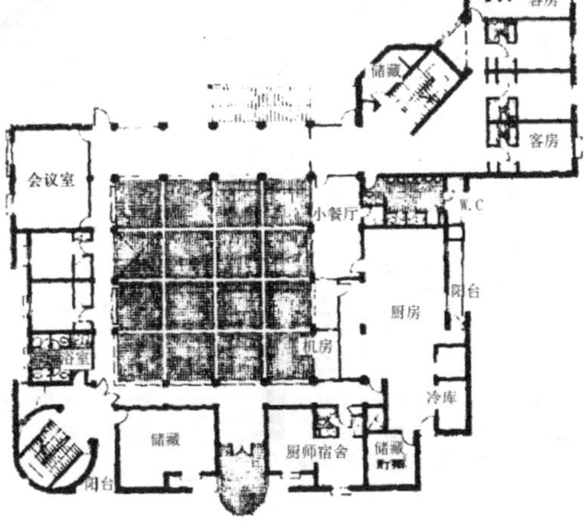

利用局部圆形、梯形以及楼层悬挑，与单一的矩形平面形成对比，丰富了空间和外观形象。

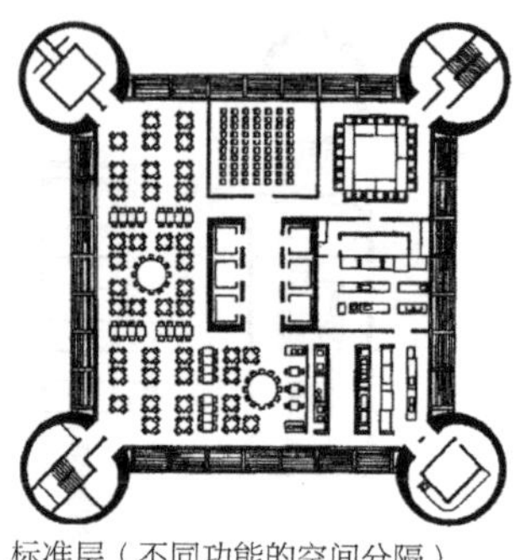

标准层（不同功能的空间分隔）

纽黑文共济会保险公司总部大楼（美国）

建设地点：康涅狄格州纽黑文市
建设时间：1965—1969 年
设计师：凯文·罗奇

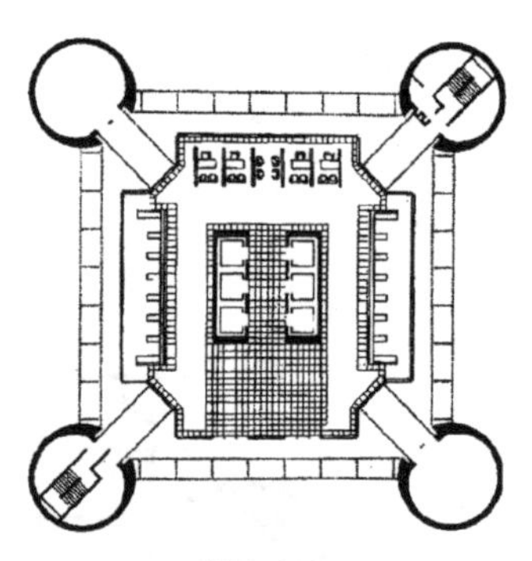

底层平面

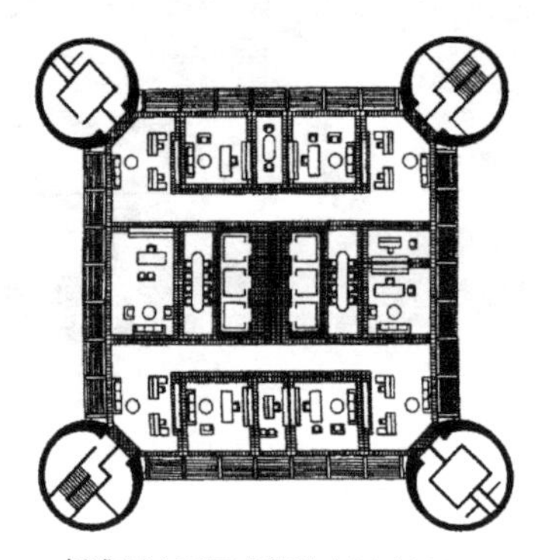

标准层（不同功能的空间分隔）

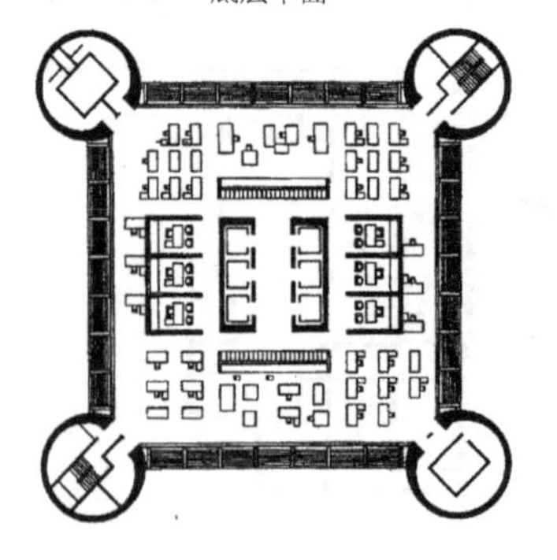

塔楼的辅助设备间、疏散楼梯等，从核心平面中分离出来，以小圆形式贴附外挂在正方形的四角。从而保证了正方形内部功能集中，使用面积规整、分隔、联系便捷。

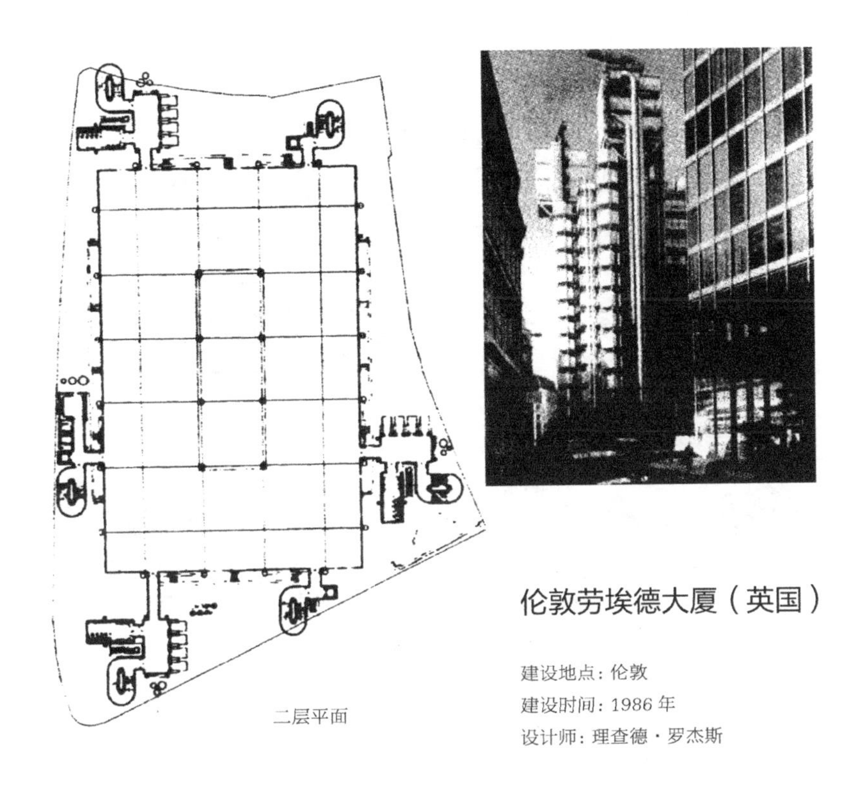

二层平面

伦敦劳埃德大厦（英国）

建设地点：伦敦

建设时间：1986 年

设计师：理查德·罗杰斯

平面整体规整，呈完美的长方形。为取得结构柱网的简洁、办公空间纯净、分隔灵活的特点，垂直交通及某些辅助功能平面断续的贴挂在长方形的周边。贴挂成为建筑高技特征的主要表现形式。

明斯特市图书馆（德国）

建设地点：明斯特

建设时间：1993 年

设计：鲍里斯－威尔逊建筑师事务所

图书馆位于建成街区空闲地块内。平面概括形跨越步行街，分为两翼。局部以不同的附属平面形贴挂，起到平面扩大和增加个性空间的作用。

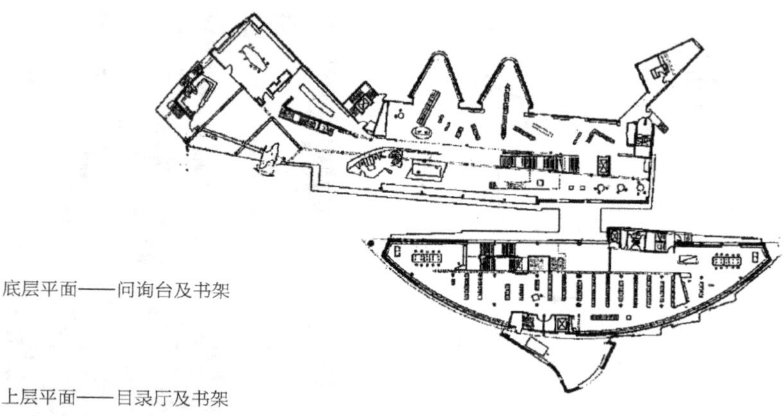

底层平面——问询台及书架

上层平面——目录厅及书架

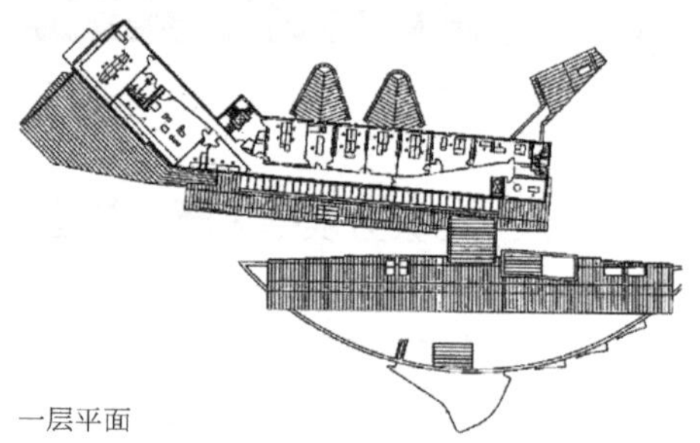

一层平面

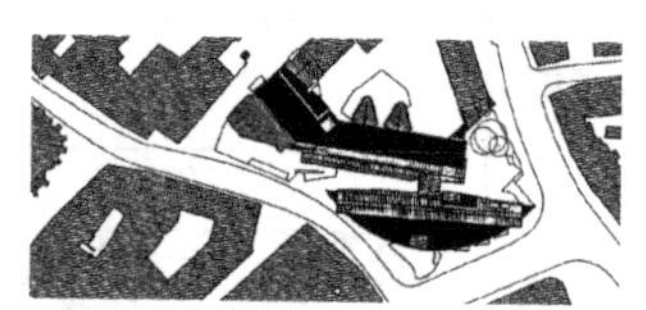

总平面

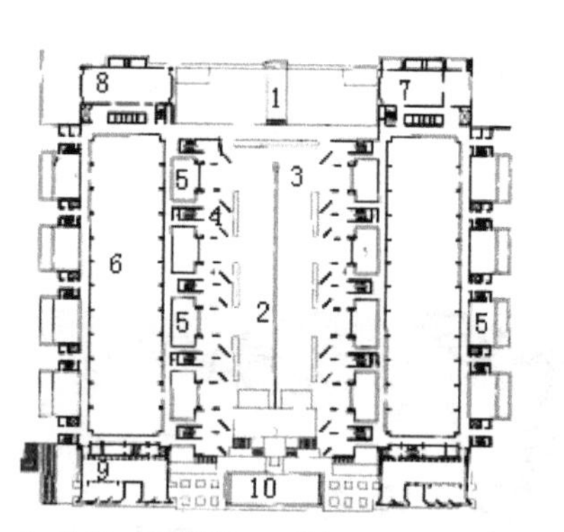

1- 入口；2- 庭院；3- 喷泉；
4- 实验室门厅；5- 采光井；6- 实验室；
7- 机械服务；8- 摄影实验室；9- 图书馆；
10- 阳台

萨尔克生物研究所（美国）

建设地点：加利福尼亚州

建设时间：1959—1965 年

设计师：路易斯 · 康

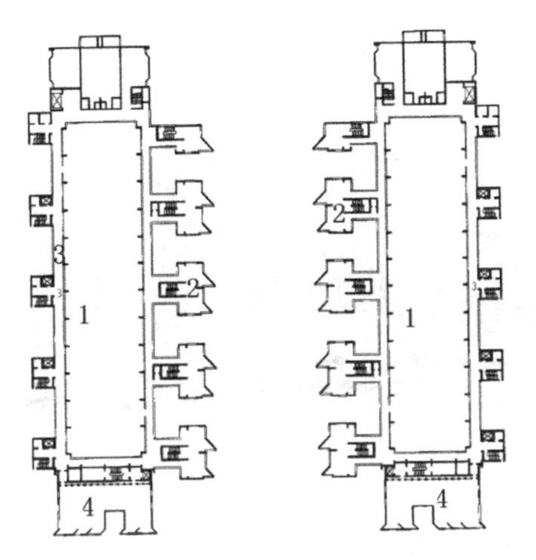

顶层平面

1- 实验室；2- 实验室过厅；3- 服务区；4- 楼翼

狭长的矩形主导平面，保持自身的完整。其他辅助用房、楼梯间在两个长边上贴挂。整体平面主次分明，秩序井然。贴挂丰富了建筑外观形象。

汕头市中级人民法院审判楼（中国）

建设地点：广东汕头

建设时间：2015 年

设计单位：莫伯治建筑师事务所

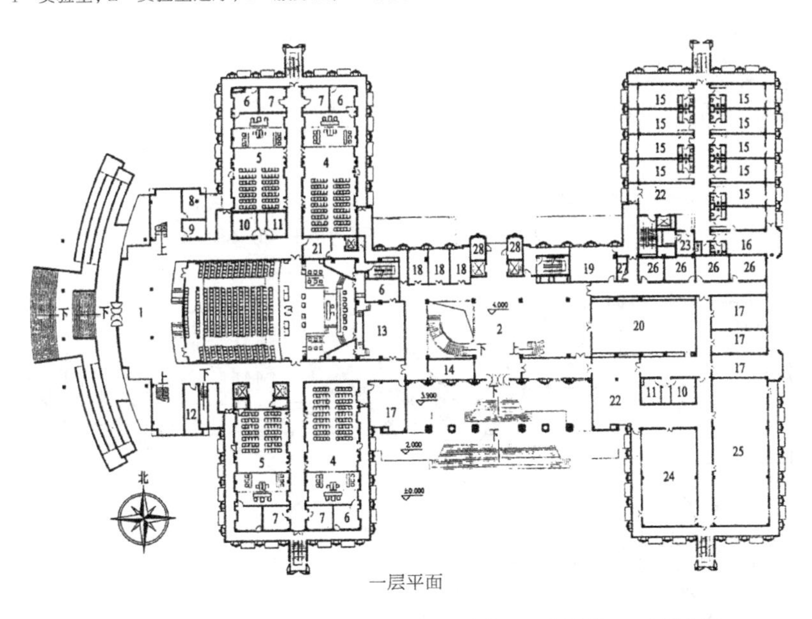

一层平面

1- 听审门厅；2- 大厅；3- 大法庭；4- 中法庭；5- 小法庭；6- 合议庭；7- 当事人室；8- 证人室；9- 公诉人室；10- 男卫生间；11- 女卫生间；12- 备用房；13- 会见室；14- 干部值班室；15- 标准客房；16- 高级套房；17- 办公室；18- 电视制作室；19- 会议室；20- 新闻发布厅；21- 候审室；22- 讨论厅；23- 服务间；24- 荣誉室；25- 贵宾室；26- 律师阅卷；27- 茶水间；28- 设备间

楼梯间贴挂，保持了内部平面组织的完整性，特别是有利于大空间的集中布置。楼梯间以板块形式成为建筑外观形象特色的一个构成元素。

云南省社会科学院图书情报资料中心（中国）

建设地点：云南昆明

建设时间：1992 年

设计师：彭清华、付强、饶维纯、王平

沿主要平面外边界线锯齿状贴挂的微小研究室，使公共空间平面既能保持规整，又能与私密的个人空间平面紧密结合。微小空间的贴挂，改变了外墙平淡的立面形象。

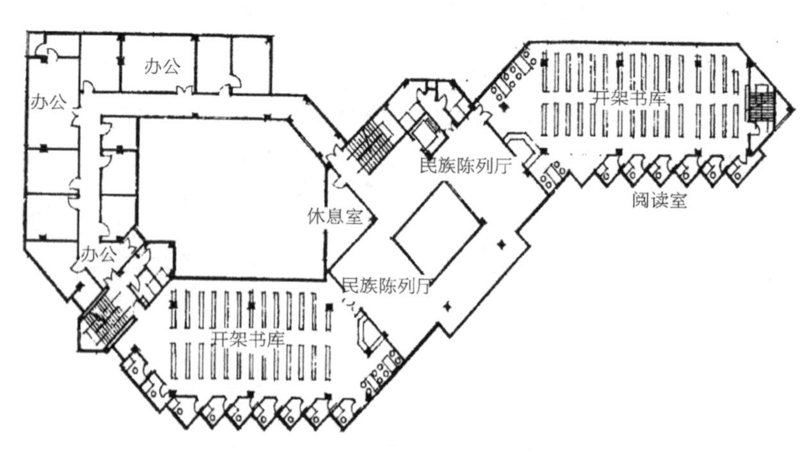

楼层平面

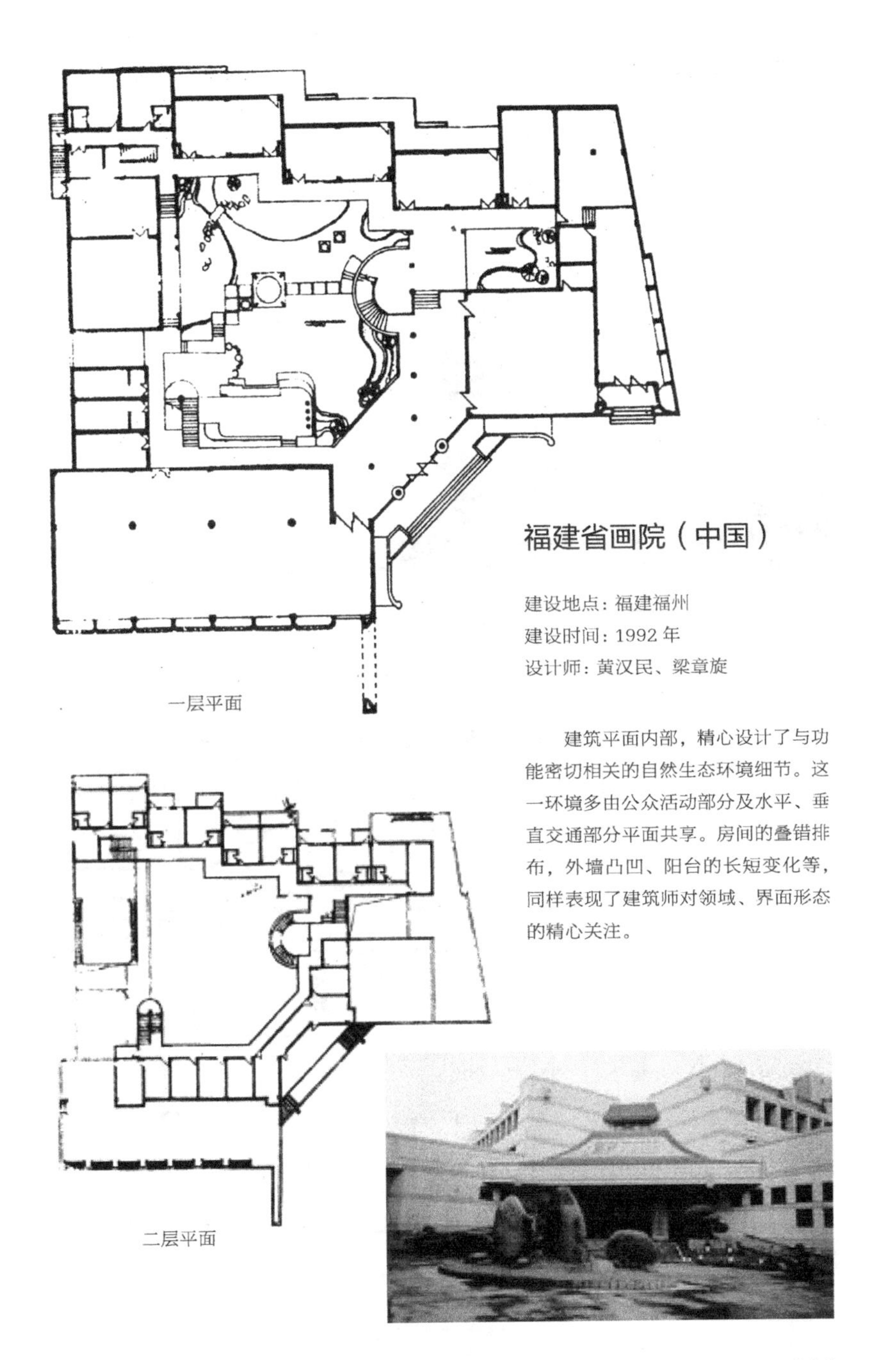

一层平面

福建省画院（中国）

建设地点：福建福州

建设时间：1992 年

设计师：黄汉民、梁章旋

建筑平面内部，精心设计了与功能密切相关的自然生态环境细节。这一环境多由公众活动部分及水平、垂直交通部分平面共享。房间的叠错排布，外墙凸凹、阳台的长短变化等，同样表现了建筑师对领域、界面形态的精心关注。

二层平面

奉浦苑幼托中心（中国）

建设地点：上海
建设时间：20 世纪 90 年代末
设计师：同济建筑设计事务所
吴长福、谢振宇

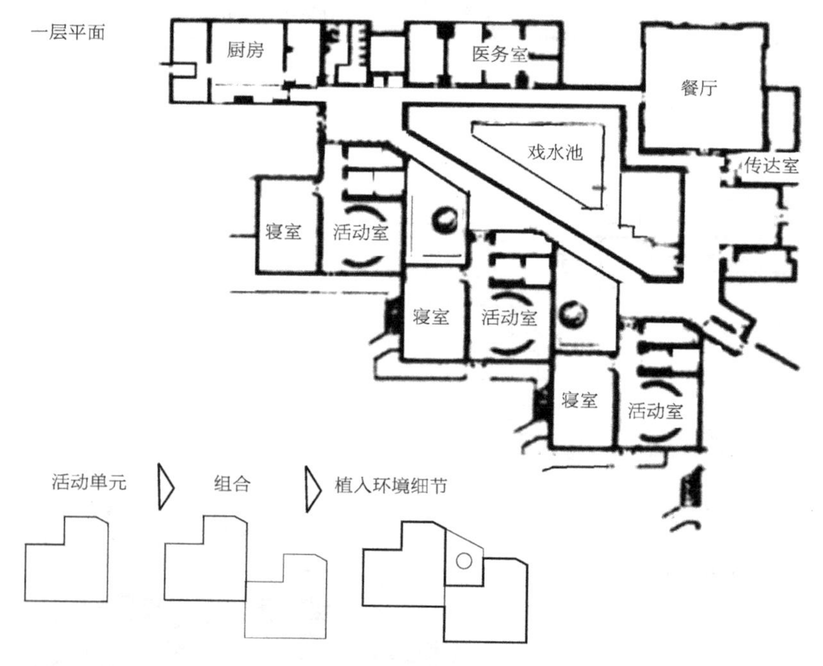

切角正方形作为儿童活动单元，各单元沿斜线角对角排列。排列形成的三角区，构成扩大的单元入口和小巧的内院细节。

剑潭青年活动中心（中国）

建设地点：台北 中山北路
建设时间：1988 年
设计师：朱祖明

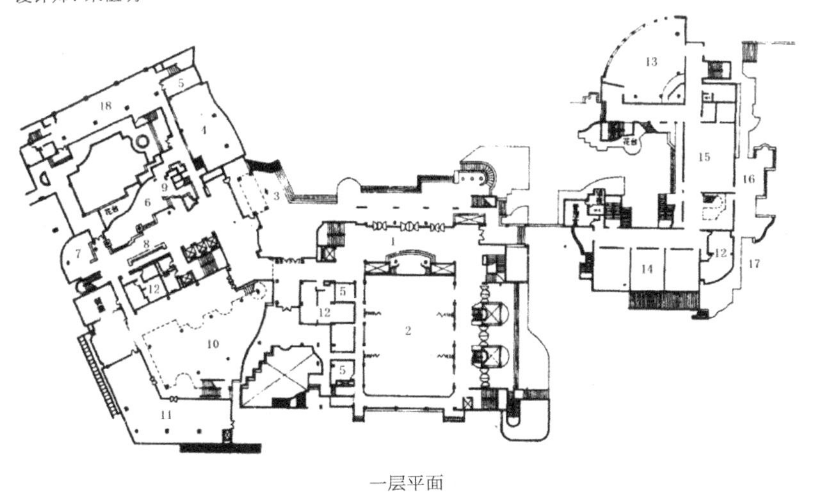

一层平面

1－门厅；2－礼堂；3－住宿入口；4－茶座；5－机房；6－休息室；7－阅览室；8－大厅；9－花坛；10－餐厅；11－厨房；12－卫生间；13－阶梯教室；14－普通教室；15－展览室；16－室外平台；17－池塘；18－娱乐厅

面向外部景观的边界面多曲、多折，中庭及其围合空间形式各异、形态多变，楼层联系的不同开放程度以及自由的再分形平面和室内绿化等，体现了建筑平面细节的精心设计。

坐标系统

笛卡尔平面直角坐标系，是建筑空间平面定位和量度的基本控制系统。一个有型平面所包含的若干区段，可以从原有坐标系统的控制中分离，随之建立属于自己的新的游离坐标系统。坐标系统的某种细微运动，使部分区段平面原有的时空秩序得以改变。

建筑空间也在不断借助三维图示和数字化模拟等多种手段，表现出二维平面设计向多维空间设计的延续。

· 偏转 交替
· 移动叠合重组
· 平面维度拓展

偏转 交替

平面坐标是确定平面各构成元素准确位置和度量的控制系统。平面中的一部分有时是伴随其坐标系统同时发生转换。转换是指在同一楼层或楼层之间的平面构成元素从原坐标系中脱离，形成自身新的系统或由一种坐标系统过渡到另一坐标系统的过程。坐标转换过程中，平面发生偏转或移动，形成新的平面与原有平面的交替。不同坐标点的空间体验差别，莫过于相对时间、运动和方位的改变。时间、运动变量是绝对的，方位变量是相对的。下图的简单例子，可以说明这一情况：当人们停留在空间中的某一个固定点，这个固定点可以与外界保持视觉联系时，随着时间的延续，人们会体验到来自外部和内部的冷暖、阴阳、明暗、声音和人际往来变化，如果人在平面中移动，特别是人们沿着局部变形后的长方形平面空间中移动，即使时间短暂，对上述状态的体验就会截然不同。原有固定点的那些影响变量迅速加快，新的影响因素同时增加，其中包括对视觉、听觉、触觉、嗅觉等新环境影响因素的增加。人在建筑物内部移动的向位越广，所能感受到的空间多变性也就

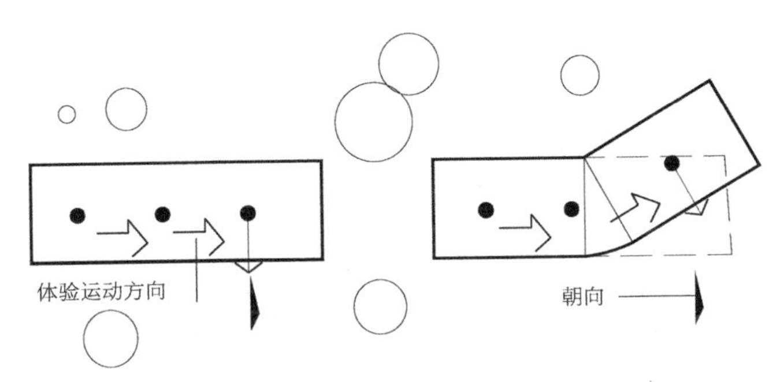

平面偏转和时空运动

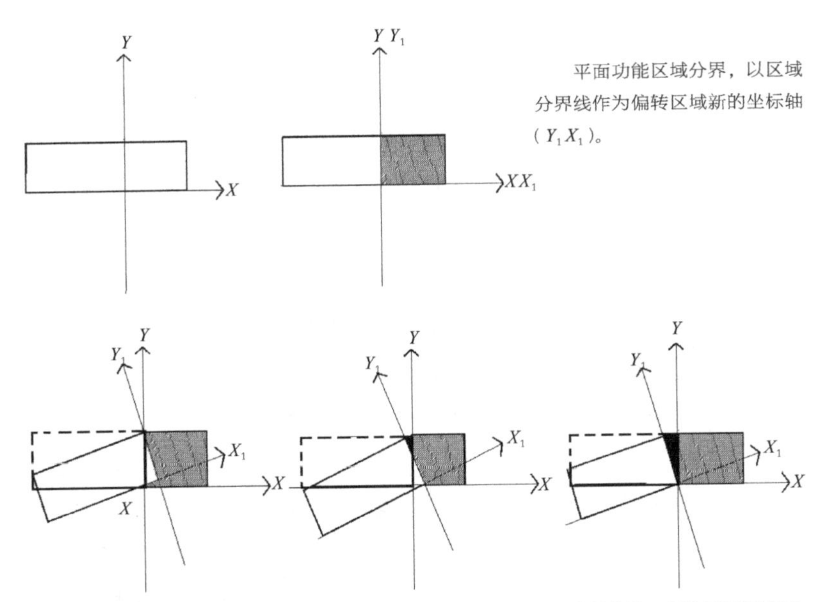

平面功能区域分界，以区域分界线作为偏转区域新的坐标轴（Y_1X_1）。

某区域坐标系统，分别以分界线的上、下端点 Y 轴某一点为心点的偏转。部分平面被挤压，部分平面获得扩展。

平面的局部偏转

越显著。平面坐标系统的变化，正是出于上述共同作用的法则，带来建筑空间形态的多变。不同坐标系统常见的交替和偏转表现为：①两平面直角坐标系以它们的共

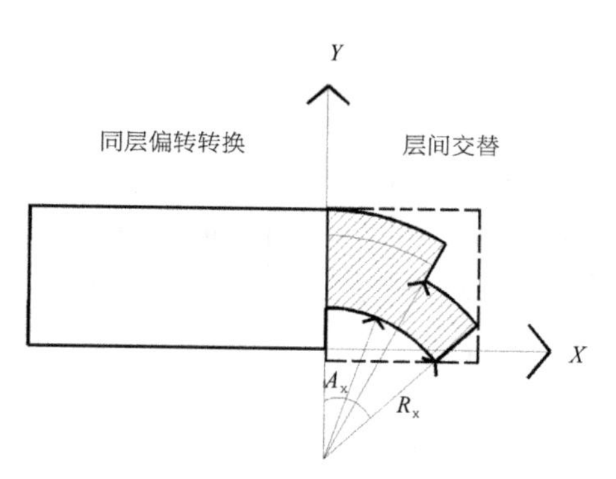

直角坐标和极坐标的偏转、交替

有点为轴心的偏转，交替；②两平面直角坐标系相对滑移，偏转，交替；③直角坐标系与极坐标系相互转换交替。坐标一旦发生偏转，原来的平面空间形态就要被彻底改变。新的平面赢得了空间方位多变的可能性。从建筑平面一部分进入另一部分的秩序、序列和时空变化来看，这种情况远比没有区域偏转的最初平面表现得更加明显。直角坐标与极坐标系统的交替过程中，上述表现将更胜一筹。在坐标系统的偏转、交替、过渡、结合处，常常形成平面功能的真空地带或功能属性模棱两可状态。坐标的偏转交替影响区域要么是非规则的扩展，要么是压缩的突变（图）。在扩展的区域中，建筑平面中只有不同程度被拉伸的部分。拉伸部分成为建筑内部平面空间的扩充。扩充后，可融入新的功能内容，提高对外开放程度。在被压缩突变的平面区域中，相当于该区域的功能内容受到侵蚀。显然，作为主要功能区域，这种压缩是不能承受的。由此可见，某区域平面和坐标偏转心点的选择，应力求避免对主要功能区域的破坏。我们也可以在可能被压缩的部位，潜伏某些非主流的功能，预留空白，根据偏转后生成的具体平面形，灵活安排些非主流的附属用房。虽然这些房间的面积和形态不规则，但通过因势利导地加以修整，功能、空间效果均无大碍。如果使压缩区域保留较大的非规则形覆盖面积，可赋予它们更具公共性的功能内容。从改变的平面中可以看到：无论是扩展区还是压缩区，功能内容、空间形态都与未偏转前平面完全不同。如果多个坐标系统的交替结合，平面没有被拉伸，则它们的结合处多数是被挤压变形的不规则形。

坐标系统不仅存在于同一楼层平面部分与部分、部分与整体的偏转，而且更强烈地表现在楼层平面之间坐标系统的相互偏转和交替转换（图）。这种转换对丰富建筑内部平面空间和建筑形体的多变，就更具有特殊意义。如果转换结合其他运动，将构成平面更加复杂的变化。例如，两个成角相交的直角坐标系控制的平面，其中一个坐标系中的图形自身发生扭曲、收缩和膨胀变形等。

移动叠合重组

一个完整的建筑平面，可以看作是部分与部分的结合，各部分的控制坐标重合在一起。看上去是一个共有的坐标控制系统。如果各部分是由多个坐标系统控制的建筑平面，有序及无序混合在一起的组合，就带有很大的随意性。它们似乎表现了多个图形无章法的堆砌与罗列。实际上，诸多的图形结合会使图面变得更加丰富多彩、生动、活泼（图）。这些图形有着它们自己的逻辑和理性关系。这种关系表现在：①相同坐标系部分平面连同其坐标控制系统偏转，平移；②相同坐标系及其控制的平

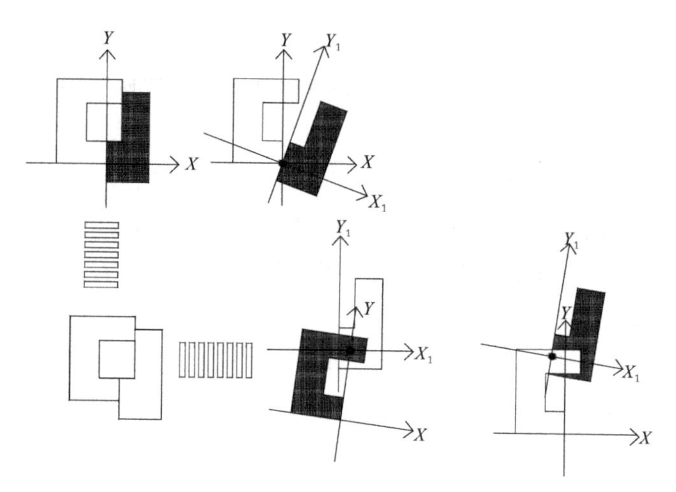

部分平面在原点的偏转滑移

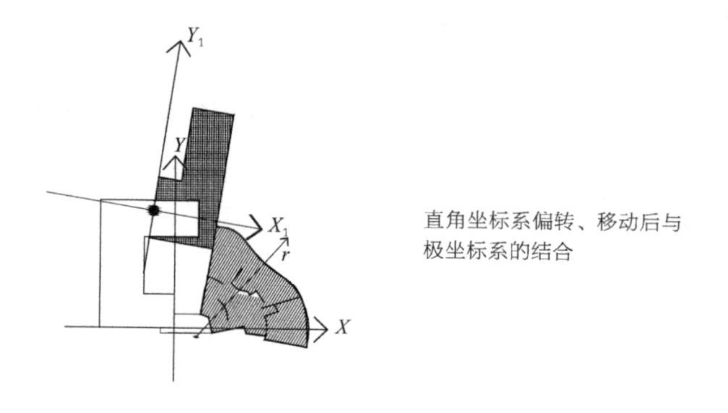

不同坐标系平面的复杂重组

面偏转、拆分、叠合重组；③不同坐标系及其平面分离重组。

无论是偏转移动，还是叠合重组，都是重新建立相互之间的平面位置关系和结构关系。平面在统一的控制系统支配下解放出来，被分解为可重组的若干部分。多个控制系统的结合，无疑让平面组合增添了更多的自由度。

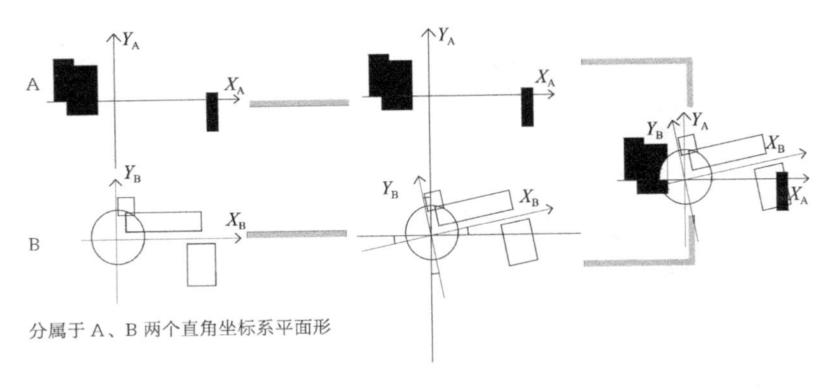

两个直角坐标系统平面成角叠合

平面维度拓展

我们来回顾一下书中前文所提到的点、线动态。点、线段的局部位移，更多的是在 X-Y，X-Z，Y-Z 二维直角坐标系控制下的线性移动，线性移动引起部分外维护界面，楼、地面和顶棚表层形态的起伏跌宕（参见本书“点线动态”“演变”）。20 世纪中叶，人们在数学、艺术、工业设计、建筑设计等诸多学科的空间理论探索中发现：平面构成元素从二维平面，拓展到三维空间的运动，具有更加非凡的意义。点按照一定的参数在空间的聚集，可以再造不同姿态的平面、斜面、折面和多形态曲面；一个具有可塑性的平面，可以被多个点吸附、拖动发生形变；同样，一条线段由二维平面拓展到三维空间，按一定参数排列，或不断改变方向的移动，也会展现不同形态的曲面效果；点在空间的运行轨迹，可以编织成曲面或曲面网格等。这些变化过程，同时体现出时间因素，具有四维空间的特征。由此看来，无论是建筑内部空间，

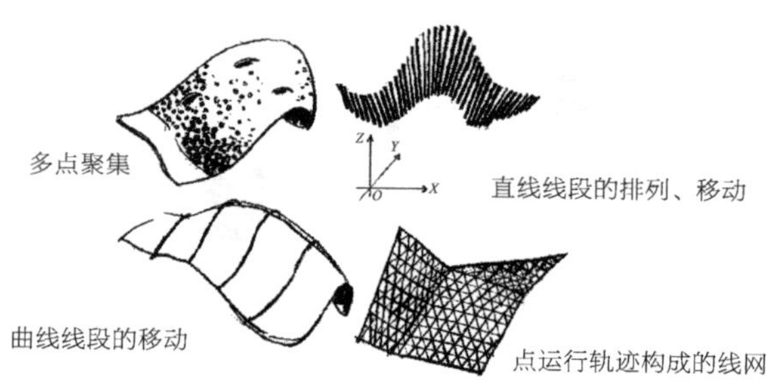

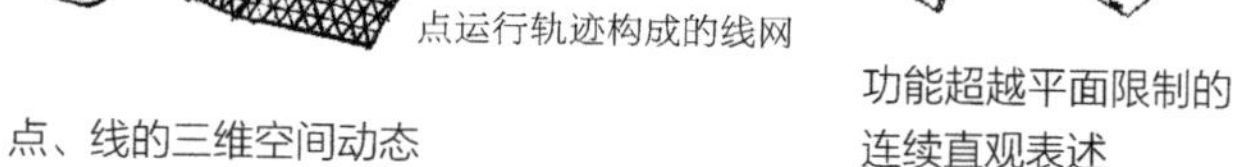

点、线的三维空间动态

功能超越平面限制的连续直观表述

空间的分隔构件，还是建筑空间的外表皮，坐标维度的拓展，使它们从封闭的、静止的、有序固定的线性状态，走向自然的、多变的、有机的、时空连续的非线性状态。建筑内部功能有时也表现出这种特性。如下图所显示的某些博览建筑、观演建筑功能空间的连续。

从非线性建筑平面设计和建筑空间形成的过程来看，建筑外观形态，不再是“形式服从功能”的唯一被动结果；平面图也不再是建筑的构件、界面、空间表达的唯一方式，特别是拓扑演变的建筑空间的复杂性、多变性，使有限的楼层平面难以精确地加以表达。空间多姿态、连续变化的实际情况，只有通过三维空间的真实模拟，方能得到精确地表达和控制。模拟成为揭示空间和空间构成关系的主要手段。无论是单一图形还是复合图形组成的建筑平面，其内部功能的合理性，都可以在空间形态创作的同时，得到优化。由于数字化设计理论和实践的发展，使延续已久的，相对孤立、间断的二维平面设计，越来越多的向更加形象、连续化的 3Dmax，BIM，Rhino，revit，Alias 等软件建立的可视空间设计转化。三维空间模拟变得越来越接近于现实。模拟的建筑空间，存储于高度精密的计算机技术表现系统中，可以实现每一瞬间，每一角度的可视和修整。非线性建筑形态设计（包括内部空间，分隔构件、表皮设计），关键是根据建筑师的构思草图，对组成元素的各种参数，进行科学的选择以及周密的逻辑分析。轴侧图，解剖图，透视图，动漫，3D 打印，参数化模型等，将成为各相关专业直接进入空间领域协同设计的支承体系。下图是 BIM Rhino 所表现的某商业建筑外表面形态设计实例。某些参数化软件设计，也能够在全方位有效实现图形形式的转换（包括立体可视图和 CAD 施工图的转换），为施工文件的形成提供便捷。

近些年来，国内外一些著名建筑实例表明：非线性建筑空间设计及维度变化的参数化模拟，正在成为一种新的潮流，一次新的设计革命和发展趋势。

建筑空间的多维度表现一曼彻斯特音乐厅（龙筑网）。

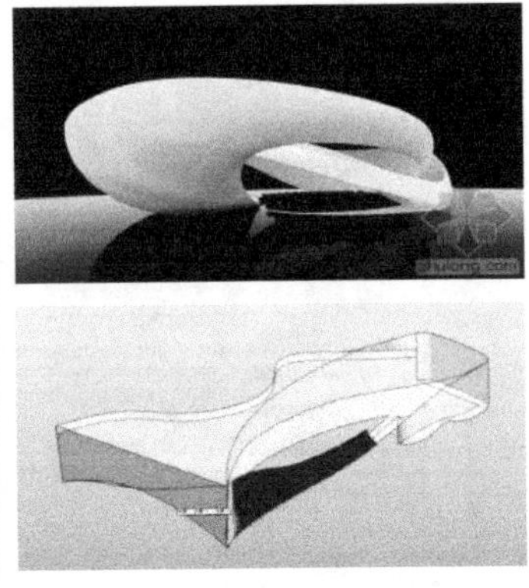

BIM Rhino 表现的非线性建筑外表面形态——美国一家建筑事务所完成的某商业建筑方案（引自百度 - 西北建筑设计院 BIM 中心）

御宿町市政厅（日本）

建设地点：千叶县御宿町
建设时间：1993 年
设计：迈克尔·格雷夫斯及其合伙人公司

两个复合形通过平面形连接，其中一个平面形以小圆圆心为旋转轴心，逆时针扭转一定角度，图形进入两个相互成角的直角坐标控制系统。

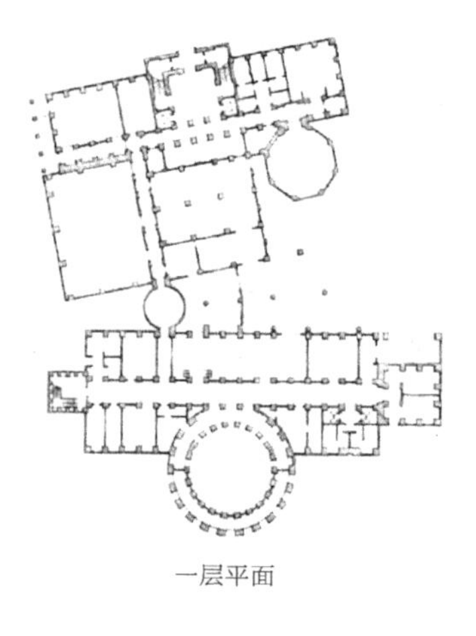

一层平面

东京六本木王子饭店（日本）

建设地点：东京都港区六本木
建设时间：1982 年
设计师：黑川纪章

一层平面

1- 主入口；2- 大厅；3- 办公用房；
4- 次入口；5- 车库

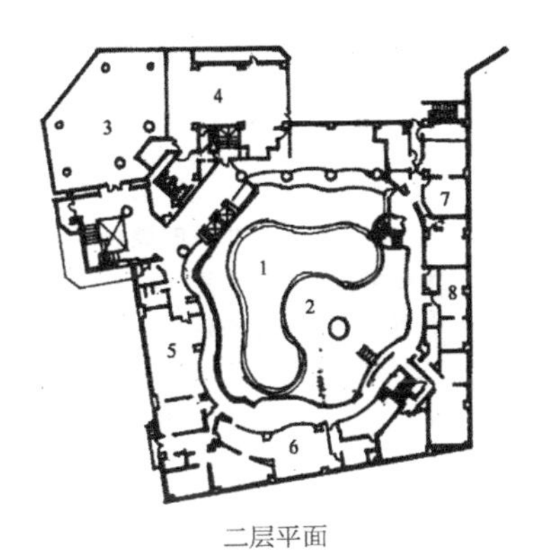

二层平面

1- 游泳池；2- 暖地板；3- 大餐厅；
4- 厨房；5- 日式餐厅；6- 咖啡厅；
7- 办公用房；8- 更衣间

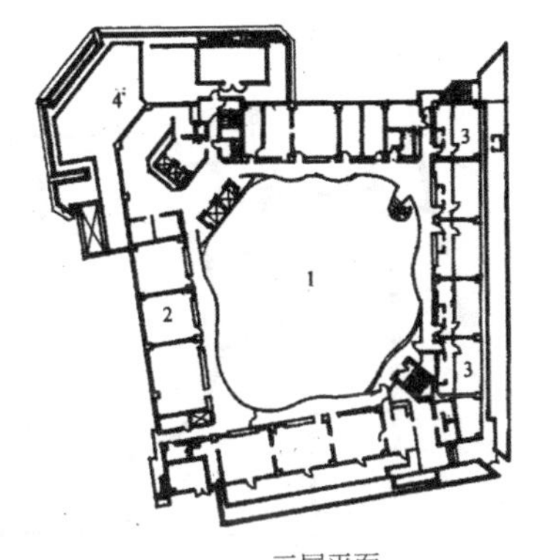

三层平面

1- 上空；2- 小宴会厅；
3- 桑拿浴；4- 屋顶花园

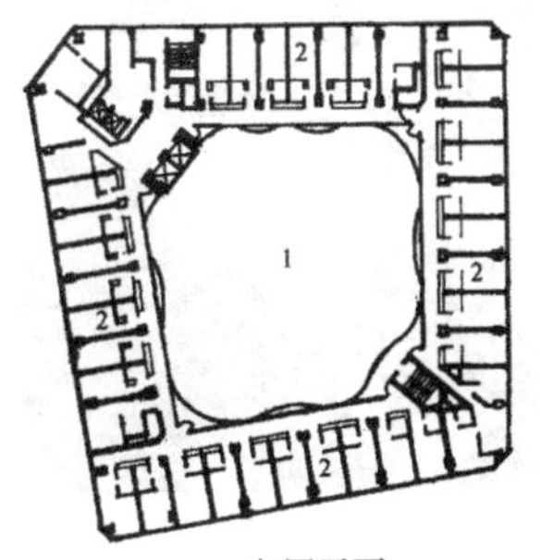

七层平面
1- 上空；2- 客房

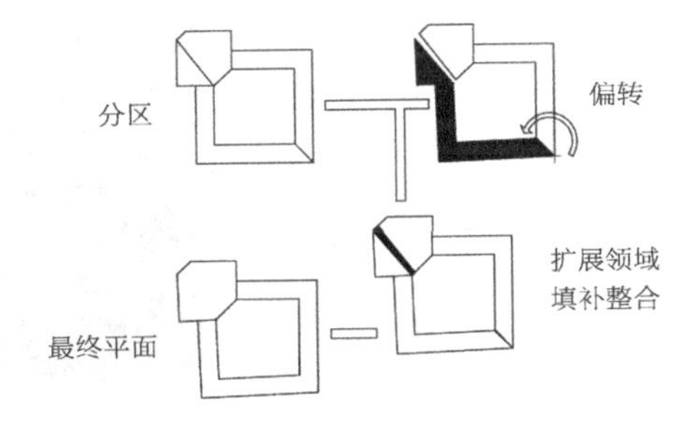

正方形环状平面，沿对角线分开。其中一部分以角点为轴偏转，平面内的再分形，分别由各自的直角坐标系控制。两部分平面由于转动，局部受到拉伸，拉伸扩大部分的平面，用于公共交通联系。

圣伯纳黛特教区教堂（法国）

建设地点：鲁贝
建设时间：1991—1993 年
设计师：奥里威尔・伯恩特、
菲利普・伊斯科迪

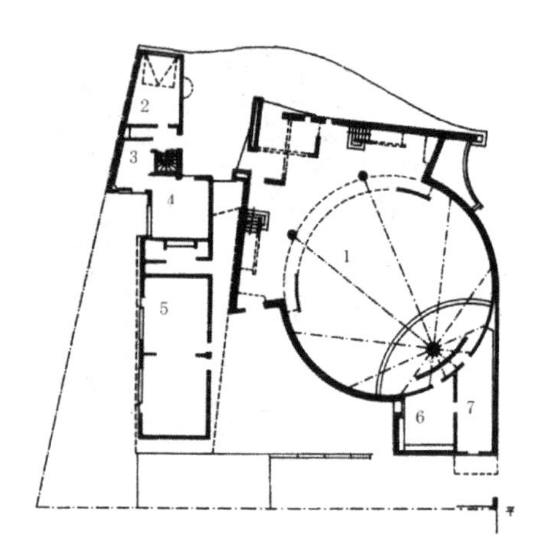

1- 本堂；2- 车库；3- 牧师办公室；
4- 接待室；5- 可调节小教堂；
6- 法衣室；7- 库房

圆与其密切相关的叠合平面、矩形平面，是两个直角坐标系控制的复合形。两个坐标系相对偏转，从而取得入口处空间拓展的良好效果。

名古屋美术馆（日本）

建设地点：爱知县名古屋市
建设时间：1984—1987 年
设计师：黑川纪章

一层平面

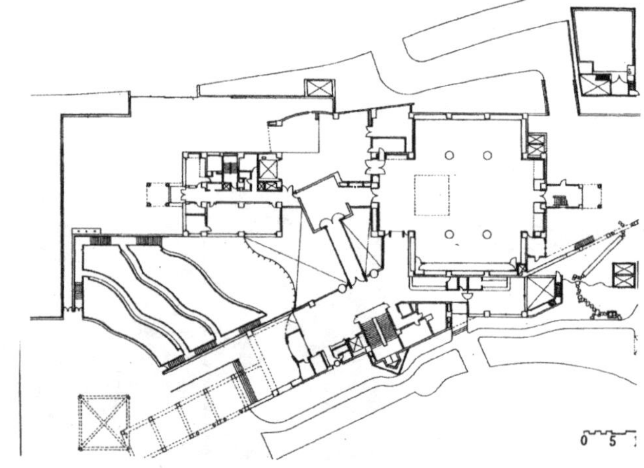

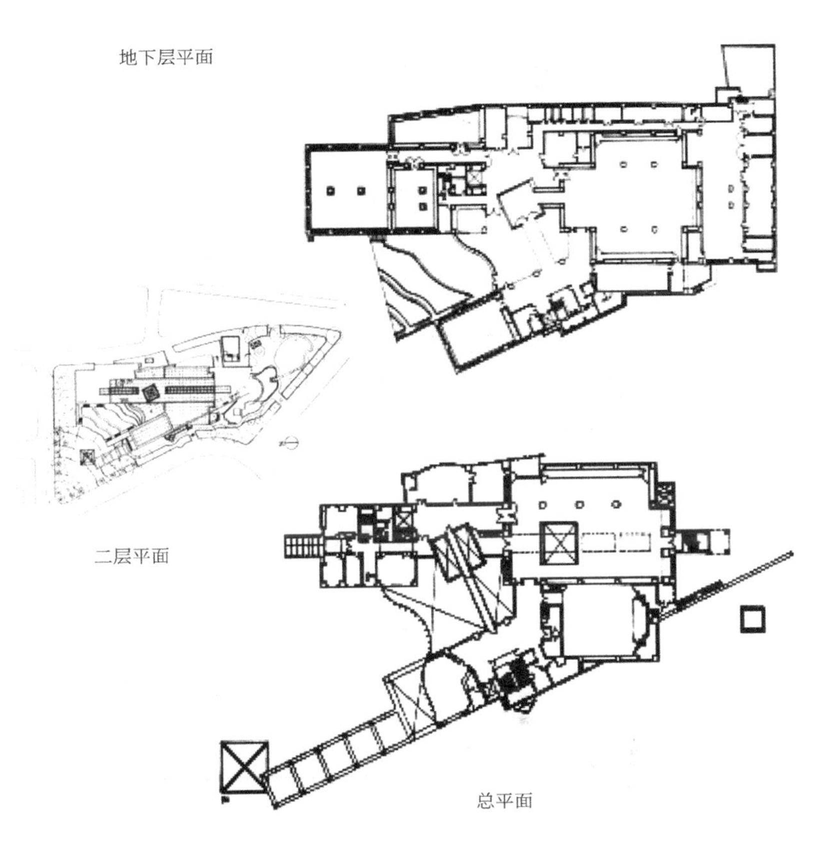

一个由多个矩形结合生成的复合形平面，一部分连同其坐标系统以图面中的右端点为定点，逆时针偏转约 30 度，结合地形形成落差。局部平面的偏转和竖向高低对比，使建筑时空变化更加明显。

伽利逊当代艺术中心（西班牙）

建设地点：圣地亚哥

建设时间：1988—1993 年

设计师：阿尔瓦罗·西扎

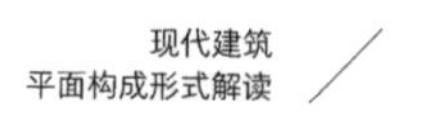

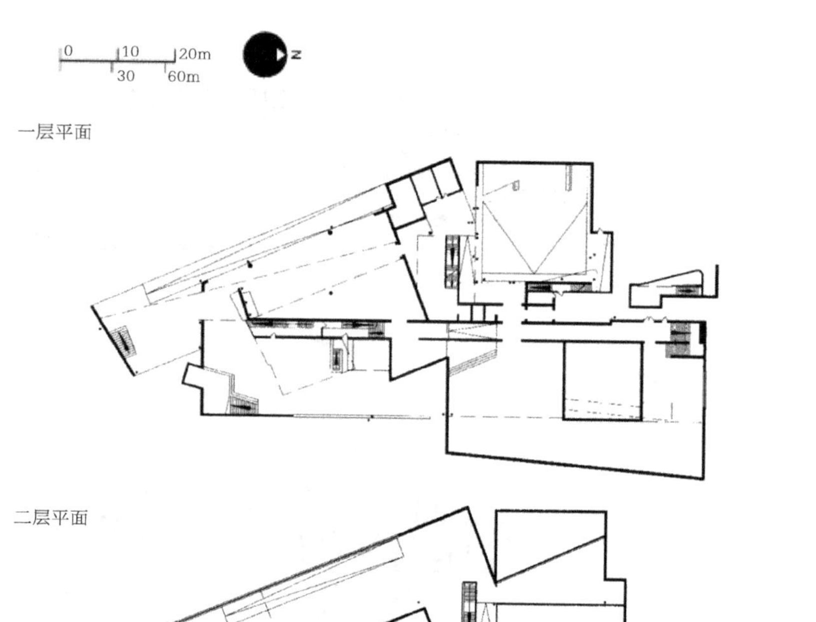

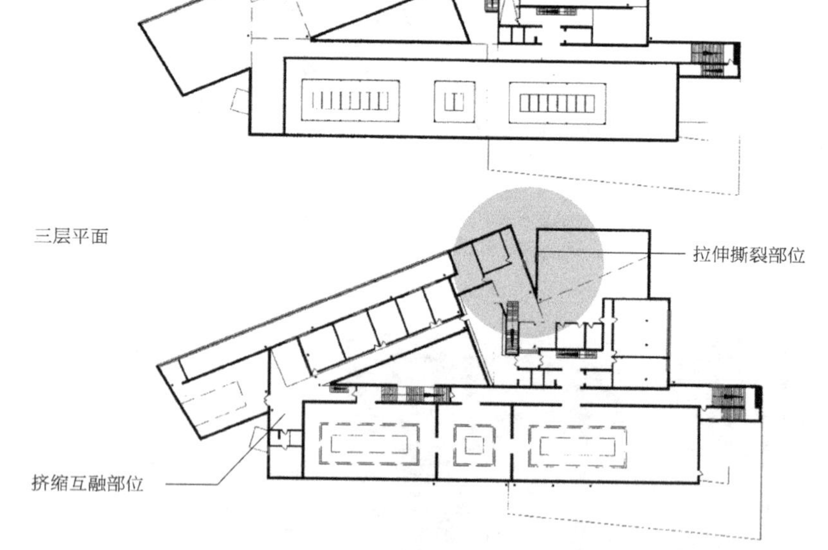

部分平面形的偏转使平面局部拉伸撕裂，使局部挤缩互融。经过这些变动，建筑原有的时空概念得到更新，新的时空让人联想到随着时代的进步，当代艺术不断发展的历程。

海宁市青少年宫（中国）

建设地点：浙江海宁

建设时间：1989 年

设计师：王澍

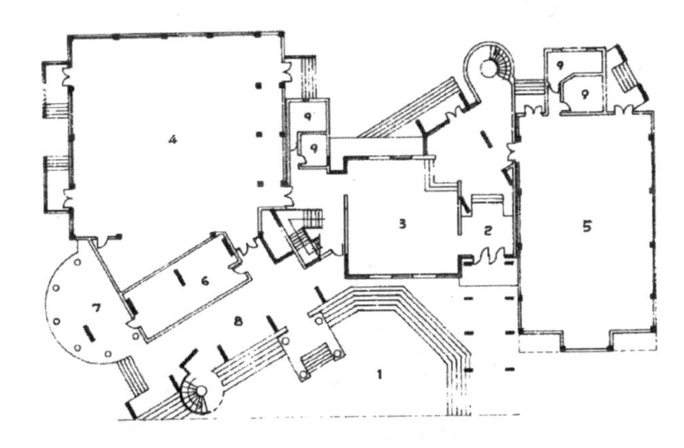

底层平面

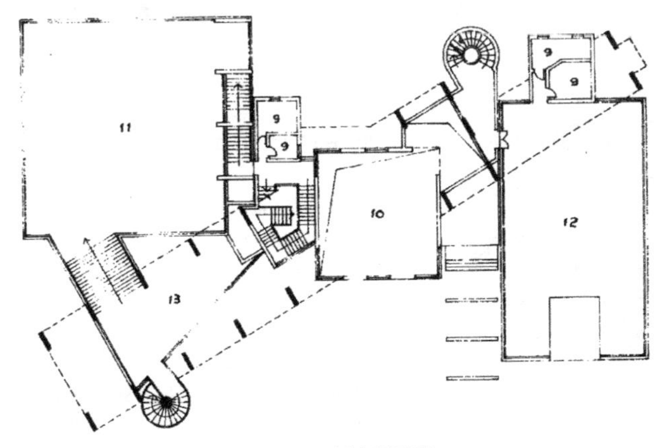

一、二层夹层平面

1- 下沉广场；2- 门厅；3- 大厅；4- 多功能厅；5- 电教厅；6- 排练厅；7- 露天剧场；8- 通廊；9- 卫生间；10- 大厅上空；11- 北向露天舞蹈剧场；12- 南向露天舞蹈剧场；13- 夹层活动平台；14- 活动室；15- 走廊；16- 教室；17- 办公室；18- 工作室；

二、四层标准层平面

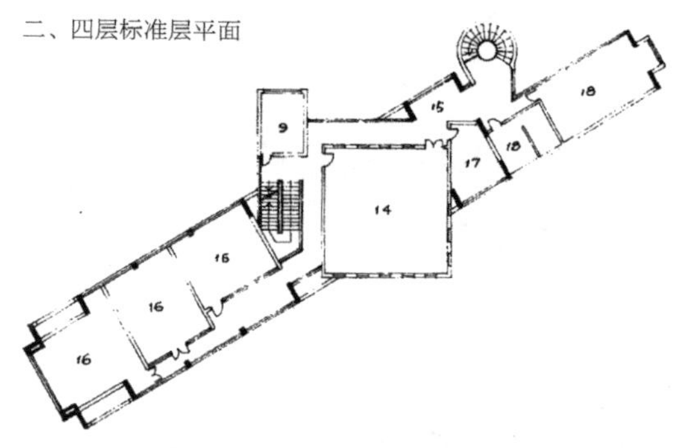

由两个相互交叉叠合的直角坐标系控制的平面，楼层之间的扭转。平面交叉形成的夹角，进行填补修整，使平面更便于利用。建筑内部空间丰富多变、生动活泼、结合紧密。结构略显复杂。

七至三十五层商务公寓
办公标准层平面

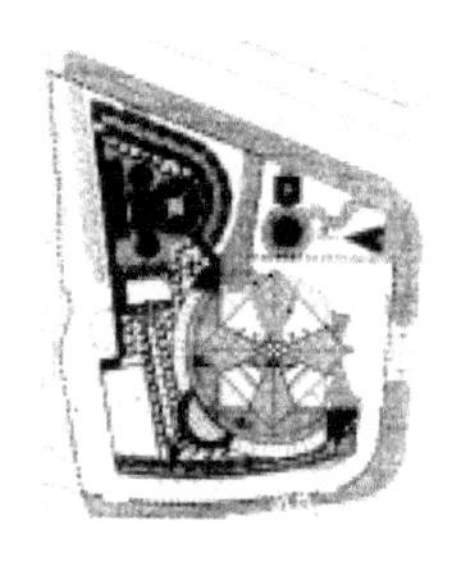

三十七至五十五层
宾馆标准层平面

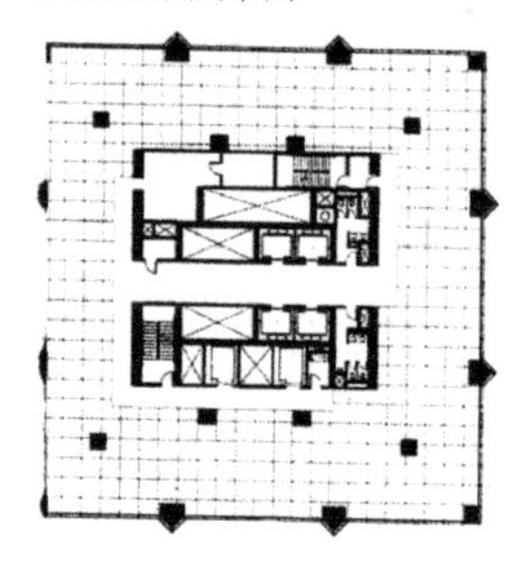

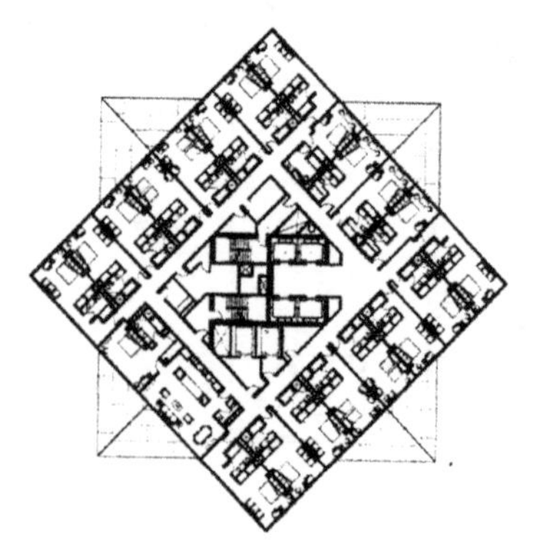

总平面示意

明天广场（中国）

建设地点：上海黄浦
建设时间：2002 年
设计师：波特曼

竖向交通枢纽位置基本不变，宾馆楼层平面相对办公、商务楼层平面旋转 45 度。两正方形交错，角部楼层过渡段形成若干大小变化的三角形。

塞奈约基教区中心图书馆（芬兰）

建设地点：塞奈约基
建设时间：1952—1963 年
设计师：阿尔瓦·阿尔托

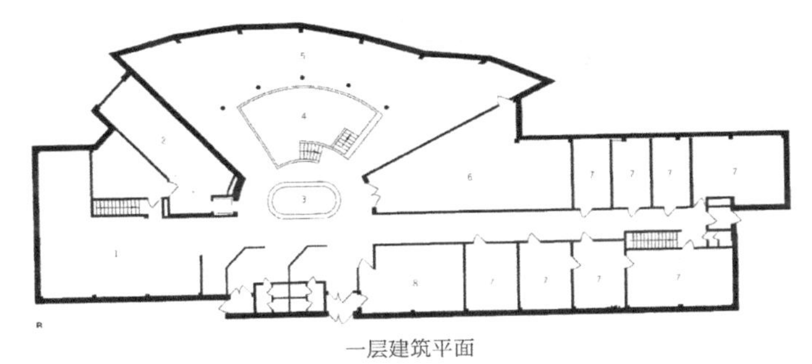

一层建筑平面

1- 青年图书馆；2- 车道；3- 图形桌；4- 阅览室；5- 主图书馆；6- 研习室；7- 管理处；8- 会议室

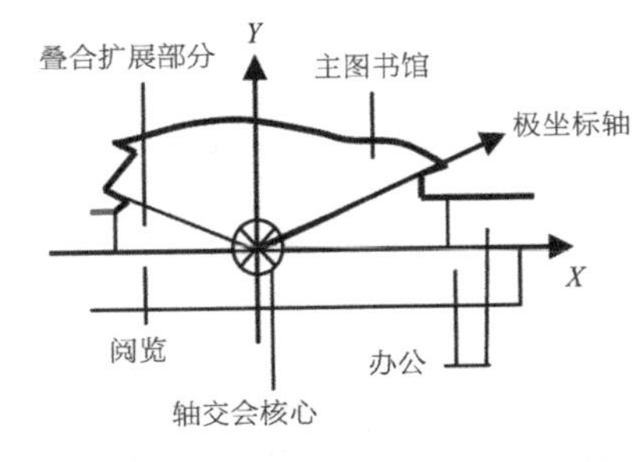

极坐标控制的阅览室平面与直角坐标控制的办公室基本平面相互搭接叠合。

高级艺术博物馆（美国）

建设地点：奥特兰大
建设时间：1980—1983 年
设计单位：理查德·迈耶建筑事务所

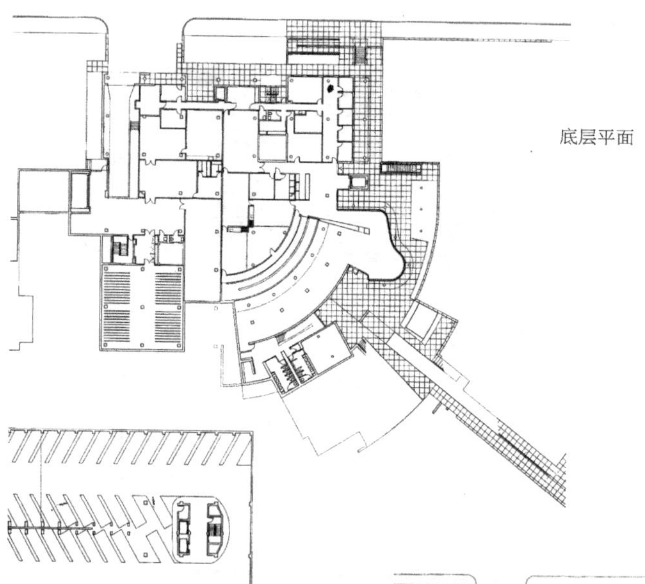

底层平面

直角坐标与极坐标系相结合的平面空间组合。建筑内部平面表现了封闭性与开放性的对比，大小对比；规整与自由，集中与分散组织手法的对比。通过极坐标扩展、放射、多变的灵活特点，突出了博物馆的平面空间艺术。

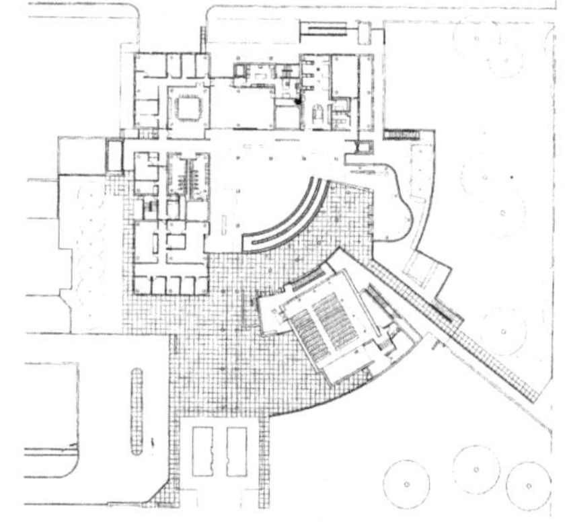

上层平面

维特拉家具设计博物馆（德国）

建设地点：瑞尔维特拉园区
建设时间：1988 年
设计师：弗兰克·盖里

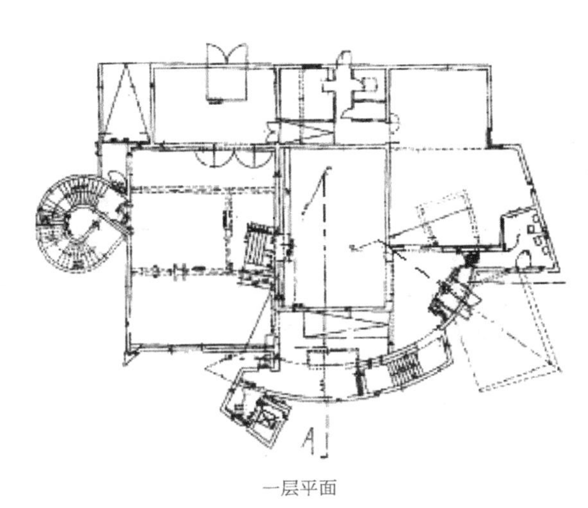

一层平面

规整形为主，微小平面形为辅的多坐标系统控制的建筑平面。这些图形共同创造了维度、形态各异的建筑空间。规整平面形外沿的微小平面形，通过扭曲、伸展和贴挂，成就了建筑外观整体雕塑艺术形象。建筑艺术形象与内部展示家具的活泼、奔放气氛取得一致。

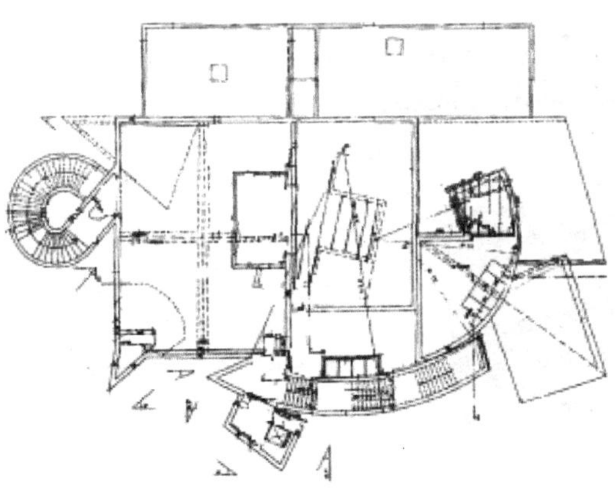

二层平面

肖肯百货商店（德国）

建设地点：斯图加特

建设时间：1927 年

设计师：E. 门德尔松

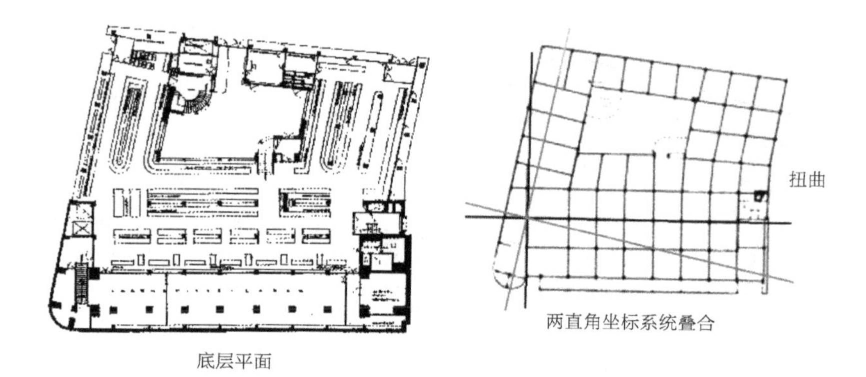

两直角坐标系统叠合

底层平面

两直角坐标系成角叠合。叠合的同时，一个系统内的平面局部发生扭曲。建筑平面在规整之中，凸显了局部空间的离奇变化。

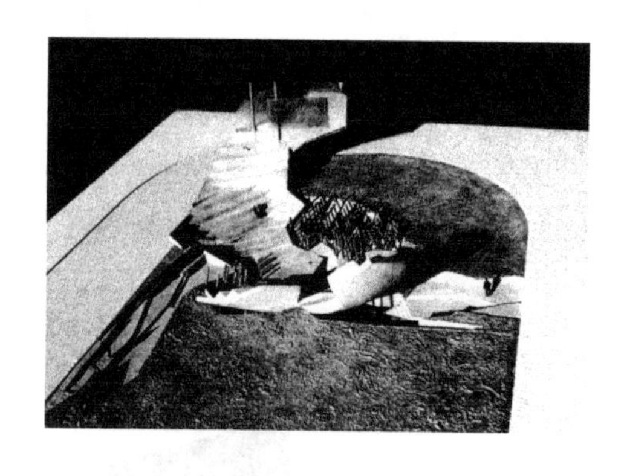

维希街露天剧场（美国）

建设地点：纽约

设计师：艾里克·欧文·莫斯

露天剧场观众席是一个竖向不间断，连续延伸的系列平面对空间的表达。以空间形态为主要表现意图的平面视图，取代了间断的分层空间平面表达，使复杂的平面空间关系变得更加详尽直观。如果没有相当敏锐的识别能力，读起来令人费解。

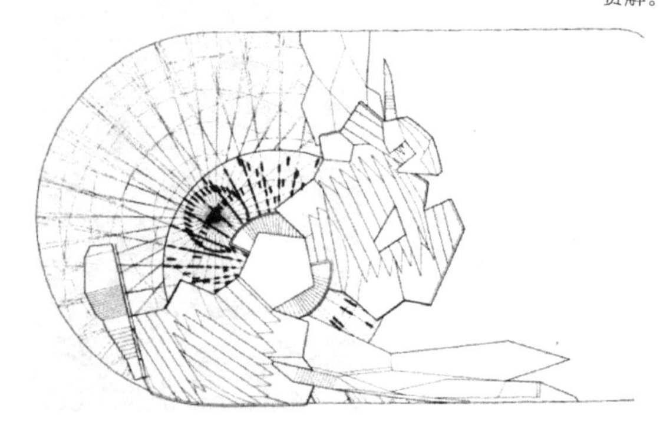

观众席平面

2010 上海世园会德国馆（中国）

建设地点：上海

建设时间：2010 年

设计：上海现代设计集团

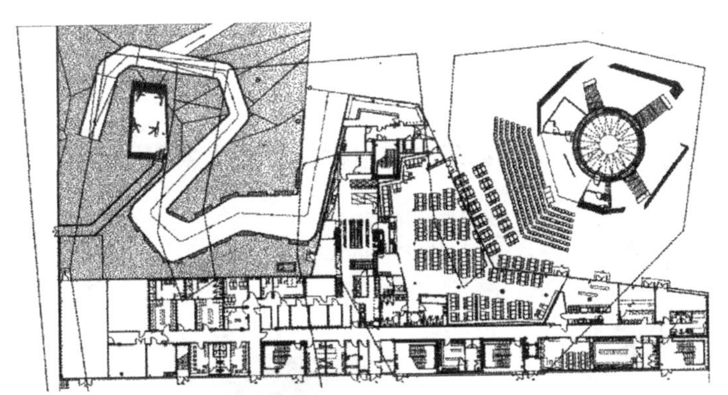

一层平面

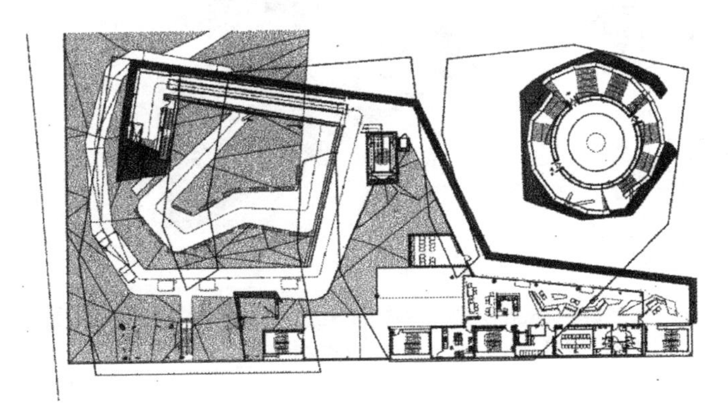

二层平面

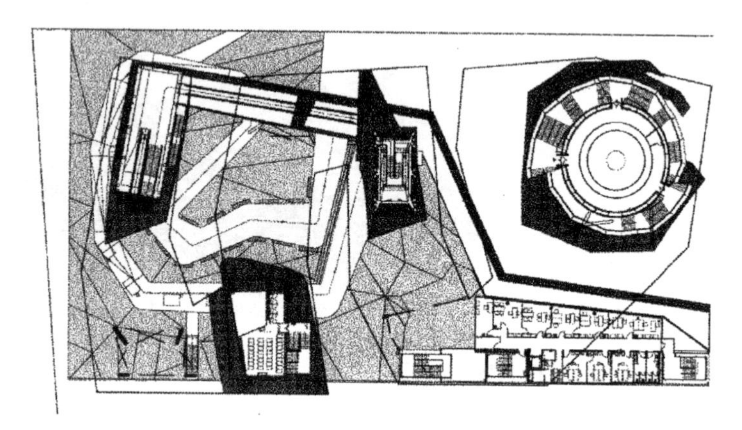

三层平面

建筑平面设计与建筑造型同步立足于三维空间设计。建筑外皮脱离传统平面限制，有一定节制的运动，保持着无处不在的大幅度三维变化特征。建筑如同可在其间穿行的雕塑，没有截然内外区分的定义。

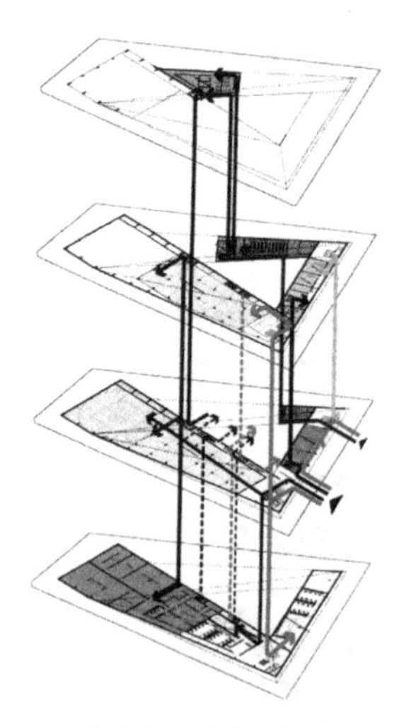

竖向功能分布示意

霍尔木兹甘伊斯兰文化中心（伊朗）

建设地点：阿巴斯港

设计单位：Masoomeh 设计公司

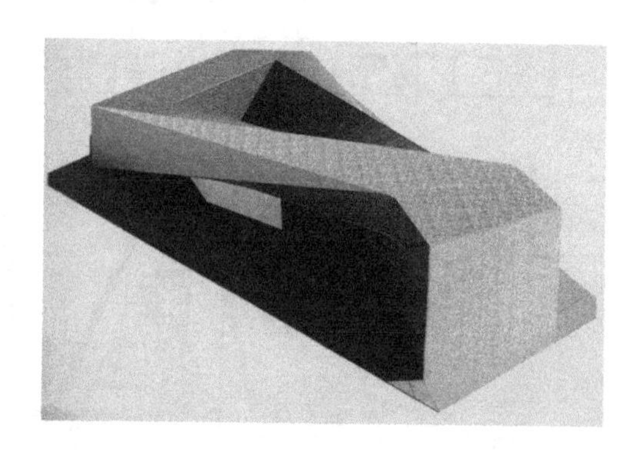

建筑师注意到伊朗民族传统风格的建筑—庭院图形关系，利用扭转叠合手段，实现两层的变体组合。没有完全封闭的楼层平面概念，创建了具有灰空间衔接、过渡的内外空间连通，表现了一种非线形空间思维。

总平面形

建筑平面的形成，不断地受到功能、流线、空间构成艺术形式检验，进行检验的同时，也在不断地与它所立足的环境发生互动，其中包括自然环境、人文环境和人造环境。如果说融入环境是建筑平面总体形式存在的根基，那么总平面形就是建筑设计不断完美的起点。

· 基地环境
· 总平面选形

基地环境

建筑平面的整体构成形式，除了受建筑物特有的功能和内部流线所规定外，还要受到基地环境的限制。有时这种限制甚至决定着建筑平面设计的最终结果。基地环境主要包含自然环境、人文环境以及人工环境。基地是建筑的场所，建筑形式想象力萌发的起点。建筑的时间、空间、文脉只有与基地场所取得共鸣，才真正具有实际意义。建筑所占据的场地，大多数位于城、镇核心区，少数位于城郊。位于城市核心区建筑，受城市综合控制指标、既有建筑物、道路、市政配套服务设施等牵动面较广。也就是说，城市核心区内的建设用地，人工环境与人文环境影响表现较为突出；城市郊区以及城区内某些特殊地段（景区、保护区、景观带），建设用地受人工环境影响较少，受自然环境和人文环境影响突出。由此可见，无论建设用地位于哪个区域，三个方面的影响因素都同时存在，只是表现程度不同。例如：基地的地貌，没有区域之分；地域的文脉有人为的印记，也会有自然印记。建设基地通常由用地红线、建筑控制线或称建筑红线圈定。在建筑控制线圈定的基地图形内，是我们综合上述影响因素研究建筑总平面形与用地图底关系的重要依据。建筑平面图形的边界不能突破建筑红线划定的范围。这是总平面形与基地环境极限维护的硬性目标。红线内总平面构成形式、相对于建筑功能、环境、空间、形象等的满意程度，难以用精确的定量标准加以衡量。这种满意度，则是具有一定伸缩性的弹性目标。对于统一规划指导下的建筑设计，总平面形和基地的关系，更多需要探索的是这种不同的弹性目标。弹性目标的基础就是：建筑物与基地环境取得最大限度的共鸣、共生。

以尊重自然环境为主要目标的总平面形选择：大多化整为零，体量、密度从属于自然，以有效保护原生态地形、地貌、植被、水系等；以融入自然为主要目标的总平面形选择：力求扩大建筑表面与外界的接触。最大限度吸纳自然能量，规避、消除或减少建筑、环境相互之间不利影响等；以适应人造环境和人文环境为主要目标的总平面形选择：应为环境增添光彩，而不是破坏它。注重地域历史文化传承、区位价值，邻里关系和交通关系。建筑宜具备更多的包容性。当前城市建筑用地突出的矛盾是人行道路、绿化环境的生存和机动车数量不断增加的矛盾，如何更好地缓解这种矛盾，成为总平面形选择弹性目标中的新课题。

基地中起主导作用的平面形的形式、覆盖率和界面线，除了达到硬性规定标准之外（建筑红线的控制标准：用地强度标准等），城市建筑平面形与建设用地应力求建立良好的互动秩序和融洽的随遇特性。具体表现在：与周边建筑物的地位关系；平面的边界细节与基地、与城市开放空间、街道的合理衔接关系；珍视有价值的地

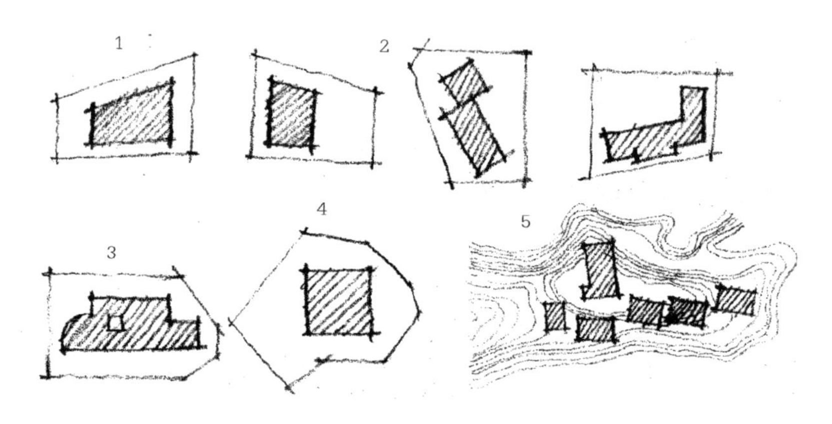

对基地形势的理性包容

1. 平面形与基地形相似或大体相似，边界线均相互平行。
2. 多形组合，与基地形斜向错位，与主要边界斜线平行。
3. 沿基地周边灵活组织建筑平面的外轮廓线，与基地边界线互动。
4. 非规则形基地中，选用比例恰当、规则的完形平面，周边的非规则地带用于绿化、道路、设施和室外各种场地。
5. 缓坡或高坡基地上，适当控制形的面积。平面形与等高线相交处，宜化整为零，减少土方量。在平坦地段，根据地段边界，可选覆盖面较大的规整或非规整平面形。

标、地物；平面的竖向叠摞发展，与城市功能、城市景观、人文环境保持良好的亲和关系，为城市创造新形象。当前值得一提的是：维护建筑场地与自然环境固有的“呼吸循环”，这是基地与自然环境潜在的一种“亲和关系”。明确地说，建筑基地覆盖面积、硬地覆盖面积必须严加控制。

郊区与特殊地段（景区、保护区、景观带等）相关联区域内的建筑总平面，还要注重：由于周围建筑限制和影响较少，更应当理性地控制平面形的占地和建筑物的体型。减少地形、地貌、水土、植被破坏；因势利导，经济合理地组织路网、管网系统；突出地域乡土特色，以自然风貌为主，人文景观、建筑景观为辅。大量的环

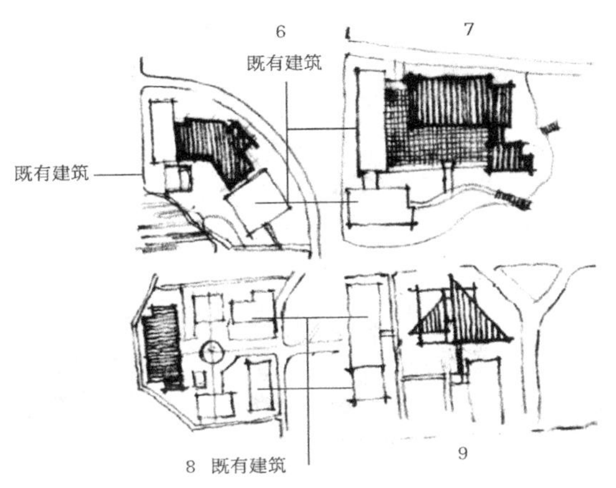

与既有建筑结合建立新的秩序

6. 与既有建筑保持衔接、过渡和延续，为被连接建筑，留出空间。
7. 与既有建筑保持平行、垂直（基地较狭窄，不追求朝向时，可保持垂直，换取较宽敞的外部空间）。
8. 与既有建筑形成平行或垂直围合，创造外部集中的公共共享空间。
9. 与周边建筑形成对比，强调与众不同的独特性。

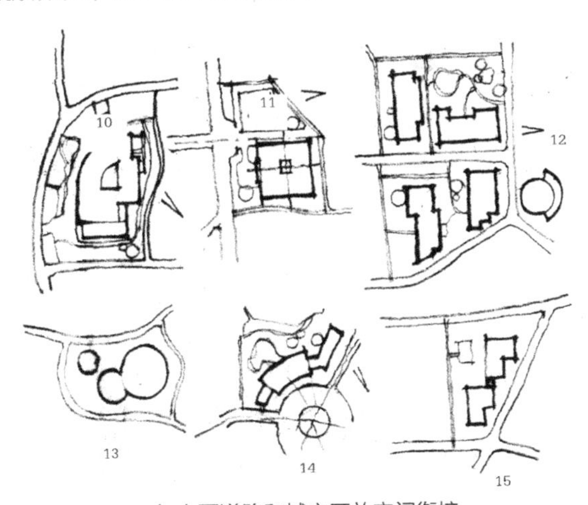

与主要道路和城市开放空间衔接

10. 与转向道路曲线协调，提供城市转角空间，扩大安全视距。
11. 避开直冲的街道，主次平面形位于直冲道路中心线两侧或一侧。
12. 平面形与道路平行、垂直或倾斜布置。
13. 圆形、正多边形、Y 形、T 形、H 形等基地覆盖面小的平面，适应边界复杂、多变的基地。
14. 位于城市广场的建筑平面形，与城市广场保持同心，与道路保持延续的关系。
15. 建筑平面位于基地一隅，基底面积较小，回避基地形限制。

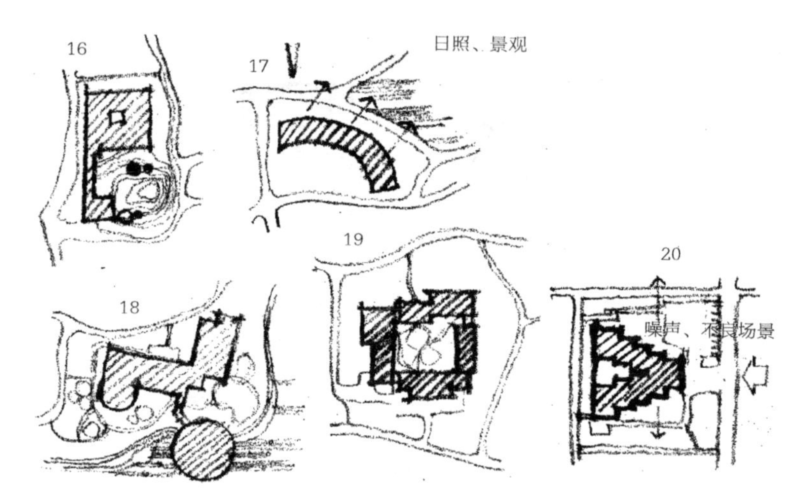

构建良性风水与生态景观

16. 长方形平面切除部分以保持自然地貌、古迹或珍稀树木。
17. 扩大平面外界的接受面，接受阳光、景观，扩大视野。
18 近水基地上选择多形平面（集中或分散）灵活结合，临水界面一侧曲折多变，突显港湾式、岛式或半岛式滨水建筑特征。
19. 条带围合或中空平面形，获取积极的内在人文景观环境和微气候环境，与外界自然景观建立呼应、流动。
20. 缩小接受面的嗅觉、视觉、听觉、触觉等污染影响。

境和总平面的对应问题，只有通过工程设计的实践，才能更加缜密、理性地表现出来。

建筑总平面图与基地环境有代表性的常见关系如图所示：

总平面选形

总平面形是根据建筑自身的特有功能和建筑形象的初步构想。结合外部各种环境因素的取舍，综合考量的结果。建筑总平面设计一般经历了以下过程：

1. 根据基地情况，采用控制线大体确定总平面的涵盖范围；

2. 根据地形、地物、城市空间、主要街道交通流线，确立建筑与周边限定因素和环境和谐的主要目标；

3. 在总体设计理念指导下，根据底层大体功能区域、流线、外观形象，确定平面概括形形式、数量、分布关系和空间结构特点；

4. 初步确定总平面形的界面形式，强化或弱化边界，构建与各类环境相融合的边缘；

5. 检验交通流线和场地关系以及实现主要目标的优化程度；

6. 有型建筑平面深化，调整、确定整体与局部的最佳形态和细节。

总平面形是建筑平面类型的概括。其形式除了应当满足上述应有的主要弹性目标之外，同时还要满足本土技术与艺术要求。各种平面形不但是当地技术力量可以实现的，它的主要观瞻立面也是符合当地审美观念的。建筑师构想总平面形，首先要具备对建筑全方位功能流线组织的理解，具有对建筑功能、建筑形象、空间结构相互关系的综合把握能力。只有这样，才能更好地针对各种复杂场地和周边环境，采取不同应对策略，完成总平面形的筛选工作。总平面（概括）形按构成方式分类，大体分为：集中式、分散式以及集中与分散混合式。无论哪种构成形式，总平面的基本雏形都可以近似地由正方形、矩形、三角形、圆形、圆形的一部分以及非规则多边形加以表现（图）。可以由这些图形或狭长的条带形直接组合成适当的总平面形。从各类型建筑平面图的分析中，能够发现：建筑平面形千变万化，但大体都可以从它们的概括形中寻求踪迹。总平面形是由单一形，复合形还是多个图形组合而成，取决于建筑师对建筑功能、基地环境和空间形态的整体构想。杨廷宝先生曾说过："在复杂的地形条件下，先是踏勘地形，结合自然地形，布置以建筑的形状：方的，圆的……"（《杨廷宝谈建筑》第 43 页）。简短的话语，揭示了选择建筑平面概括形思维的一个核心问题。那就是，针对用地地形，首先粗略地确定概括形及其组合形式。更加深入细腻的建筑平面设计，则是基于对概括形不断完善和验证。建筑平面与总平面的反复对话互动，是达到建筑平面与建设用地环境条件协调和默契的重要环节，也是在建立人与环境的良好共生关系，即中国自古以来就十分强调的"天人合一"关系。对于地貌较为复杂或用地较为宽松的建设地段，根据适用功能和外观形象需要，建筑总平面可选择别具特色的多种平面形的结合或游离，如各种簇群平面形式、多形分散形式、形的多种演变分离等。基地周边有价值的景观资源、生态环境资源，常常是图形进行整合、分解的牵动条件。某些可借用的天然资源，可作为平面

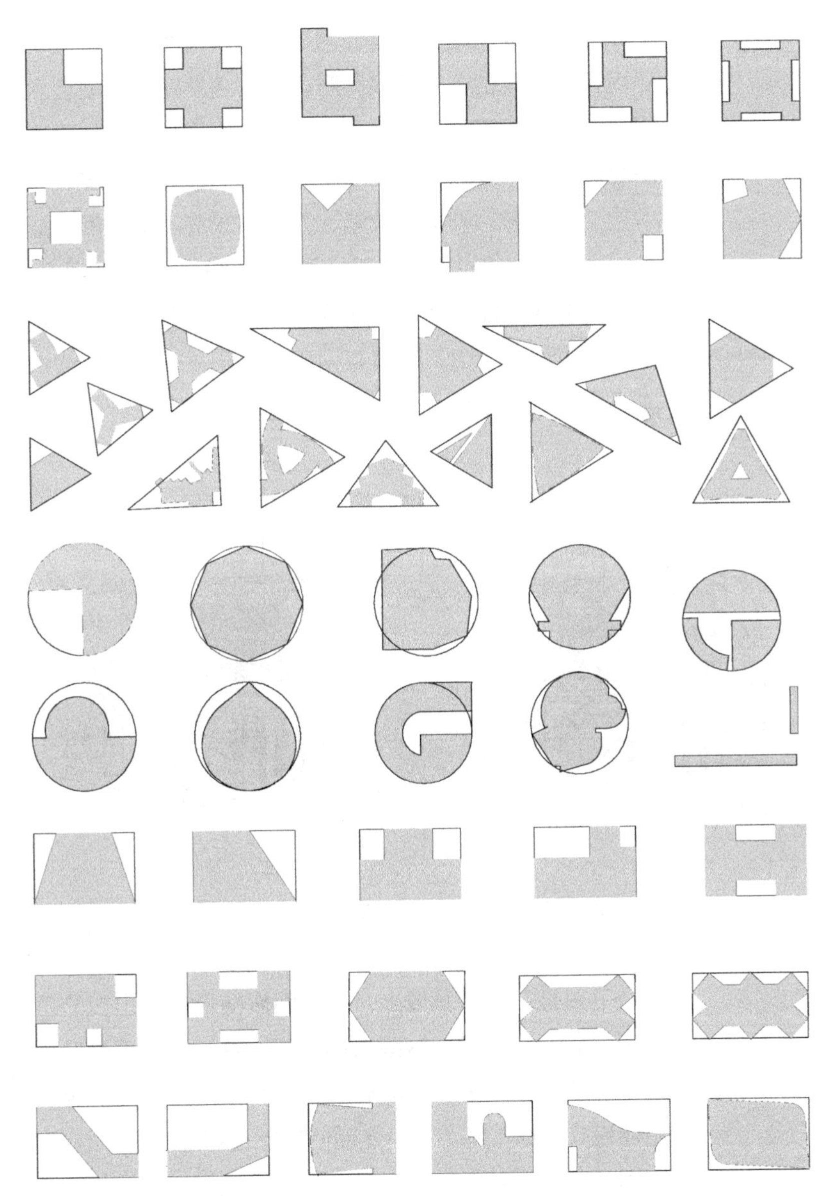

简单概括形对复杂形的涵盖

各种复杂的平面形，最初都是由简单的正方形、三角形、矩形和圆所概括。

总体形式构成的重要元素，为建筑造型艺术、建筑景观环境艺术的再创造，提供有利条件。当然对于造型艺术要求较高的建筑设计，也可以由外向内设计，首先研究外观形象，再去确定与基地相适应的平面构成形式，其中包括平面形的种类、数量、结合方式等。概括形选择过程中，应注重平面形与基地形的图底关系。在容积率、建筑密度硬性控制指标允许情况下，建筑总平面形不宜大于基底形的50%。随着容积率的提高，总平面形的占地还将缩小（图）。

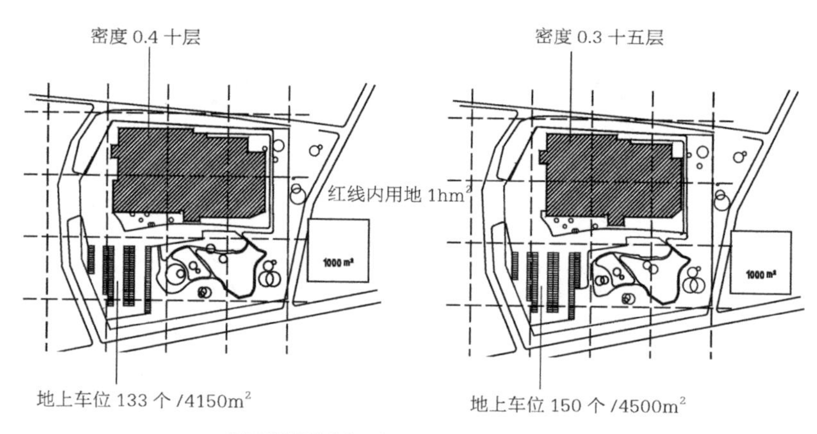

相同指标控制下容积率对总平面形的影响

下图是在同一基地上，总平面概括形可能出现的各种集中式方案示例。这些示例说明，基地、总平面形可能存在的最佳状态，并非局限于几种固定模式。适应的主要设计目标不同（无论是硬性的还是弹性的），形式也不同。

探索平面形式可能性的过程，是记录已有的思维成果，捕捉、提升新理念的过程。这一过程为理想的建筑

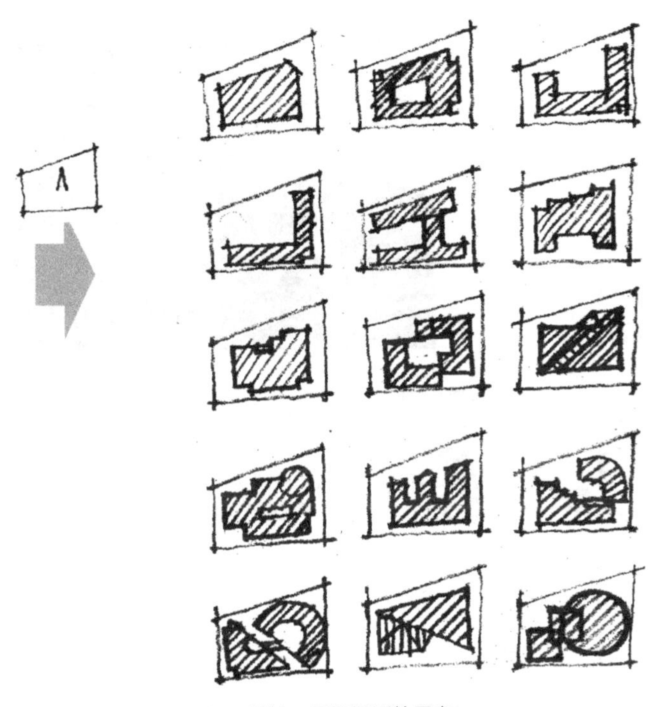

相同基地不同概括形的思考

总体设计提供了保障。如若建筑平面采用分散式布置或簇群平面布置形式，由于组成平面整体的基本平面元素的基底面积较小，它们在基地上的安排更加自由、灵活，组合形式也会更加多样化。由此可见，对于同一基地、同一性质、同样功能的建筑，总平面的形式不胜枚举。

历经反复推敲，精益求精提炼的总平面形，将成为建筑创作走向完美的起点。

保留基地原有山体地貌，结合土山和水面造景，维护了饭店的自然生态环境。

苏州南林饭店（中国）

建设地点：江苏苏州
建设时间：1983 年
设计师：张兰香、翁皓

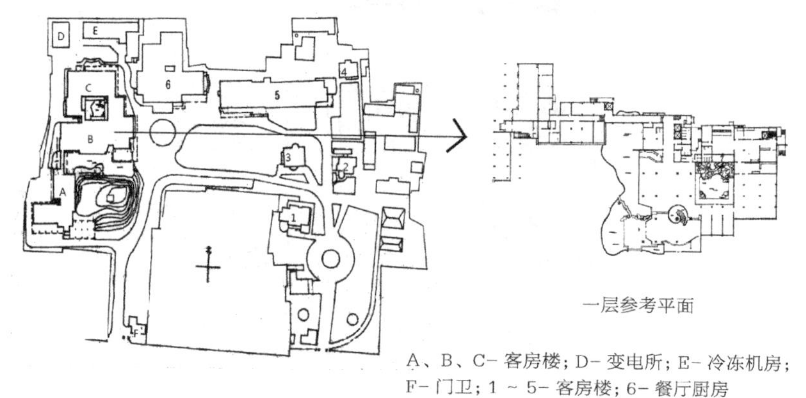

一层参考平面

A、B、C- 客房楼；D- 变电所；E- 冷冻机房；F- 门卫；1 ~ 5- 客房楼；6- 餐厅厨房

总平面

卡斯特尔格朗德城堡（单元住宅）（瑞士）

建设地点：贝林佐纳
设计师：吕奇·斯诺兹

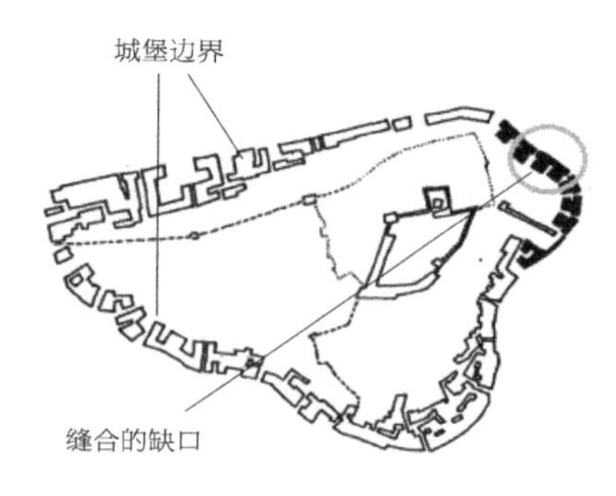

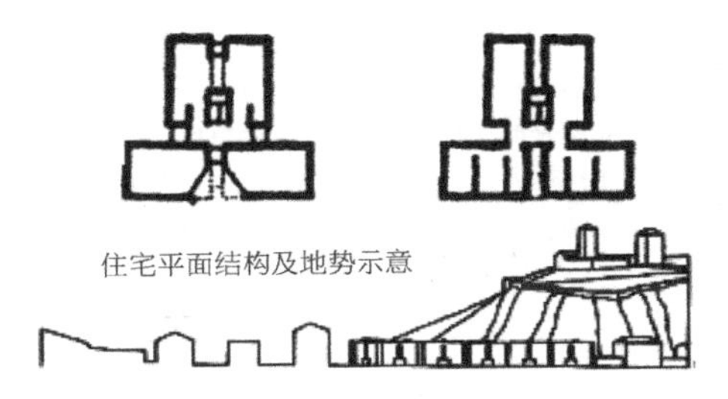
住宅平面结构及地势示意

新建单元住宅为历史遗留下的索勒城堡担负起陪衬作用。它们以合适的尺度，与环绕在城堡岩石脚下原有的古老传统建筑，联结在一起。从而将破损的城堡缺口“缝合”起来。

落水别墅（美国）

建设地点：宾夕法尼亚州贝尔河
建设时间：1936—1939 年
设计师：弗兰克·劳埃德·莱特

建筑物利用流水落差，强调自身与河流在竖向的层次关系。利用外伸的平台以及对外的多个出入口，取得邻山近水的内外联系。建筑整体形象如同贝尔河旁的岩石，相互交错叠摞，融入自然。

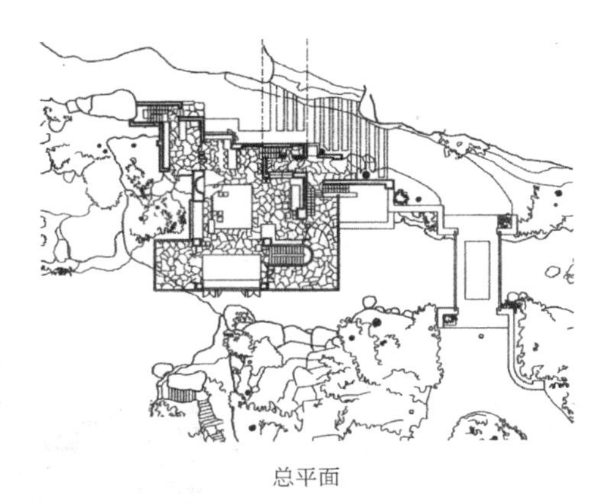
总平面

六甲集合住宅（日本）

建设地点：神户六甲山
建设时间：1978—1993 年
设计师：安藤忠雄

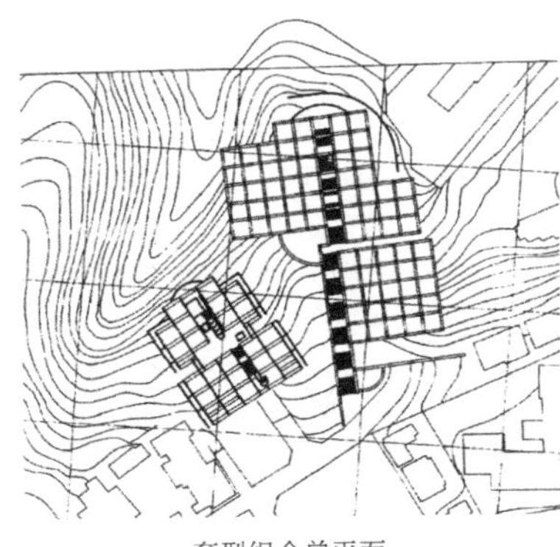
套型组合总平面

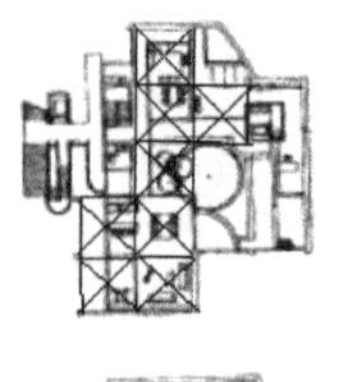
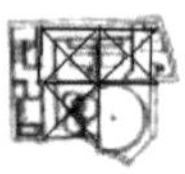

户型九　十层平面

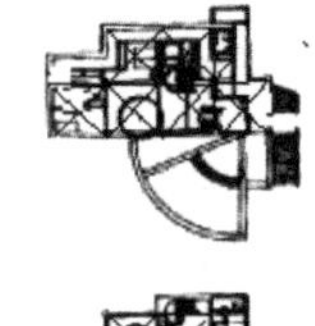

户型六　七层平面

基本套型平面

尺度较小的平面形，对山地具有更灵活的适应性和经济性。住户取 5.8 米 ×4.8 米作为构成套型平面的模数单位，住户与住户垂直等高线集聚成四个组团。这些组团由纵向的南北阶梯、横向的东西通道连接在一起。其中一个组团偏转分离，空出山坡自然原貌。住户有内院，可获得良好日照、通风和开阔的视野。

金戈房产（丹麦）

建设地点：赫尔辛格

建设时间：1958—1963 年

设计师：约翰·伍重

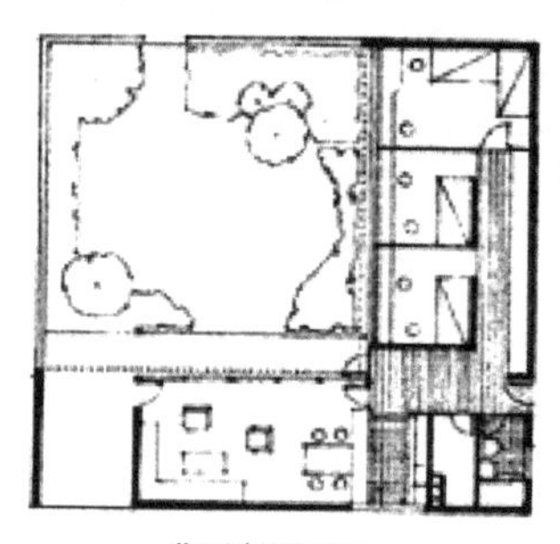

典型参照平面

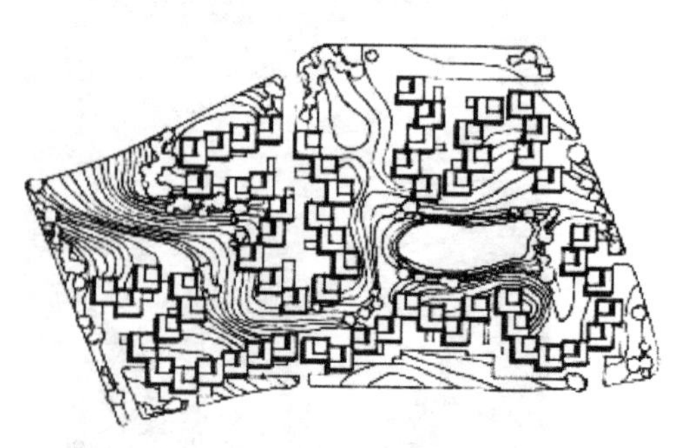

总平面

以户为单位的 L 形居住单元，小巧、拼接灵活。在丘陵地上，寻求平坦、缓坡地段，以灵活、曲折的线式排列或围合。L 形单元平面的优越性表现在：各户均有私家内院；可形成联排、叠拼、爬山等多种形式组合；可组成灵活多变的组团和组团绿地；可保证各单元良好朝向和视野。

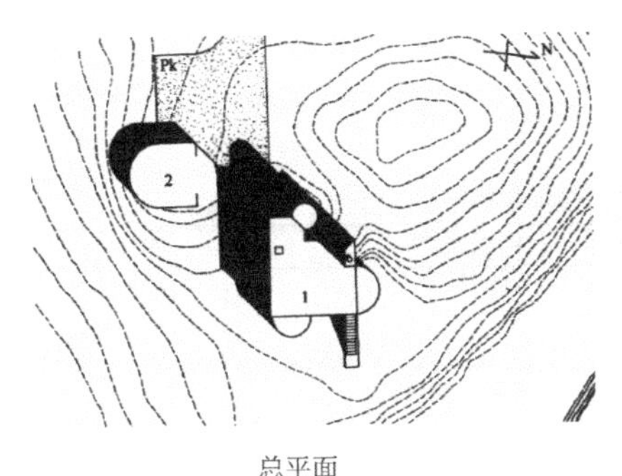

总平面
1- 住宅；2- 车库 / 游艇

基地位于一个半岛上，为适应坡地地形，总平面按功能分别选形。住宅平面形坐落在基地较为平缓的台地上。车库西南边线平行等高线，与坡顶取得呼应关系。东南面向海湾和大西洋，使住宅具有良好的自然景观和充足的日照、通风条件。建筑物既有天然屏障为依托，又保留了原生态良好的地貌。建筑完全融合于自然之中。

库伯住宅（美国）

建设地点：马萨诸塞州
设计师：奥尔良格尔、格瓦斯梅·西格尔

阿尔勒考古博物馆（法国）

建设地点：阿尔勒
建设时间：1995 年
设计师：亨利·奇里亚尼

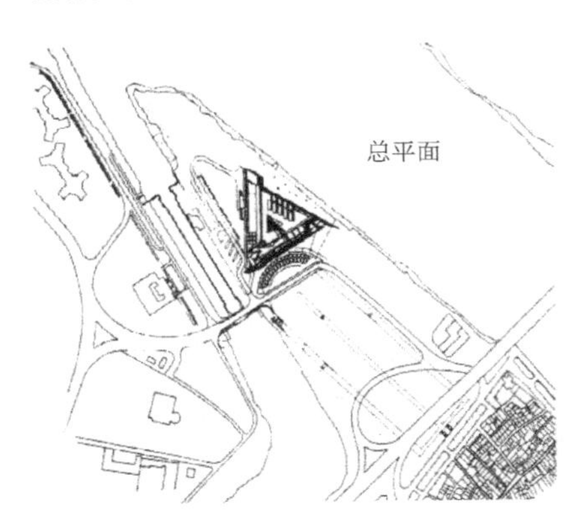

总平面

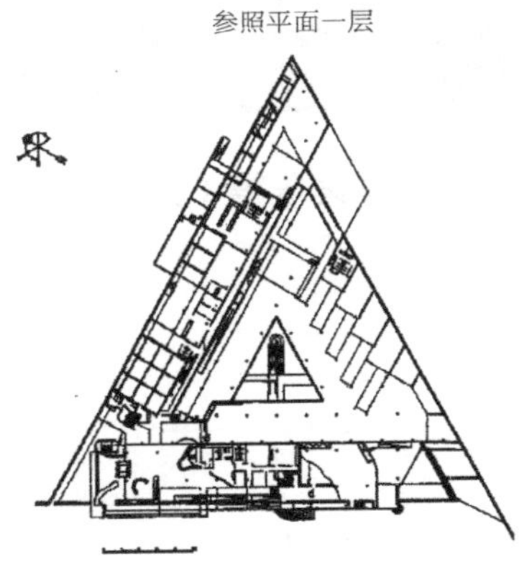

参照平面一层

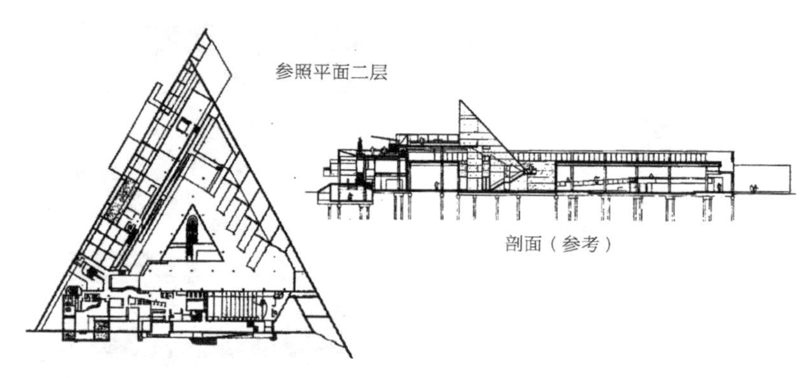

博物馆建于三角形的半岛用地上，建筑总平面形注重城市已有的地域文脉精神和基地形式，选定一个等边三角形。平面集中于基地三角形较宽的底部，留出稍显窄小的顶端，保持了河岸原有的生态环境和空间衔接。等边三角形一个边靠向内陆古罗马马戏场，与建筑的功能主题紧密结合，其余两边分别朝向运河闸口和罗纳河。

国家美术馆东馆（美国）

建设地点：华盛顿
建设时间：1968—1978 年
设计师：贝聿铭

选形分析

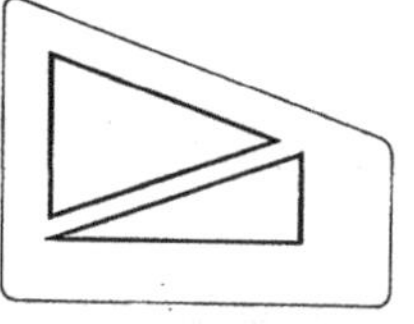

根据梯形地段，东馆建筑平面形由一个等腰三角形和一个直角三角形组成。

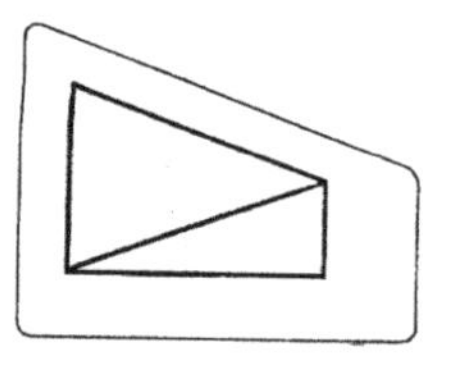

等腰三角形用于展览厅；直角三角形用作视觉艺术研究中心。

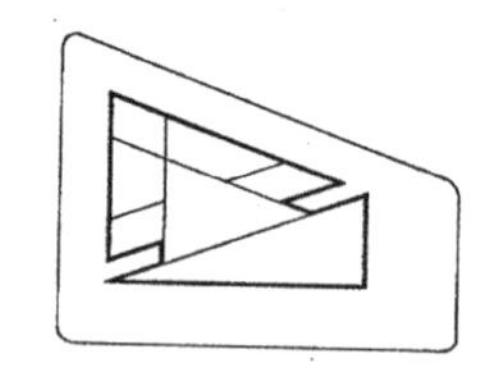

将等腰三角形复制缩小，成为原设定的两个三角形的连接、叠合、对接形。

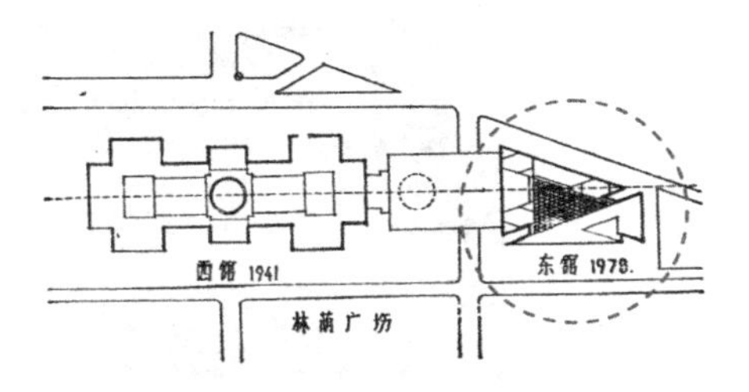

总平面

新馆位于城市道路交叉口的三角地带，受到原有西侧展馆功能和位置的影响。新馆总平面既照顾到原有西馆的古典美学——对称平衡、主轴线突出、平行于宾夕法尼亚州大道的特点，又照顾到基地平面形重心偏移的实际情况。为此，平面形选择等腰三角形和非对称直角三角形拼接的复合形（也可看作劈裂的直角梯形）。等腰三角形保持对称中心与原西侧馆轴线的重合，使原有轴线得以延续。直角三角形平衡了等腰三角形在场地上的偏移，与基地取得了平衡和协调。道路交叉口留出相应的三角绿地，使城市空间得以拓展。

国民养老基金会（芬兰）

建设地点：赫尔辛基
建设时间：1952—1957 年
设计师：阿尔瓦·阿尔托

1- 办公区；2- 中庭；3- 餐厅；
4- 图书馆；5- 内院；6- 主入口；
7- 穿越过街楼和内院入口
（点线表示穿越内院）；
8- 城市绿地

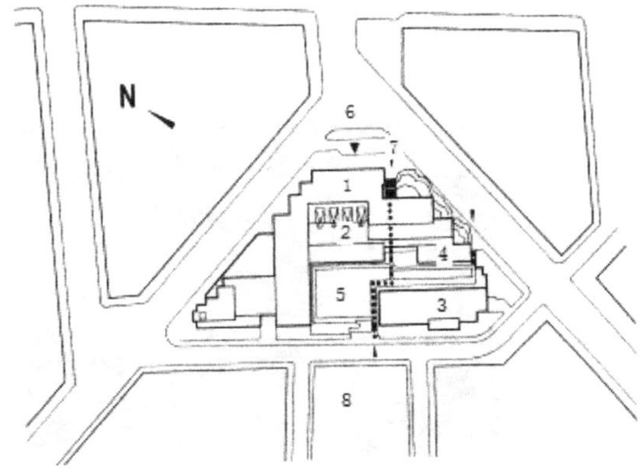

总平面由若干矩形叠拼而成。锯齿式过渡交会，适应道路交叉口地形，为城市提供了弹性开放空间。平面总体形式与基地形基本一致。通过内院和中庭获取组合的宽松效果。内院与南侧绿地以开口形式，保持空间的连通和绿化渗透。

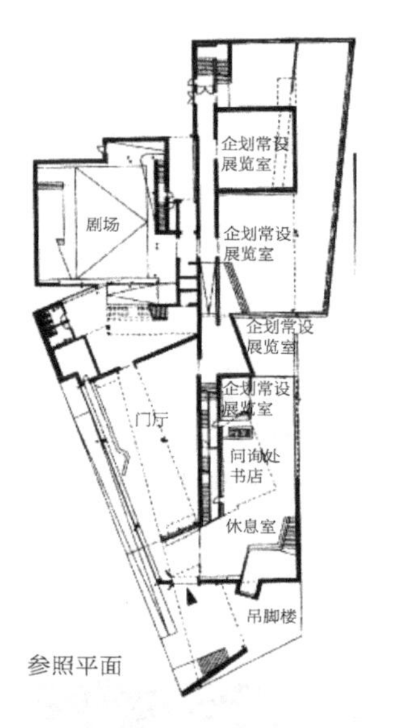

参照平面

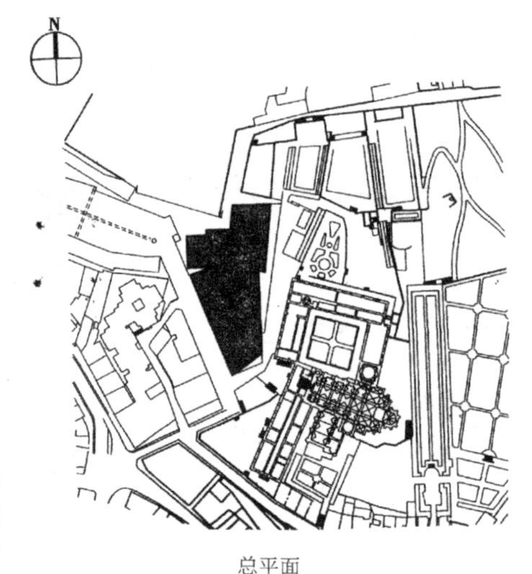

总平面

加里西安当代艺术中心（西班牙）

建设地点：圣地亚哥
建设时间：1988—1993 年
设计师：阿尔瓦罗·西扎

总平面形与基地不规则形重合。这种重合是通过矩形平面局部的偏转而获取。平面形的选择，与道路交叉口保持柔和、弹性关系，与周边原有建筑保持恰当的体量、空间关系和形体对比关系。

海牙市市政厅及中心图书馆（荷兰）

建设地点：海牙市
建设时间：1986—1995 年
设计师：理查德·迈耶

建筑平面衔接的
城市区域网络

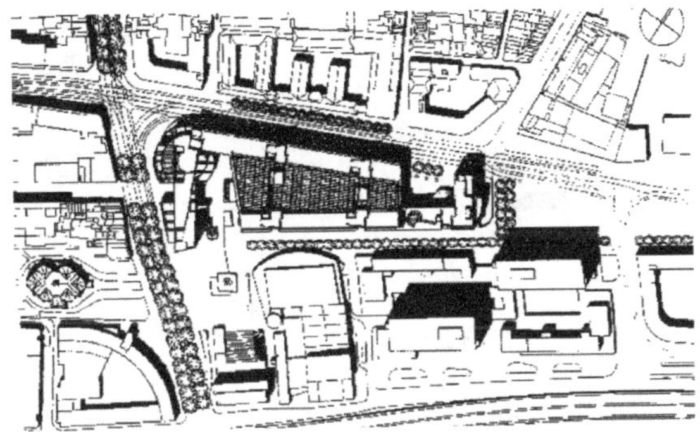

总平面

在一个锐角三角形地段，利用基地中段，总平面选择梯形，尖角处基地保留。通过对梯形修剪加工，中部留空，周边表现出条带开口围合形式。总平面重点处理了建筑物入口、内院与道路交叉口、与城市空间节点（广场）的呼应关系。梯形的两个长边走向，与相邻街区的平行线网络秩序保持一致。

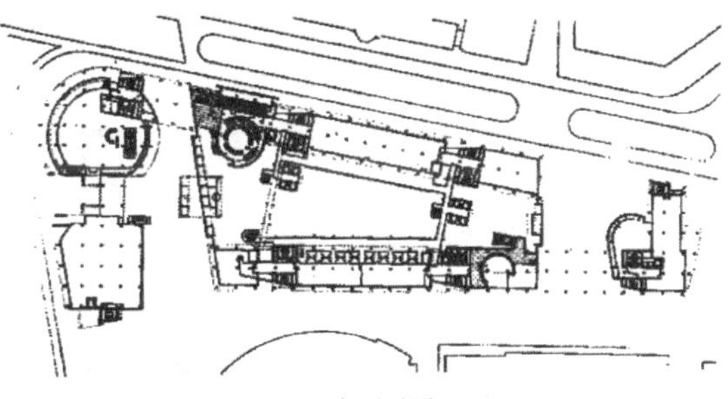

二层参照平面

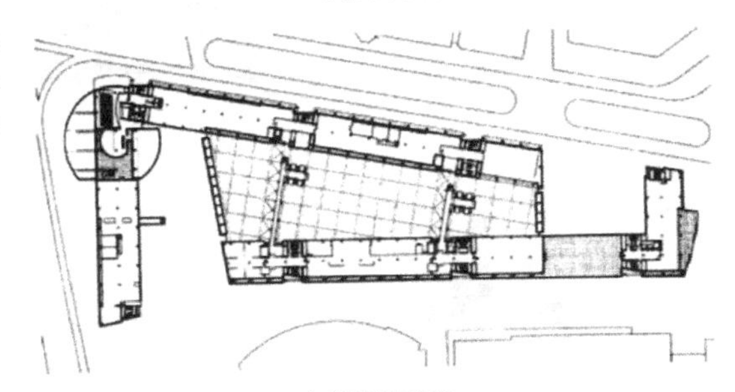

七层参照平面

东京国际论坛大楼（日本）

建设地点：东京

建设时间：1996 年

设计师：拉非尔·维诺利

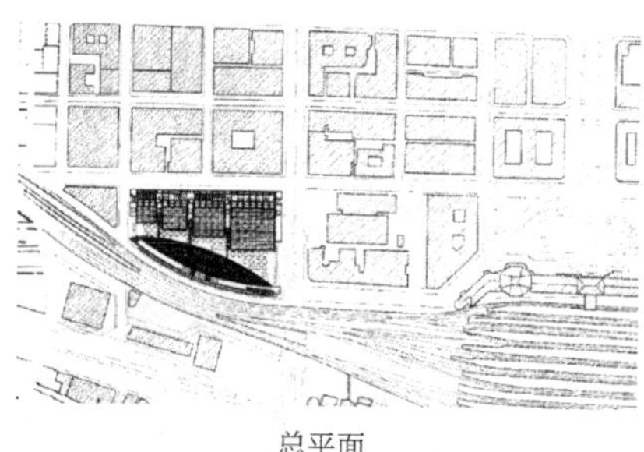

总平面

六层参照平面

建筑总平面由梭形和四个联排的矩形组成。梭形是城市快节奏生活的象征，是对轨道线形和基地边界的适应。矩形的有序排列，与它所面对的规整的城市街道、方格状的建筑布局，取得统一和呼应。梭形与矩形之间的空间，上空有高架桥保持楼层之间的相互联系，底层是市民活动的室外广场。

塞伊奈约基教堂及教区中心（芬兰）

建设地点：塞伊奈约基
建设时间：1964—1966 年
设计师：阿尔瓦·阿尔托

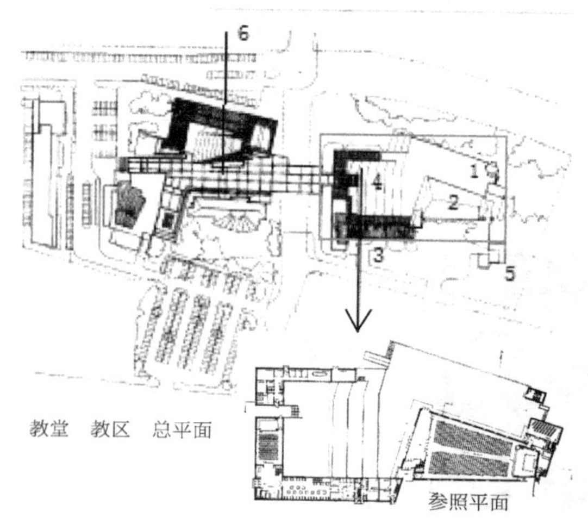

1- 钟塔；2- 大教堂；
3- 教区中心办公楼；
4- 教区广场；5- 机房；
6- 市政图书馆剧院

教堂　教区　总平面

参照平面

总平面分为两个部分。两部分有一个小小的错位转角。这个转角与各自相邻的城市道路取得平行。错位则给道路转角处留出必要的可视空间，而在远离道路的一侧，保留了宽松的室外场地。

城市货币办公楼（竞赛作品）（德国）

建设地点：埃尔福特
建设时间：1994 年
设计师：麦哈德·冯·格康

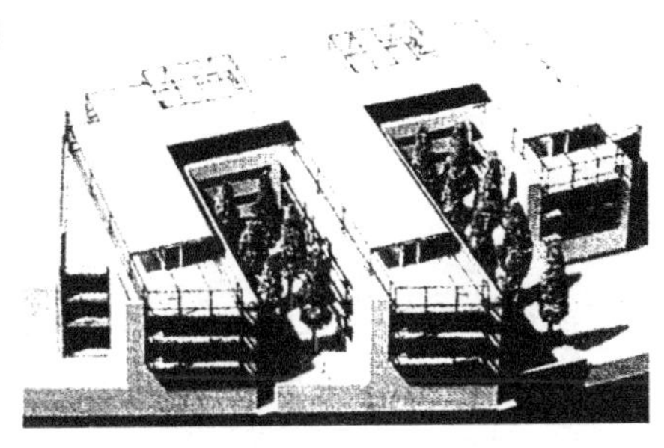

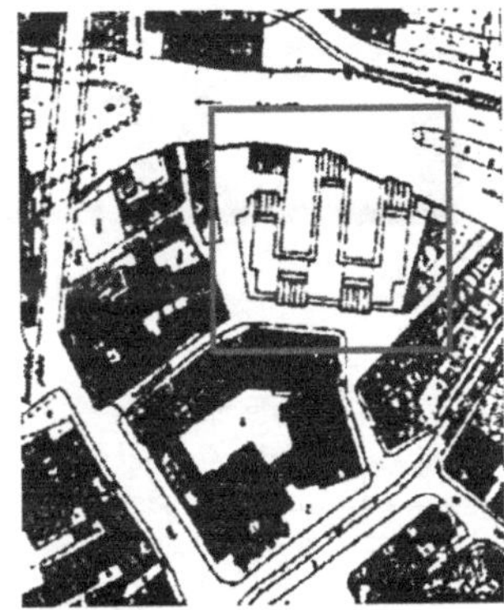

总平面

总平面形的选择与演变过程

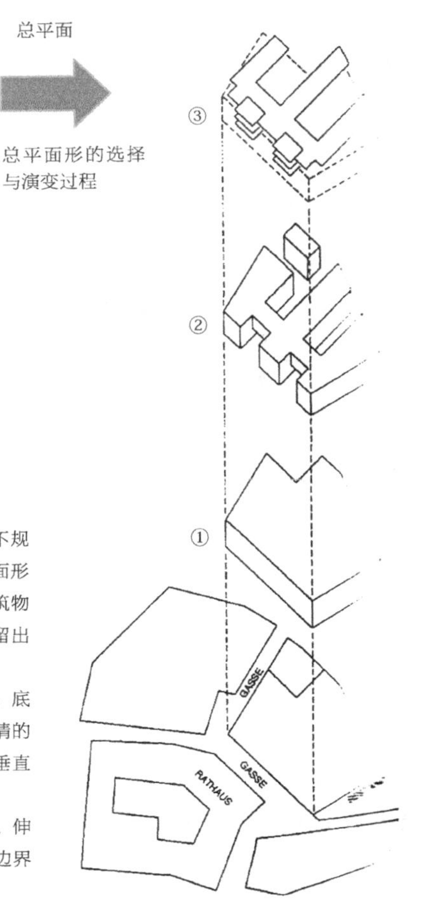

①总平面可以概括为适应基地平面的不规则多边形，切去一角，让出入口广场。平面形生成的建筑体量和外边界面力求与周边建筑物具有宽松、融洽的共生环境。建筑物之间留出巷道，保留着城市街区的原有风貌。

②将概括形进一步修剪成“山”字形。底部剔除，与相邻的原有建筑取得融合与感情的交流。山字形上端相互平行的三个分支，垂直驳岸，将水景引导到建筑场地。

③槽口加工、细化，与相邻建筑对话。伸向岸边长短不一的建筑分支，与临水基地边界线相适应，具有亲水特征。

珠海珠银大厦（中国）

建设地点：广东珠海

建设时间：1994 年（方案）

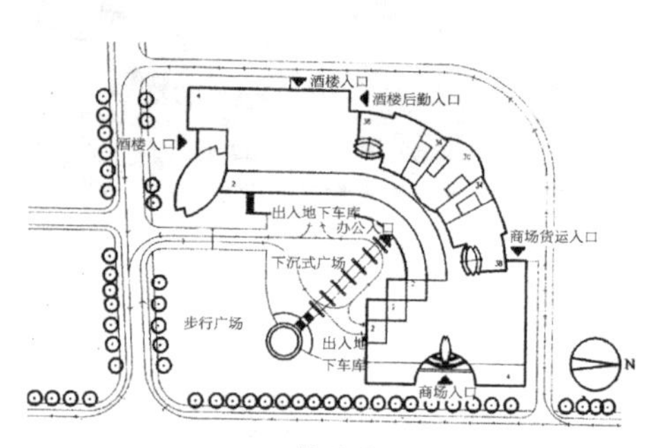

总平面

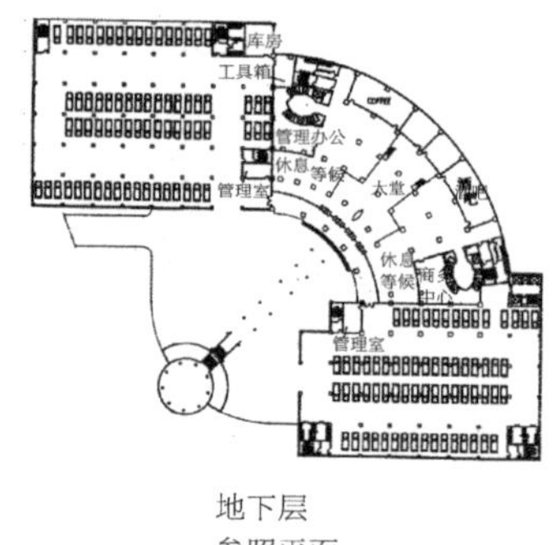

地下层
参照平面

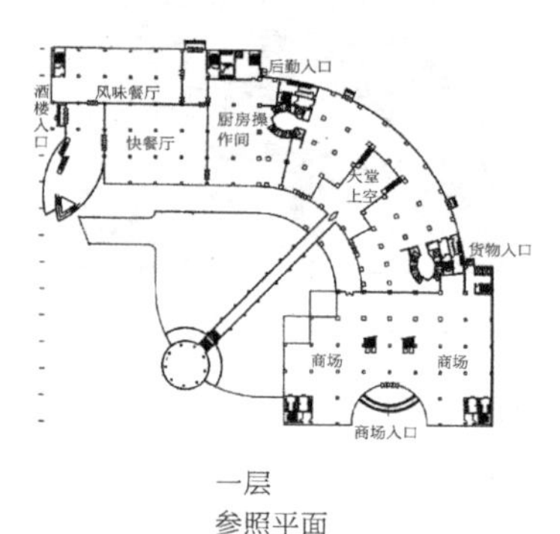

一层
参照平面

建筑物位于城市干道丁字路口。1/4 圆环作为塔楼平面，起到转向、过渡、连接两端矩形裙房平面作用。它们共同围合出具有大型公共建筑特色的下沉广场。总平面形的选择，扩大了道路转角空间和视野。环抱状的高层塔楼，成为城市街道的形象标志。

郑州金驰大厦（中国）

建设地点：郑州（方案）

根据三方业主对大厦享有相对独立的使用要求，结合对用地和周边环境的综合考虑，建筑师进行了不同平面概括形方案对比分析，在选定的概括形基础上，深化、调整、补充、完善，最终进入建筑方案平面设计。

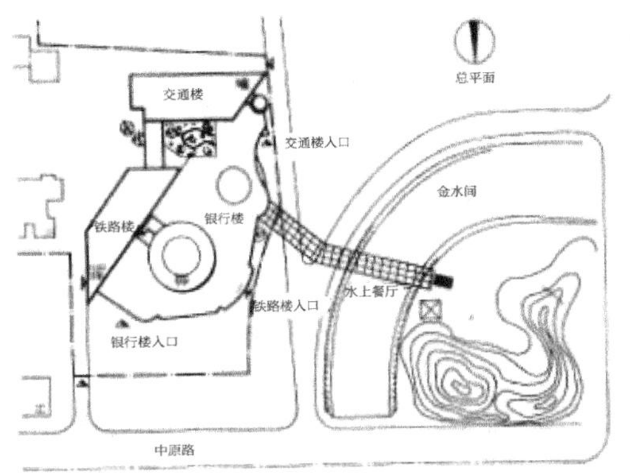

总平面

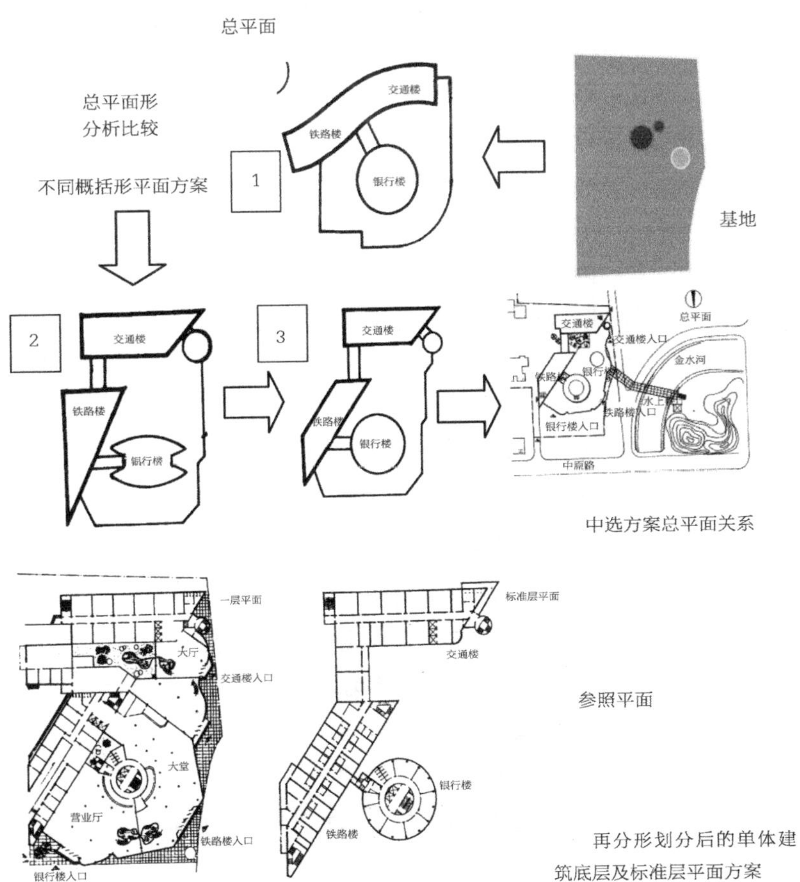

总平面形
分析比较

不同概括形平面方案

基地

中选方案总平面关系

参照平面

再分形划分后的单体建筑底层及标准层平面方案

实例索引

构成元素

奥斯卡·尼迈耶国际文化中心（观光塔）（西班牙）
墨西哥人类学博物馆（墨西哥）
米拉公寓（西班牙）
世界博览会德国馆（西班牙）
乡村砖房（方案）
考夫曼沙漠别墅（美国）
尼迈耶住宅（巴西）
阿伦海姆展馆模型
联合国教科文总部（会议厅）（法国）
奥利维梯职业学校（英国）
上海大学美术学院（中国）
W.A. 格拉斯纳住宅（美国）
联合教堂（美国）
蓬皮杜艺术文化中心（法国）
国家体育场（中国）
高地圣母教堂（朗香教堂）（法国）
斯科茨代尔市政厅（美国）
斯塔比奥圆房子（瑞士）
突尼斯青年之家（突尼斯）
奥尔良多媒体图书馆（法国）

结构形态

点线动态

北京世界贸易中心（方案）（中国）
ABB 动力塔（瑞士）
兼松大厦（日本）
世界贸易园（日本）
武汉世贸大厦（中国）
琦玉县立近代美术馆（日本）
悉尼歌剧院（澳大利亚）
摩托罗拉电子公司中坜厂房（中国）
法兰克福现代艺术博物馆（德国）
天津德臣汽车展示中心（中国）
约翰科庭医学研究院（澳大利亚）
阿瑟尼姆旅游中心（美国）
奇尔腾斯农户住宅（英国）

演变

埃克塞特图书馆（英国）
成人学习研究室（美国）
贝林佐纳瑞士电信大楼（瑞士）
C-Wedge（日本）
普林斯顿大学生宿舍（美国）
三起商工新办公楼（日本）
无锡复地公园城邦住宅售楼处（中国）
罗切斯特唯一神教堂（美国）
保利 · 西塘越（中国）
深圳华侨城办公楼（中国）
伊弗森美术馆（美国）
中国银行（中国）

组合

科学中心（德国）
布莱梅高层公寓（德国）
海鹰酒店（日本）
钢琴之家（日本）
文化中心（德国）
松江新城社区中心（中国）
科威特国际机场候机楼（科威特）

连接

赛于奈察洛市政厅（芬兰）
埃里克·鲍瑟纳斯 2 号住宅（法国）
丽丝住宅（西班牙）
教堂及社区中心（芬兰）
古根海姆博物馆（美国）
天使山修道院图书馆（美国）
路易·卡雷住宅（法国）
吉巴欧文化中心（克里多尼亚）
新哑剧演员剧院（美国）
帕普住宅（美国）
北京化纤厂幼儿园（中国）
旧韦斯特伯里住宅（美国）

簇群平面

阿勒瓦高尔夫俱乐部旅馆（日本）
LF1 园艺展览馆（德国）
天野制药岐阜研究所（日本）

犹太人博物馆（德国）
世嘉堡学院（加拿大）
赫伯特 · F · 约翰住宅（美国）
汉诺威历史博物馆（德国）
草垛山工艺美术学校（美国）
HUK 科堡保险公司总部（德国）
哥廷根州立大学图书馆（德国）
国际建筑展—柏林城市住宅（德国）
艾哈迈德巴德印度管理学院（印度）
胡瓦犹太教堂（方案）（耶路撒冷）
二风谷阿依奴（族）文化博物馆（日本）
犹太社区中心游泳更衣室（美国）
布鲁塞尔国际博览会德国馆（比利时）
理查德医学研究大厦（美国）
明兴格拉德巴赫市博物馆（德国）
斋普尔艺术中心（印度）
海滨牧场公寓（美国）
克拉玛儿童图书馆（法国）
圣 · 玛丽医院（英国）
上海国际医贸会议大厦（中国）
渥塔尼米科技中心（芬兰）
上海东方艺术中心（中国）
中国国家大剧院（中国）

再分形

圣伏特河别墅（瑞士）
马来西亚银行（马来西亚）

等等力邸（日本）
摩尔住宅（美国）
木岩美术馆（韩国）
集合住宅（美国）
马库斯住宅（方案）（美国）
相模女子大学七号馆（日本）
魏森霍夫住宅（德国）
意大利圣彼得小教堂（意大利）
日航金沢酒店（日本）
海上日本研修中心（日本）
汉莎航空公司行政办公楼（德国）
大阪国际文乐剧场（日本）
恩索·古特蔡特公司总部大楼（芬兰）
中国彩灯博物馆（中国）
浙江美术馆（中国）
上海生物制品研究所血液制剂生产楼（中国）

局部细节

球面体育馆（瑞典）
斯德哥尔摩公共图书馆（瑞典）
斯图加特国立美术馆新馆（德国）
广西电力培训中心（中国）
奥塔涅米大学技术研究所（芬兰）
博尼范登博物馆（荷兰）
澎湖青年中心（中国）
纽黑文共济会保险公司总部大楼（美国）
伦敦劳埃德大厦（英国）

坐标系统

总平面形

卡斯特尔格朗德城堡（单元住宅）（瑞士）
落水别墅（美国）
六甲集合住宅（日本）
金戈房产（丹麦）
库伯住宅（美国）
阿尔勒考古博物馆（法国）
国家美术馆东馆（美国）
国民养老基金会（芬兰）
加里西安当代艺术中心（西班牙）
海牙市市政厅及中心图书馆（荷兰）
东京国际论坛大楼（日本）
塞伊奈约基教堂及教区中心（芬兰）
城市货币办公楼（竞赛作品）（德国）
珠海珠银大厦（方案）（中国）
郑州金驰大厦（方案）（中国）

参考文献

[1] 《建筑中国》编委会. 蓬勃中国：中国当代建筑作品集 [M]. 沈阳：辽宁科学技术出版社，2013.

[2] 《全国获奖教育建筑设计作品集》编委会. 全国获奖教育建筑设计作品集 [M]. 北京：中国建筑工业出版社，2001.

[3] 程泰宁. 程泰宁建筑作品选 2001—2004[M]. 北京：中国建筑工业出版社，2005.

[4] 戴俭. 建筑形式构成方法解析 [M]. 天津：天津大学出版社，2004.

[5] 凤凰空间·北京. 创意分析图解建筑Ⅱ [M]. 南京：江苏科学技术出版社，2013.

[6] 广州市唐艺文化传播有限公司. 大商业：思路决定出路模式决定赢利 [M]. 长沙：湖南美术出版社，2011.

[7] 胡仁禄. 休闲娱乐建筑设计 [M]. 北京：中国建筑工业出版社，2011.

[8] 建筑平面快速设计图集编辑组. 建筑平面快速设计图集 [M]. 沈阳：辽宁科学技术出版社，1993.

[9] 荆其敏 张丽安. 永远的建筑大师 [M]. 武汉：华中科技大学出版社，2009.

[10] 孔宇航. 非线性有机建筑 [M]. 北京：中国建筑工业出版社，2012.

[11] 雷春农. 高层建筑设计手册 [M]. 北京：中国建筑工业出版社，2002.

[12] 黎志涛. 建筑设计方法 [M]. 北京：中国建筑工业出版社，2010.

[13] 李大夏. 路易 · 康 [M]. 北京: 中国建筑工业出版社, 1993.

[14] 李风. 工业建筑 [M]. 武汉: 武汉工业大学出版社, 2002.

[15] 李钢，李保峰. 建筑快速设计基础 [M]. 武汉: 华中科技大学出版社，2009.

[16] 李铭陶. 面向未来的建筑——设计方案精选 [M]. 北京: 中国建筑工业出版社，1999.

[17] 林耕，夏青. 当代科教建筑 [M]. 北京: 中国建筑工业出版社，1999.

[18] 林耕,夏青. 国外当代图书馆建筑设计精品集 [M]. 北京: 中国建筑工业出版社，2003.

[19] 刘先觉. 阿尔瓦 · 阿尔托 [M]. 北京:中国建筑工业出版社, 2003.

[20] 刘云月. 公共建筑设计原理 [M]. 南京:东南大学出版社, 2004.

[21] 鲁宁兴，徐怡静. 旅馆建筑 [M]. 武汉: 武汉工业大学出版社 2002.

[22] 罗运湖. 现代医院建筑设计 [M]. 北京: 中国建筑工业出版社，2002.

[23] 邱维元. 分形 [M]. 北京: 高等教育出版社，2016.

[24] 深圳市博远空间文化发展有限公司. 公共文化建筑 [M]. 天津: 天津大学出版社，2013.

[25] 汪芳. 查尔斯 柯里亚 [M]. 北京: 中国建筑工业出版社, 2003.

[26] 汪丽君. 建筑类型学 [M]. 天津: 天津大学出版社, 2005.

[27] 王路. 德国当代博物馆建筑 [M]. 北京:清华大学出版社,

2002.

[28] 王路. 德国当代博物馆建筑 [M]. 北京: 清华大学出版社.

[29] 吴宇江,莫旭. 莫伯治大师建筑创作实践与理念 [M]. 北京: 中国建筑工业出版社，2014.

[30] 项端祈. 近代音乐厅建筑 [M]. 北京: 科学出版社.

[31] 徐力,郑虹. 凯文 · 罗奇 [M]. 北京:中国建筑工业出版社，2001.

[32] 薛恩伦. 阿尔瓦 · 阿尔托 [M]. 北京:中国建筑工业出版社，2011.

[33] 薛思伦. 弗兰克 · 劳埃德 · 赖特 [M]. 北京: 建筑工业出版社，2011.

[34] 严坤. 普利策建筑奖获得者专辑（1979—2004）[M]. 北京: 中国电力出版社，2005.

[35] 杨旭明，李明触，刘艳梅. 建筑设计系列课程导读 [M]. 北京: 中国建筑工业出版社，2011.

[36] 杨永生，顾孟潮. 20 世纪中国建筑 [M]. 天津: 天津科学技术出版社，1999.

[37] 姚时章，华福湘，汪新琛. 高层建筑设计图集 [M]. 北京: 中国建筑工业出版社，2000.

[38] 尹青，张建涛，刘韶军. 建筑设计与外部环境 [M]. 天津: 天津大学出版社，2002.

[39] 尹青. 建筑设计构思与创意 [M]. 天津:天津大学出版社，2002.

[40] 张楠. 当代建筑创作手法解析: 多元 + 聚合 [M]. 北京: 中国建筑工业出版社，2003.

[41] 张文忠. 公共建筑设计原理 [M]. 第 3 版. 北京: 中国建筑工业出版社，2005.

[42] 郑时龄，薛密. 黑川纪章 [M]. 北京：中国建筑工业出版社. 1997.

[43] 周庆琳. 中国国家大剧院建筑设计国际竞赛方案集 [M]. 北京：中国建筑工业出版社，2000.

[44] 朱德本. 公共建筑设计图集 [M]. 北京：中国建筑工业出版社，1999.

[45] 澳大利亚 Images 出版公司. 世界建筑大师优秀作品集锦：达里尔 · 杰克逊 [M]. 姚煌，吴采薇，译. 北京：中国建筑工业出版社，1999.

[46] 保罗 · 拉索. 图解思考 [M]. 邱贤丰，刘宇光，郭建青，译. 北京：中国建筑工业出版社，2007.

[47] 彼得 · 布伦德尔 · 琼斯，埃蒙 · 卡尼夫. 现代建筑的演变 [M]. 王正，郭莳，译. 北京：中国建筑工业出版社，2009.

[48] 彼得 · 布伦德尔 · 琼斯. 现代建筑设计案例 [M]. 魏羽力，吴晓，译. 北京：中国建筑工业出版社，2005.

[49] 波纳德 · 卢本. 设计与分析 [M]. 林尹星，薛皓东 译. 天津：天津大学出版社，2003.

[50] 韩国《建筑世界》杂志社. 国外文化建筑 [M]. 金海兰，编译. 哈尔滨：黑龙江科学技术出版社，2004.

[51] 金泰修及合伙人事务所. 世界建筑大师优秀作品集锦 [M]. 周乐清，译. 北京：中国建筑工业出版社，2001.

[52] 理查德 · 威斯顿. 建筑大师经典作品解读：平面 · 立面 · 剖面 [M]. 牛海英，张雪珊，译. 大连：大连理工大学出版社，2006.

[53] 理查德 · 威斯顿. 20 世纪经典建筑（平面、剖面及立面）[M]. 杨鹏，译. 上海：同济大学出版社，2015.

[54] 罗杰 · H. 克拉克，迈克尔 · 波斯. 世界建筑大师名作图析 [M]. 第 3 版. 汤纪敏，译. 北京：中国建筑工业出版社，

2006.
[55] 迈克尔·布劳恩，约翰·奥利，保罗·卢凯兹，等. 图书馆建筑 [M]. 大连：大连理工大学出版社，2003.
[56] 迈因哈德·冯格·康. GMP50 周年珍藏版：建筑设计 1963—2013[M]. 唐方，张鹏，译. 香港理工大学出版社，2014.
[57] 诺曼·克罗，保罗·拉索. 建筑师与设计师视觉笔记 [M]. 第 2 版. 吴宇江，刘晓明，译. 北京：中国建筑工业出版社，2015.
[58] 托马斯·史密特. 建筑形式的逻辑概念 [M]. 肖毅强 译. 北京：中国建筑工业出版社，2003.
[59] 香山寿夫. 建筑意匠十二讲 [M]. 宁晶，译. 北京：中国建筑工业出版社，2006.
[60] 小林克弘. 建筑构成手法 [M]. 陈志华，王小盾，译. 北京：中国建筑工业出版社，2004.
[61] 伊东丰雄建筑设计事务所. 建筑的非线性设计：从仙台到欧洲 [M]. 暮春暖，译. 北京：中国建筑工业出版社，2005.
[62] 詹姆斯·斯蒂尔. 剧院建筑 [M]. 张成思，尹东平，译. 大连：大连理工大学出版社，2003.
[63] Francis D. K. Ching. Architecture Form，Space，and Order[M]. London：JOHN WILEY & SONS，INC.，1984.
[64] Phaidon Press. The Phaidon Atlas of Contemporary World Architecture[M]. Phaidon Press，2008.
[65] Richard Meier，Joseph Rykwert. Richard Meier，Architect Vol. 1：1964-1984[M]. Rizzoli，1991.

后记

多年从事建筑教学和建筑创作工作，一直很想把建筑平面设计方面的实践体会做一梳理和总结。由于工作繁忙，始终未能如愿。离开教学岗位后，才得以完成这一夙愿。

由于建筑平面构成类型繁多，表现手法璀璨交织，笔者接触的文献资料有限，本书的编写难免挂一漏万，不成系统。书中提出的某些概念和观点，只代表笔者在理论探索和设计实践中的拙见。不妥之处，期待读者和同行给予订正、补充和完善。

书中选用的平面实例，大多来源于国内专家公开发表的论著和著名建筑师的作品介绍。这些实例对阐明本书的观点，提供了极其宝贵的支持。实例中涉及的诸多建筑师，连同介绍他们的论著作者，难以一一面谢，在此一并表示感谢！

在书稿编写过程中，规划设计师王东楠给予了大力支持，并参与图文信息的查阅、核对、排版和修正工作；封宁、袁涛、韩昊伟、李玓玥等同志在百忙中参与书稿部分文字资料、图片的查阅、收集和整理工作。在书稿即将完成之际，向各位表示由衷的感谢！

感谢中国建筑工业出版社的朋友们，为本书的出版工作付出的辛苦！

2018 年 12 月